中国地质大学(武汉)实验教学系列教材
中国地质大学(武汉)实验教材项目(SJC-202303)资助

生物化学与分子生物学实验技术

SHENGWU HUAXUE YU FENZI SHENGWUXUE SHIYAN JISHU

主　编　侯新东
副主编　鲁小璐　胡译丹　葛台明
编　委　(按姓氏笔画排序)
　　　　李继红　胡译丹　侯新东
　　　　葛台明　蒋凌雁　鲁小璐

中国地质大学出版社
ZHONGGUO DIZHI DAXUE CHUBANSHE

内容提要

本书由五部分内容组成,其中前三部分为主体,分别为生物化学与分子生物学实验基本知识,包括实验室规则及安全规程、常用仪器、实验基本操作与要求等内容;生物化学与分子生物学实验技术和方法,主要介绍分光光度、膜分离、离心、层析、电泳、PCR、分子克隆、核酸分子杂交、基因编辑和微卫星标记等技术;生物化学与分子生物学实验,涵盖了生物化学实验、分子生物学实验、综合实验和设计实验。第四部分为主要参考文献;第五部分是附录 A,主要为常用试剂、培养基的配制方法。

本书较为全面地介绍了开展生物化学、分子生物学科学研究所涉及的实验技术、实验原理,有助于读者了解实验仪器、实验流程和实验操作,可供生物科学、生物技术、生物医学等生命科学类专业的本科生和研究生使用,同时也可供从事生物学类专业的教学、科研和技术人员参考。

图书在版编目(CIP)数据

生物化学与分子生物学实验技术/侯新东主编;鲁小璐,胡译丹,葛台明副主编. —武汉:中国地质大学出版社,2024.4

中国地质大学(武汉)实验教学系列教材

ISBN 978-7-5625-5830-9

Ⅰ.①生… Ⅱ.①侯… ②鲁… ③胡… ④葛… Ⅲ.①生物化学-实验-高等学校-教材 ②分子生物学-实验-高等学校-教材 Ⅳ.①Q5-33 ②Q7-33

中国国家版本馆 CIP 数据核字(2024)第 075993 号

生物化学与分子生物学实验技术		侯新东 主编
	鲁小璐 胡译丹 葛台明	副主编

责任编辑:周 旭 张燕霞	选题策划:张燕霞	责任校对:宋巧娥
出版发行:中国地质大学出版社(武汉市洪山区鲁磨路388号)		邮政编码:430074
电 话:(027)67883511	传 真:(027)67883580	E-mail:cbb@cug.edu.cn
经 销:全国新华书店		http://cugp.cug.edu.cn
开本:787 毫米×1092 毫米 1/16	字数:500 千字	印张:19.25
版次:2024 年 4 月第 1 版		印次:2024 年 4 月第 1 次印刷
印刷:武汉市籍缘印刷厂		
ISBN 978-7-5625-5830-9		定价:45.00 元

如有印装质量问题请与印刷厂联系调换

前　言

生物化学与分子生物学是一门实验性学科,理论知识的学习离不开实验的验证,其涵盖的各种研究方法与技术是这门学科创立并发展的基础,已成为生物科学、生物技术、基础医学和临床医学等专业必修的实验课程。近年来,生物化学与分子生物学研究成果日益更新,新技术、新方法不断涌现,展示出极大的发展潜力和极其广阔的应用前景。实验教学是高校本科教学工作中的一个重要环节,有利于促进学生实验技能的锻炼,培养他们的科研思维以及分析问题、解决问题的能力,也是提升学生专业素养和就业竞争力的重要途径。

《生物化学与分子生物学实验技术》是面向生物类专业本科生开展生物化学实验和分子生物学实验教学的指导书。该书是在中国地质大学(武汉)环境学院生物科学与技术系自编《生物化学实验指导书》《分子生物学实验讲义》和《生物化学与分子生物学实验教程》(2016年版本)的基础上,结合教学改革的新成果以及生命科学研究的新方法编写而成。本书涵盖了生物化学与分子生物学的基本实验方法、技术及对应的实验,是学习生物化学与分子生物学实验理论与技术的一本实用教材。全书内容分为五个部分,第一部分简要介绍生物化学与分子生物学实验基本知识;第二部分是生物化学与分子生物学实验技术和方法;第三部分为生物化学与分子生物学实验,包括生物化学实验、分子生物学实验、综合实验和设计实验;第四部分是参考文献;第五部分为附录A。

本教材前言,第一章第二节、第四节,第二章第一节至第七节,第三章实验一至实验四十一、实验四十七至实验四十九、实验五十一、实验五十六、实验五十八、实验五十九、实验六十一由侯新东编写;第一章第一节由李继红编写;第一章第三节、参考文献和附录A由蒋凌雁整理编写;第二章第十节,第三章实验五十七、实验六十由葛台明编写;第二章第八节,第三章实验四十二至实验四十六、实验五十、实验五十二、实验五十三、实验五十五由鲁小璐编写;第二章第九节,第三章实验五十四、实验六十二由胡译丹编写;最后由侯新东负责整理并统稿。

这本教材的完成是全体参编教师辛勤工作的成果,研究生朱燕和邹鑫喆参与了书稿校正和一些预实验的开展。该教材编写获得了彭兆丰教授等多位教师的大力支持,同时也得到了中国地质大学(武汉)实验室与设备管理处、环境学院的领导和生物科学与技术系同事们的支持和帮助,在此表示衷心的感谢! 本教材出版得到了中国地质大学(武汉)实验室与设备管理处实验教材项目和环境学院本科教材项目的资助,特此感谢!

  由于编者水平有限,编写时间仓促,书中难免出现疏漏和不足之处,恳请广大读者提出宝贵意见和建议,以便再版时进一步修正完善。

编 者

2024 年 3 月于未来城校区

目 录

第一章 生物化学与分子生物学实验基本知识 …………………………… (1)
 第一节 实验室规则及安全规程 …………………………………………… (1)
 第二节 常用仪器介绍 ……………………………………………………… (2)
 第三节 实验基本操作 ……………………………………………………… (10)
 第四节 实验的基本要求 …………………………………………………… (15)

第二章 生物化学与分子生物学实验技术和方法 …………………………… (21)
 第一节 分光光度技术 ……………………………………………………… (21)
 第二节 膜分离技术 ………………………………………………………… (24)
 第三节 离心技术 …………………………………………………………… (27)
 第四节 层析技术 …………………………………………………………… (34)
 第五节 电泳技术 …………………………………………………………… (44)
 第六节 PCR(聚合酶链式反应)技术 ……………………………………… (50)
 第七节 分子克隆技术 ……………………………………………………… (58)
 第八节 核酸分子杂交技术 ………………………………………………… (72)
 第九节 基因编辑技术 ……………………………………………………… (78)
 第十节 微卫星标记技术 …………………………………………………… (85)

第三章 生物化学与分子生物学实验 …………………………………………… (99)
 第一节 生物化学实验 ……………………………………………………… (99)
  实验一 糖定量测定(蒽酮法) …………………………………………… (99)
  实验二 糖的呈色反应和定性鉴定 ……………………………………… (102)
  实验三 脂肪皂化值的测定 ……………………………………………… (105)
  实验四 氨基酸的分离与鉴定 …………………………………………… (107)
  实验五 氨基酸和蛋白质的呈色反应 …………………………………… (110)

实验六	胡萝卜素的柱层析分离	(114)
实验七	牛乳中蛋白质的提取与鉴定	(116)
实验八	谷胱甘肽的测定及其抗氧化功能的检测	(118)
实验九	紫外光吸收法测定蛋白质含量	(121)
实验十	蛋白质的定量测定——双缩脲试剂法（Biuret 法）	(123)
实验十一	考马斯亮蓝染色法测定蛋白质含量	(126)
实验十二	蛋白质的沉淀和等电点的测定	(129)
实验十三	聚丙烯酰胺凝胶电泳分离蛋白质	(133)
实验十四	血红蛋白的凝胶过滤	(136)
实验十五	SDS-聚丙烯酰胺凝胶电泳测定蛋白质的相对分子质量	(138)
实验十六	醋酸纤维素薄膜电泳分离血清蛋白质	(142)
实验十七	蔗糖酶与淀粉酶的专一性	(145)
实验十八	胰蛋白酶和胃蛋白酶活力测定	(147)
实验十九	枯草杆菌蛋白酶活力测定	(150)
实验二十	亲和层析法从鸡蛋清中分离溶菌酶	(152)
实验二十一	影响酶活性的因素	(156)
实验二十二	胰蛋白酶米氏常数的测定	(161)
实验二十三	丙二酸对琥珀酸脱氢酶的竞争性抑制作用	(163)
实验二十四	聚丙烯酰胺凝胶电泳分离过氧化物同工酶	(165)
实验二十五	凝胶层析法分离纯化脲酶	(168)
实验二十六	胰蛋白酶抑制剂的制备与抑制活性的测定	(172)
实验二十七	水果或蔬菜中抗坏血酸的测定（2,6-二氯酚靛酚法）	(175)
实验二十八	碱性 SDS 法提取大肠杆菌质粒	(177)
实验二十九	植物 DNA 的提取与测定	(180)
实验三十	植物总 RNA 的提取与分析	(183)
实验三十一	酵母核糖核酸的分离及组分鉴定	(187)
实验三十二	动物肝脏 DNA 的提取	(190)
实验三十三	核酸的定量测定——分光光度法（Nanodrop 法）	(194)
实验三十四	动物肝脏 RNA 的制备	(196)
实验三十五	mRNA 的分离纯化	(198)
实验三十六	分光光度法测定丙酮酸的含量	(200)
实验三十七	糖酵解中间产物的鉴定	(202)
实验三十八	脂肪酸 β-氧化作用	(204)
实验三十九	植物体内的转氨基作用	(206)

第二节　分子生物学实验 (208)
  　实验四十　　PCR(聚合酶链式反应)技术扩增目的基因片段 (208)
  　实验四十一　DNA 琼脂糖凝胶电泳 (211)
  　实验四十二　大肠杆菌感受态细胞的制备 (213)
  　实验四十三　PCR 产物的纯化 (216)
  　实验四十四　重组 DNA 分子连接及转化 (219)
  　实验四十五　转化菌落 PCR 检测 (223)
  　实验四十六　质粒 DNA 的酶切与琼脂糖电泳鉴定 (226)
  　实验四十七　cDNA 文库的构建 (230)
  　实验四十八　Southern 印迹杂交 (235)
  　实验四十九　Northern 印迹杂交 (242)
  　实验五十　　蛋白质的免疫印迹——Western 印迹 (248)
  　实验五十一　蛋白质免疫共沉淀实验 (251)
  　实验五十二　逆转录 PCR(RT-PCR) (253)
  　实验五十三　实时定量 PCR (257)
 第三节　综合实验 (260)
  　实验五十四　探究 sRNA 对大肠杆菌中外源 GFP 基因表达的抑制 (260)
  　实验五十五　基于 16S rRNA 序列分析等相关技术鉴定微生物 (266)
  　实验五十六　古 DNA 的提取与文库构建 (272)
 第四节　设计实验 (281)
  　实验五十七　人类微卫星标记多样性的检测 (281)
  　实验五十八　重要蛋白质的分离纯化 (283)
  　实验五十九　青豌豆素的分离纯化及其鉴定 (284)
  　实验六十　　转基因植物的 PCR 鉴定 (285)
  　实验六十一　土壤酶活性鉴定与分析 (286)
  　实验六十二　外源基因在大肠杆菌中的诱导表达 (287)

主要参考文献 (288)

附录 A (290)

第一章 生物化学与分子生物学实验基本知识

第一节 实验室规则及安全规程

生物化学与分子生物学实验室中摆放了很多电子仪器、玻璃仪器和化学药品等。此外，实验室属于公共场所，来往的人员较多，稍微不慎就会发生事故，对人体造成伤害或损坏仪器。因此，实验室人员要严格遵守下列规则，以保证实验安全、有序、有效地进行。

一、实验室规则

(1) 实验室是实验教学和科学研究的重要基地，要求布局科学合理，设施设备完好，电路、水路、气路规范，通风、照明符合要求，环境整洁、优美、安全。

(2) 进入实验室学习、工作的学生和教师，必须遵守实验室各项规章制度。

(3) 建立健全各种管理制度，明确责任人，明确实验室工作流程。经常开展安全教育活动，安装醒目的安全警示标志，制订应急预案，保持安全通道畅通。

(4) 实验室的仪器设备，由专人管理维护，保证设备的完好率；使用仪器设备必须严格遵守操作规程，违者管理人员有责任停止其使用。

(5) 保持实验室整洁、安静，严禁喧哗、打闹，不得吸烟、饮食、随地吐痰、乱扔纸屑和其他杂物。

(6) 实验室内要穿实验服或长衣长裤，禁止赤膊或穿短袖上衣以及短裤、拖鞋等。长发的同学要将头发扎起或盘起，衣服上的飘带等装饰品亦要系好。

(7) 实验前必须认真预习，明确实验目的、原理和操作步骤及注意事项，熟悉仪器设备性能及操作规程，不得擅自修改实验方案，设计实验的实验方案要提交教师审查，经过允许后方可开始实验。

(8) 实验时必须遵守操作规程，认真观察，准确记录，注意安全。未经教师允许，不得擅自离开岗位，如果必须离开，须委托他人照看。实验中发生异常情况要及时报告指导教师。实验过程中不做与实验无关的事情，不妨碍他人实验。

(9) 保持实验台的清洁，仪器、药品摆放整齐；玻璃器皿打碎，仪器设备损坏、丢失以及实验耗材的正常损耗，要及时上报，按有关规定处理；仪器出现故障要立刻报告教师。

(10) 实验时严格按照实验方案取用药品，杜绝浪费；公用试剂用毕，应立即盖严放回原处。勿将试剂、药品洒在实验台面和地上；用过的滤纸、棉花、动植物组织等固体废物切勿倒入水池中,以免堵塞下水道。

(11) 使用贵重仪器如分析天平、分光光度计、冷冻离心机及层析设备前,应熟知其使用方法。

(12) 实验结束后,应及时切断电源、水源、气源,整理好仪器设备和器材,做好清洁工作;实验教师检查仪器设备、工具、材料及实验记录后,经实验教师允许方可离开;值日生认真打扫实验室,检查煤气、水、电和门窗,确认关好后方可离开实验室。

二、实验室安全规程

(1) 穿实验服进入实验室,不许穿拖鞋进入实验室,以免酸碱等试剂腐蚀衣服、灼伤皮肤。

(2) 进入实验室开始工作前应了解煤气总阀门、水阀门及电闸所在处。离开时,一定要将室内检查一遍,应关闭水、电和煤气的开关,关好门窗。

(3) 易燃和易爆炸物质的残渣(如金属钠、白磷等)不得倒入污染桶或水槽中,应收集在指定的容器内。

(4) 使用浓酸、浓碱时,必须小心操作,防止飞溅。若不慎溅在实验台或地面,必须及时用湿抹布擦洗干净,如果触及皮肤应立即治疗。

(5) 使用可燃物,特别是易燃物(如乙醚、乙醇等)时,应特别小心。只有在远离火源时,或将火焰熄灭后,才可大量倾倒易燃液体。低沸点的有机溶剂不准在火上直接加热,只能在水浴上利用回流冷凝管加热或蒸馏。

(6) 实验操作中需要用到有毒、有害或腐蚀性药品以及产生有害气体的,要在通风橱内进行,并戴好橡胶手套或防护眼镜,必要时戴口罩或面罩,实验后要及时洗手。

(7) 毒性物质应按实验室的规定办理审批手续后领取,使用时必须根据试剂瓶上标签说明严格操作,安全称量,妥善处理和保存。

(8) 使用电器设备(如烘箱、恒温水浴、离心机等)时,严防触电;绝不可用湿手开、关电闸和电器;应用试电笔检查电器设备是否漏电,凡是漏电的仪器,一律不能使用。

(9) 生物材料如微生物、动物组织和血液样品都可能存在细菌和病毒感染的潜在危险,因此处理各种生物材料时必须谨慎、小心,做完实验后必须用肥皂、洗手液或消毒液洗净双手。

(10) 废液,特别是强酸和强碱不能直接倒入水槽中,必须倒入专门的废液桶;实验完成后的沉淀物或其他混合物如含有有毒、有害或贵重药品者不可随意丢弃,必须放入专门的容器,最后由实验主管部门统一回收处理。

(11) 实验过程中,如发生安全事故,应立即报告教师,并采取适当的急救措施。

第二节 常用仪器介绍

除了玻璃仪器外,生物化学与分子生物学实验常用的仪器还有很多,包括电子分析天平、高压灭菌锅、恒温水浴箱、移液器、超净工作台和恒温振荡器等。下面将对这些仪器进行简单介绍。离心机、电泳设备、分光光度计、层析设备、PCR 仪等仪器的使用方法将在后续的章节中详述。

一、电子分析天平

分析天平是广泛应用的精密质量计量仪器。在生物化学与分子生物学实验室多配置电子分析天平,最常用的是各种千分之一的扭力电子天平和各种万分之一的电子天平,它们主要用于各种缓冲液的配制和标准物质的称量等。电子分析天平(图 1-1)主机上有水平泡指示器和两个水平调节旋钮,能方便调整仪器并使其水平。称量盘上有防风护罩,能防止或减弱空气流动对称量造成的影响。

图 1-1 电子分析天平

1. 使用方法

(1) 观察天平是否水平,必要时进行调整,务必使水平泡处在中央位置。

(2) 检查称量盘和防风护罩内有无撒落的药品,清扫干净后方可使用。

(3) 插上电源,打开天平的电源开关,显示屏闪烁几次之后出现"0.0000",如有其他读数,按"O/T"键使读数回零。

(4) 将称量纸轻轻放在称量盘中央,待数值显示稳定后,按"O/T"键扣除皮重,使数字显示为"0.0000";然后小心加入被称量物,待数字显示稳定后,即可读数。称量时要防止气流对称量准确度的影响,如应关闭门窗。称取有毒药品时,要戴手套操作。

(5) 称量完毕,取下被称量物,关闭电源开关,拔下插头。

(6) 检查并做必要的清洁工作,罩上防尘罩,并登记使用情况。

2. 注意事项

(1) 电子分析天平是精密称量仪器,使用时务必按规程操作,如无异常可工作数年无须维修。

(2) 电子分析天平必须安放在稳固、表面平整的工作台上,远离气体对流、腐蚀性、震动和温度、湿度变化较大的环境。

(3) 电子分析天平在安装时已经过严格校准,故不可轻易移动电子分析天平,否则校准工作需重新进行。

二、高压灭菌锅

高压灭菌锅又名蒸汽灭菌器,是利用电热丝加热水产生蒸汽,并能维持一定压力的装置。它主要由一个可以密封的桶体、压力表、排气阀、安全阀、电热丝等组成。实验室用灭菌锅可分为立式高压灭菌锅和手提式高压灭菌锅。

(一)立式高压灭菌锅

立式高压灭菌锅(图1-2)采用微电脑智能化设计,能够全自动控制灭菌压力、温度和时间。它内部的超温自动保护装置、安全联锁装置、低水位报警装置、进口断水检测装置和漏电保护装置等则使灭菌过程安全有效地进行而无须人工监管。

1. 使用方法

(1)开启电源开关接通电源,使控制仪器进入工作状态。

(2)开盖。开盖前必须确认压力表指针归零,锅内无压力。逆时针转动手轮数圈,直至转动到顶,使锅盖充分提起,向旁推开横梁。取出灭菌网篮并关紧放水阀,在外桶内加入水,水位至灭菌桶搁脚处。把灭菌网篮放入外桶内,再放入待灭菌物品。

(3)推进锅盖,使锅盖对准桶口位置。顺时针方向旋紧手轮直至关门指示灯灭为止,使锅盖与灭菌桶口平面完全密合,并使联锁装置与齿轮凹处吻合。

图1-2 立式高压灭菌锅

(4)将橡胶管一端连接在手动放气阀上,然后另一端插入一个装有冷水的容器里,并关紧手动放气阀(顺时针关紧,逆时针打开)。在加热升温中,当温控仪显示温度小于102 ℃时,由温控仪控制的电磁阀将自动放汽,排除灭菌桶内的冷空气。当显示温度大于102 ℃时,自动放汽停止,此时如还在大量放汽,则手动放气阀未关紧。

(5)在确认锅盖已完全密闭锁紧后,可开始设定温度和灭菌时间。

(6)当达到设定的温度和灭菌时间时,电控装置将自动关闭加热电源,"工作""计时"指示灯灭,并伴有蜂鸣声提醒,面板显示"End",灭菌结束。此时先将电源切断,待冷却直至压力表指针回至零位,再打开放气阀排尽余汽,最后旋转手轮把外桶盖打开。物品在灭菌后要迅速干燥,可在灭菌终了时将灭菌器内的蒸汽通过放气阀迅速排出,使物品上残留的水蒸气得到蒸发。灭菌液体时严禁使用此干燥方法。

2. 注意事项

(1)使用前一定要加水至灭菌桶搁脚处,如发现螺丝、螺母松动现象,应及时加以紧固,确保正常使用。

(2)堆放灭菌物品时,严禁堵塞安全阀的出气孔,必须留出空间保证其畅通放气。

(3)当灭菌锅持续工作时,在进行新的灭菌作业时,应留有5 min的时间,并打开上盖使设备冷却。

(4)灭菌液体时,应将液体灌装在硬质的耐热玻璃瓶中,以不超过3/4体积为好,瓶口选用棉花纱塞,切勿使用未开孔的橡胶或软木塞。特别注意:在灭菌液体结束时不准立即释放蒸汽,必须待压力表指针恢复到零位后方可排放余汽。

(5)对不同类型、不同灭菌要求的物品,如敷料和液体等,切勿放在一起灭菌,以免顾此失彼,造成损失。

(二)手提式高压灭菌锅

手提式高压灭菌锅(图1-3)是利用加压的饱和蒸汽对物品、器械、药液等灭菌的设备,适用于医疗卫生、食品等行业,结构简单可靠,操作简便。

1. 使用方法

(1)准备。将内层灭菌桶取出,向外层锅内加入适量的水,使水面与三角搁架相平为宜。

(2)放回灭菌桶,并装入待灭菌物品。

(3)加盖。先将盖上的排气软管插入内层灭菌桶的排气槽内,再以两两对称的方式同时旋紧相对的两个螺栓,使螺栓松紧一致,勿使漏气。

(4)加热。先打开排气阀,再打开电源开关加热。当排气阀有水蒸气逸出时,等待3~5 min,这时锅内冷空气基本排尽。关上排气阀,让锅内的温度随蒸汽压力增加而逐渐

图1-3 手提式高压灭菌锅

上升。当锅内温度或者压力达到所需时(一般为121 ℃,0.1 MPa),切断电源,停止加热。当温度下降时,再开启电源开始加热,如此反复,使温度维持在恒定的范围之内。灭菌时间一般为20 min。

(5)达到灭菌所需时间后,切断电源,让灭菌锅内温度自然下降。当压力表的压力降至零时再打开排气阀,残余蒸汽完全排出后,旋松螺栓,打开盖子并取出灭菌物品。

2. 注意事项

(1)一般来说,每次灭菌前都应加水。加水不能太少,否则会引起烧干或者爆裂。有条件的实验室最好加去离子水或蒸馏水,这样产生的水垢少些,而且锅体不容易被腐蚀。

(2)待灭菌物品不要装得太挤,以免妨碍蒸汽流通而影响灭菌效果。锥形瓶与试管口端均不要与桶壁接触,以免冷凝水淋湿包口的纸而透入棉塞。

(3)灭菌后必须等压力降至零时再打开排气阀。如果压力未降到零时就打开排气阀,锅内压力会突然下降,使容器内的液体由于内、外压力不平衡而冲出烧瓶口或试管口,造成棉塞沾染培养基而发生污染。

(4)灭菌后,待温度自然降至60 ℃以下再取出灭菌物品,以免烫伤或骤冷导致玻璃器皿炸裂。

三、恒温水浴箱

恒温水浴箱(图1-4)主要应用于干燥、浓缩、蒸馏、加热化学试剂、药品和生物制剂,提供水浴恒温,是生物、遗传、水产、病毒、环保、医药等教育科研的必备工具。

1. 使用方法

(1)向水浴箱中加入适量的洁净自来水或蒸馏水,水面要高于恒温控制器和电热管。

(2)接通电源,设置恒温温度。将温度"设置/测量"选择开关拨向"设置"处,调节温控旋

图1-4 恒温水浴箱

钮,数字显示所需的设定温度。将温度"设置/测量"选择开关拨向"测量"处,数字显示工作水箱的实际温度(红色指示灯亮,表示加热器工作)。

(3)加热。当设置温度值超过水温时,加热指示灯亮,表明加热器已开始工作,此时将选择开关拨向"测量"端,数显即显示实际水温。当水温达到设定温度时,恒温指示灯亮,加热指示灯熄灭。

(4)工作完毕,将温控旋钮调整为最小值,然后关闭电源。

2. 注意事项

(1)禁止在水浴箱无水状态下使用加热器,以免损坏。

(2)若水浴箱较长时间不使用,应将水浴箱中的水排除,用软布擦干净并晾干,否则会生锈。

四、移液器

移液器又称可调式移液器、微量加样器、移液枪,是一种取液量连续可调的精密仪器。1956年由德国生理化学研究所的Schnitger发明,1958年由德国Eppendorf公司开始生产。移液器发展至今,不但移取溶液更为精确,而且种类也更加多样,有手动的、电动的,还有单通道的、多通道的。每种移液器都有专用的聚丙烯塑料吸头,也称为移液枪头,吸头通常是一次性使用。目前,移液器在生物化学与分子生物学实验中普遍使用,主要用于多次重复的快速定量移液,可以单手操作,十分方便。

1. 常用移液器分类

1)单通道移液器

根据容量大小可分为微量移液器和大容量移液器,又根据其移液量是否可变分为连续式和固定式。连续可调式微量移液器规格有0.2~2 μL、1~10 μL、2~20 μL、10~100 μL、20~200 μL、100~1000 μL等。另有1~5 mL、1~10 mL等大容量移液器。单通道移液器及其专用枪头见图1-5。

2)多通道移液器

多通道移液器规格包括8、12、24通道。与单通道移液器一样,有多种容积范围可选择,可同时向8、12、24份样品中加入同一试剂,方便快捷。

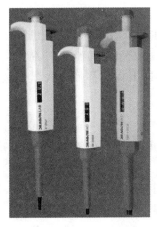
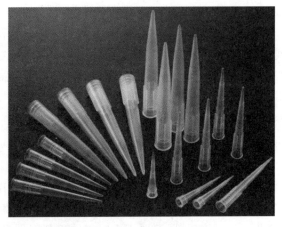

图1-5 单通道移液器(左)及其专用枪头(右)

3)电动移液器

电动移液器配有微小马达及充电电池,每次充电后可连续使用数小时,方便省力。其中,微控电动移液器与连续可调式微量移液器规格类似,但价格昂贵;而大容量电动移液器有一个标准吸口,可配任何市售标准刻度吸管,4 s内充满25 mL体积,且可单手使用,操作简便快捷,主要用于细胞培养。

2. 移液器的组成部件

手动移液枪(移液器)主要由按钮、枪体和吸液杆三部分组成(图1-6)。按钮有两个:一个是推动按钮(有时兼有调节轮的功能),可以推动枪内活塞上下移动;另一个是卸枪头按钮,按下时可以卸掉吸杆上的移液枪头。枪体上有调节旋钮和体积刻度盘。调节旋钮用来确定吸取液体的容积。吸液杆用来安装移液枪头。

3. 移液器的使用

1)基本原理

移液器是一种取样量连续可调的精密取液仪器,基本原理是依靠活塞的上下移动。其活塞移动的距离是由调节旋钮控制螺旋杆来实现的,推动按钮带动推动杆使活塞向下移动,排除了活塞腔内的气体;松手后,活塞在复位弹簧的作用下复位,从而完成一次吸液过程。

2)使用方法

取液:根据取样量选择好合适的移液器后,

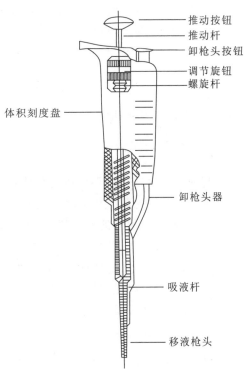

图1-6 移液器的结构

看清数字标记方式,将调节旋钮调至取量刻度,套上合适的移液枪头。手握移液器,大拇指按压弹簧按钮至第一着力点,然后将带有移液枪头的移液器插入液体中,注意液体平面不应超出移液枪头的上缘,轻放大拇指至弹簧按钮完全松弛,枪头内所含液体即为所需体积。

放液:移液器移入准备接收溶液的容器中,大拇指按压弹簧按钮至第二着力点,需要时可使枪头尖端轻靠管壁,待液体完全进入容器,将移液器向上提至移液枪头离开液面,然后松开拇指。

4.移液器使用注意事项

(1)根据移取液体量,合理选择相近规格的移液器。移取不同溶液时,必须更换新的移液枪头。

(2)看清移液器的最大容量,转动调节旋钮时,不要用力过大,调节取量刻度时不能超出或低于移液器的限定容量,否则会损坏移液器并导致量程不准。

(3)调节容量刻度时,眼睛要正面对着体积刻度盘,将数字调至体积刻度盘的正中间。

(4)微量移液器的弹簧按钮被下压时,有两挡着力点。取液时,按至第一着力点;放液时,按至第二着力点。

(5)选择合适的移液枪头,安装枪头时要在枪头盒中轻轻撞击两次,否则移取的液体将少于设定的体积,或者液体会往下滴。

(6)取液时,先应看清液面高度。不要让液体漫过移液枪头,造成移液器污染。

(7)吸取液体时,一定要缓慢平稳地松开拇指,绝不允许突然松开,以防将溶液吸入过快而冲入移液器吸杆内腐蚀柱塞而造成漏气。

(8)禁止使用移液器吸取有强挥发性、强腐蚀性的液体(如浓酸、浓碱、有机物等)。

(9)当移液枪头中有液体时,移液器不能倒放,防止残留液体倒流,导致移液器内的弹簧生锈。

(10)移液器使用完毕后,要将移液器的量程调至最大容量刻度,使移液器弹簧处于松弛状态,可延长使用寿命。

五、超净工作台

超净工作台(图1-7)可以为生物化学与分子生物学实验提供局部的无菌工作区域。它的原理是在特定的空间内,室内空气经预过滤器初滤,由小型离心风机压入静压箱,再经空气高效过滤器二级过滤。从空气高效过滤器出风面吹出的洁净气流具有均匀的断面风速,可以排出工作区原来的空气,将尘埃颗粒和生物颗粒带走,以形成无菌、高洁净的工作环境。

1.使用方法

使用前应提前30 min开机,同时开启紫外杀菌灯,处理操作区内表面积累的微生物,30 min后关闭杀菌灯(此时日光灯即开启),启动风机,即可开始无菌操作。

图1-7 超净工作台

2. 注意事项

(1)对新安装的或长期未使用的工作台,使用前必须对工作台和周围环境先用超净真空吸尘器或用不产生纤维的工具进行清洁,再采用药物灭菌法或紫外线灭菌法进行灭菌处理。

(2)定期对环境周围进行灭菌工作,同时经常用纱布蘸酒精或丙酮等有机溶剂将紫外线杀菌灯表面擦干净,保持表面清洁,否则会影响杀菌效果。

六、恒温振荡器

恒温振荡器具有数显控温、无级调速和良好的热循环等功能,是一种多用途的生物化学实验仪器,可供在实验中进行细胞、菌种等各种液态、固态化合物的振荡培养。根据加热介质的不同,恒温振荡器可分为水浴恒温振荡器和气浴恒温振荡器(图1-8)。水浴恒温振荡器,又称水浴恒温摇床。该产品具有温度控制系统与LED显示,其控温精度高,温度调节方便,示值准确直观,性能优越可靠。气浴恒温振荡器的工作室内有照明装置便于观察,采用优质全封闭压缩机,制冷量大,箱内配有风机循环装置,强迫空气对流,温度分布更加均匀。

(a)水浴恒温振荡器

(b)气浴恒温振荡器

图1-8 恒温振荡器

1. 振荡方式

(1)回旋振荡。这种工作方式也叫圆周振荡,在水平面上360°旋转振荡,被振荡的液体在容器内呈现漩涡状态,以达到均匀的效果。

(2)往复式振荡。就是在振荡时往返振荡,利用惯性对样品进行振荡。液体黏稠度较高时,这种振荡方式的效果要优于回旋振荡。

(3)双功能振荡。结合回旋振荡和往复式振荡两种方式,根据样品性状和工作要求,可自行选择任一工作方式。

2. 使用方法

(1)打开振荡器的盖子,把待振荡的样品用万用夹具固定好。

(2)接通电源,打开开关,设置振荡温度和转速后,开始振荡培养。

(3)培养物达到实验要求后,停止振荡,取出培养物,关闭电源。

3.注意事项

(1)器具应放置在较牢固的工作台面上,环境应清洁整齐,通风良好。
(2)用户提供的电源插座应有良好的接地措施。
(3)严禁在正常工作时移动机器。
(4)严禁物体撞击机器,严禁样品溢出,严禁儿童接近机器,以防发生意外。

第三节 实验基本操作

一、玻璃器皿的洗涤与干燥

1.玻璃器皿的洗涤

生物化学与分子生物学实验中要用洁净的仪器。残余的污物和杂质,会影响对实验现象的观察,影响实验的准确度和精密度,从而导致实验失败。因此,玻璃器皿的洗涤清洁工作是非常重要的。

玻璃器皿在使用前必须洗刷干净。将锥形瓶、试管、培养皿、量筒等浸入含有洗涤剂的水中,用毛刷刷洗,然后用自来水及蒸馏水冲洗。移液管先用含有洗涤剂的水浸泡,再用自来水及蒸馏水冲洗。洗刷干净的玻璃器皿置于烘箱中烘干备用。

1)敞口玻璃仪器的清洗

一般敞口玻璃仪器包括试管、量筒、烧杯等,先用洗涤剂等浸泡,然后用毛刷将器皿内外仔细洗刷,再用自来水冲洗干净,最后用蒸馏水冲洗2~3次,倒置于仪器架上晾干备用。对于比较脏或不便刷洗的玻璃器皿,使用前应用流水冲洗,以除去黏附物,再用有机溶剂擦净,最后用自来水冲洗。待仪器晾干后,放入铬酸洗液中浸泡过夜,取出后用自来水充分冲洗,再用蒸馏水冲洗2~3次,倒置于仪器架上晾干备用。

2)容量分析仪器的清洗

容量分析仪器,如吸量管、滴定管、容量瓶等,先用洗涤剂洗刷,再用自来水冲洗,晾干后,浸泡在重铬酸钾-硫酸溶液中4~6 h,再用自来水冲洗,最后用蒸馏水冲洗干净,干燥备用。

比色杯需要保证表面的光洁。用完后立即用自来水反复冲洗。如有污物附着于杯壁,须用稀盐酸等适当的溶液清洗,然后用自来水和蒸馏水冲洗干净。切勿用刷子、粗糙的布或滤纸等擦拭。洗净后倒置晾干备用。

3)其他玻璃容器的清洗

对于盛过具有传染性样品的容器,如病毒、传染病患者的血清等沾污过的容器,应先进行高压(或其他方法)消毒后再进行清洗。盛过各种有毒药品,特别是剧毒药品和放射性同位素等物质的容器,必须经过专门处理,确保没有残余毒物存在方可进行清洗。

经过洗涤的玻璃仪器要求清洁透明,玻璃表面不含可溶解性物质,水沿器皿壁自然下流时不挂水珠。

2.玻璃器皿的干燥

1)晾干法

玻璃仪器洗净后,通常倒置在干净的仪器柜、托盘或纱布上,对于口径较小或倒置不稳的仪器,倒插在试管架、格栅板上,置于通风干燥处自然晾干。

2)吹干法

洗涤后需要立即使用的仪器,将水沥干后直接用吹风机吹干,也可先加入少量的乙醇后再用吹风机吹干,先吹冷风 1~2 min,再吹热风直至完全干燥。

3)低温烘干法

对于有刻度的离心管、滴定管、移液枪、量筒、容量瓶等不宜加热烘干,通常采用自然晾干或低温(60 ℃以下)干燥,置于烘箱内鼓风,烘至无水取出保存备用。分光光度计中的比色皿的四壁是用特殊的胶水黏合而成的,不宜受热干燥,所以不能烘干。

4)高温干燥法

烧杯、试管、培养皿、锥形瓶等普通玻璃仪器可置于烘箱内高温烘干,通常是将其清洗干净后沥干水分,置于烘箱隔板上,瓶口向上,箱内温度设置为 105 ℃,或倒插在烘干器上,烘至无水,降温后取出。

二、液体的量取

计量仪器的选择应根据量取液体的体积大小而定,同时要考虑量取的准确度。常用的液体量取仪器包括如下几种。

1.滴管

正确使用滴管的方法:保持滴管垂直,以中指和无名指夹住管柱,拇指和食指轻轻挤压胶头使液体逐滴滴下。

使用滴管吸取有毒溶液时要小心,完全松开胶头之前一定要将管尖移离溶液,吸入的空气可防止液体溢散。为了避免交叉污染,不要将溶液吸入胶头或将滴管横放。使用一次性塑料滴管,安全性好,可避免污染。

2.量筒、量杯

量筒呈圆柱形,分有嘴和无嘴具塞两种类型。量杯呈圆锥形,带倾液嘴。量筒和量杯常用于量取体积要求不太精确的液体。其容量允许误差大致与其最小分度值相当。量筒的精确度高于量杯,规格有 5 mL、10 mL、25 mL、50 mL、100 mL、250 mL、500 mL、1000 mL、2000 mL 等数种。

用量筒或量杯量取溶液体积时,试剂瓶靠在量筒口上,溶液沿筒壁缓缓倒入至所需刻度后,逐渐竖起瓶子,以免液滴沿瓶子外壁流下。反之,从量筒或量杯中倒出液体时亦如上操作。

3.容量瓶

容量瓶简称量瓶,为平底圆球状长颈瓶,瓶颈上刻有一环线刻度表示容量,具磨口瓶塞,属较精确的容量量器,常用于制备一定体积的标准溶液和定容实验。量瓶颜色分棕色和无色透明两种,前者用于制备需避光的溶液。其规格有 5 mL、10 mL、25 mL、50 mL、100 mL、150 mL、200 mL、250 mL、500 mL、1000 mL、2000 mL 等数种。

使用量瓶配制溶液时,一般是先将固(液)体物质在洁净小烧杯中用少量溶剂溶解,然后将溶液沿玻璃棒转移到量瓶中,烧杯用少量溶剂冲洗 2～3 次,一并倒入量瓶中,再一边加溶剂并不时摇动量瓶使溶液均匀稀释。这样可避免混合后体积发生变化。当稀释至液面接近标线时,应等待 30 s～1 min,待附着在量瓶颈上部内壁的液体流下,同时液面气泡消失后,再小心逐滴加入溶剂至液面的弯月面最低点恰好与标线相切。最后将量瓶反复倒转摇动,至溶液充分混匀即可。

4. 滴定管

滴定管在生物化学实验中常用来量取不固定量的溶液或用于定量分析。把滴定管垂直固定在铁架台上,不要夹得太紧。首先关闭活塞,用漏斗向管腔中加入溶液。打开活塞,让溶液充满活塞下方的空间后关闭活塞,读取液体弯月面的刻度,记在记录本上。打开活塞,收集适量溶液,然后读取溶液弯月面的刻度,两次读数之差即为分配的溶液体积。

5. 吸量管

吸量管是生物化学实验中最常用的器皿之一,吸量管的正确选择和使用对于实验的成功和测定的准确性至关重要。常用的吸量管可以分为 3 类:奥氏吸量管、移液管和刻度吸量管(图 1-9)。

(1)奥氏吸量管供准确量取 0.5 mL、1.0 mL、2.0 mL、3.0 mL 液体所用。此种吸量管只有一个刻度,不能用于准确量取其他体积的溶液。当挤出所量取的液体时,管尖的残留液体必须吹入容器内。

(2)移液管常用于量取 1.0 mL、2.0 mL、5.0 mL、10.0 mL、25.0 mL、50.0 mL 液体。这种吸量管也只有一个刻度。放液时,量取的液体自然流出后,管尖需要在容器内壁停留15 s。注意管尖的残留液体不要吹出。

(3)刻度吸量管是最常用的吸量工具,一般供量取 10.0 mL 以内任意体积的液体。刻度可包括或不包括管尖残留液体。在吸量管的上端标有"吹"字的吸量管为"吹出式",将所量液体全部放出后,还需要吹出管尖的残留液体;未标有"吹"字的吸量管,则不需要吹出管尖的残留液体。

6. 移液器

常用移液器大致分为单通道移液器、多通道移液器和电动移液器 3 类。根据吸取液体量的体积选择合适量程的移液器,再选用匹配的移液枪头,精准吸取所需液体的量。

7. 微量注射器

使用微量注射器时应把针头插入溶液,缓慢拉动活塞至所需刻度处。检查注射器有无吸入气泡。排出液体时要缓慢,最后将针尖靠在容器壁上,移去末端黏附的液体。微量注射器在使用前和使用后应在醇类溶剂中反复推拉活塞,进行清洗。

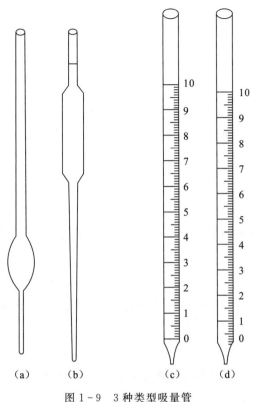

图 1-9 3种类型吸量管
(a)奥氏吸量管;(b)移液管;(c)、(d)刻度吸量管。

三、液体的盛放与储存

1. 试管

试管常用于颜色实验、小量反应、装培养基等。试管可经加热灭菌,用试管帽或棉塞密封。

2. 烧杯

烧杯常作一般用途,如加热溶液、配制试剂等。烧杯壁上常有体积刻度,但不准确,只能用于粗略估计。

3. 锥形瓶

锥形瓶用于储存溶液,其底部较宽,稳定性好,瓶口较小,减少蒸发,易于密封。有的锥形瓶侧壁上也有体积刻度,但不准确。

4. 试剂瓶

试剂瓶具有螺口盖或圆形玻璃塞,可防止溶液蒸发和污染,可用于储存配制好的溶液。必须在瓶壁上贴上标签,标明试剂的浓度、名称、配制的时间等信息。为了防止试剂降解,溶液应存放在冰箱中,但使用前要恢复到室温。

四、溶液的混匀

为了保证生物化学实验的正常进行，需要将加入试管和离心管的两种或两种以上的试剂充分混匀。通常试管内液体混匀的方法有以下几种。

1. 玻璃棒搅拌法

适用于用酸碱溶液调节某种溶液的 pH 值。当滴加少量酸或碱的溶液到待调节 pH 值的溶液中时，需要用玻璃棒搅拌混匀后，测定此时溶液的 pH 值。

2. 吸管混匀法

适用于成倍稀释液体时。用清洁的吸管将溶液反复吸放多次，使溶液混匀。

3. 弹敲法

适用于试管中微量液体的混匀。左手持试管上端，使试管与地面呈 45°角，再用右手食指或中指弹敲试管，使管内液体混合均匀。

4. 甩动法

适用于试管中液体较少时。用右手持试管上端，轻轻甩动、振摇，使管内液体呈漩涡状转动，可以将液体混匀。

5. 旋转法

液体较多时常用此法。右手拿试管上端，利用手腕力量使试管向一个方向做圆周运动，使管内液体旋转而混匀。

6. 漩涡器振荡法

适用于量大或要求混匀时间较长的溶液。手持容器的上端于漩涡振荡器上振荡，使溶液混匀。

除上述介绍的混匀液体的常用方法之外，还有一些在生物化学实验中不常用的方法，如倒转法、磁力搅拌器法等。

五、过滤

通过溶液过滤，可以收集滤液、去除杂质、收集沉淀和洗涤沉淀。过滤分为常压过滤和减压过滤两类：①常压过滤就是不另外加任何压力，滤液在自然条件下通过介质进行过滤的一种方法，适用于滤液黏度小、沉淀颗粒粗、过滤速度快的样品。过滤介质可选用孔隙较大的滤纸、脱脂棉和纱布等。②减压过滤是在介质下面抽气减压、提高过滤速度的方法，适用于滤液黏度较大、滤液为胶体溶液、沉淀颗粒小、过滤速度慢的样品，常用布氏漏斗或玻璃砂芯漏斗来进行实验。

在生物化学实验中，如需要收集滤液应选用干滤纸，不应将滤纸先浸湿，因为湿滤纸会影响滤液的浓度。滤纸过滤一般采用平折法（即两次对折法）并且使滤纸上缘与漏斗壁完全吻合，不留缝隙。向漏斗内加入液体时要用玻璃棒导流，并且不能倒入太快，勿使液面超过滤纸上缘。

六、溶液 pH 值测定

测定溶液 pH 值通常有两种方法,即酸碱指示剂法和 pH 试纸法。最简便但较粗略的方法是 pH 试纸法。pH 试纸分为广泛 pH 试纸和精密 pH 试纸两种。广泛 pH 试纸的变色范围是 pH=1~14、9~14 等,只能粗略确定溶液的 pH 值。精密 pH 试纸可以较精确地测定溶液的 pH 值,其变色范围是 2~3 个 pH 单位,例如有 pH=1.4~3.0、0.5~5.0、5.4~7.0、7.6~8.5、8.0~10.0、9.5~13.0 等多种,可根据待测溶液的酸碱性选用某一范围的试纸。测定的方法是将试纸条剪成小块,用镊子夹一小块试纸(不可用手拿,以免污染试纸),用玻璃棒蘸少许溶液与试纸接触,试纸变色后与色阶板对照,估读出所测 pH 值。切不可将试纸直接放入溶液中,以免污染样品溶液。也可将试纸块放在白色点滴板上观察和估测。试纸要存放在有盖的容器中,以免受到实验室内各种气体的污染。

第四节 实验的基本要求

一、实验的准确度与误差

在生物化学与分子生物学实验中,由于实验操作者对实验技术的熟练程度、测量分析的仪器、实验方法、实验试剂以及实验室环境条件的影响与限制,所得到实验结果与客观真实值很难达到完全一致,实验过程中存在一定的误差是不可避免的。实验操作者要正确对待测定结果,并客观地进行评价,判断它的准确度和可信度,分析产生误差的可能原因,采取有效措施减少误差,提高实验结果的准确度。

(一)准确度和误差

准确度表示实验分析测定值与真实值相接近的程度。在分子测定中,实验操作者在相同条件下,即使对同一样品进行多次重复测定,所得结果也不完全一致,常取其平均值。因为物质的真实值一般是无法知道的,往往就用相对正确的平均值代替真实值,所以很多情况下,准确度是以平均值为标准的。

测定值与真实值之间的差值为误差。误差愈小,测定值愈准确,即准确度愈高。绝对误差为测定值与真实值之差,相对误差表示绝对误差在真实值中所占的百分率。

(二)实验误差的来源

产生误差的原因很多,根据误差的性质和来源,可将误差分为两类:系统误差(可测误差)和随机误差(偶然误差)。

1. **系统误差**

系统误差是指在实验操作过程中,由某些固定的因素所造成的误差。常见的系统误差有以下 4 个方面。

(1)仪器误差。指由使用的仪器本身不够精确或年久失修而造成的误差。如未经过校正的容量瓶、移液管，被腐蚀的砝码，或没有根据实验的要求选择一定精密度的仪器等。

(2)方法误差。指由实验设计不合理、分析方法不恰当等因素造成的误差。例如，滴定分析中，干扰离子的影响、副反应发生、化学计量点和滴定终点不符合等，都会引起系统误差。

(3)试剂误差。指由所用试剂和水的纯度不够，含有微量元素等其他影响测定结果的杂质而引起的误差。

(4)操作误差。指由实验操作者个人操作不熟练、观察不敏锐和固有的习惯所造成的误差。如滴定分析中，使用滴定管或吸量管时个人视差引起不正确读数等。

2. 随机误差

随机误差是在测量过程中，一些无法控制的、难以预料的偶然因素所造成的误差，又称不可测误差、偶然误差。如处理实验样品时，环境的温度、湿度、光照和气压的波动，仪器的电压、反应时间的变化，生物材料的新鲜程度，以及实验操作者操作时未察觉的微小变化等，都可能引起偶然误差。这种误差是随机出现的，没有规律性，它的数值有时大、有时小，有时正、有时负，难以找出确定原因。其特点为：正误差和负误差出现的概率相等；小误差出现的次数多，大误差出现的次数少，个别特别大的误差出现的次数极少。

除上述两类误差外，还有因实验操作者的疏忽、粗心大意、操作不当引起的"过失误差"，如加错试剂、溶液溅出、读错数据、计算错误等，这时可能出现一个很大的"误差值"，这种"误差值"应当舍去不用。

(三)降低误差的方法

影响准确度的主要因素是系统误差。影响精确度的主要因素是偶然误差。精确度是保证实验准确度的先决条件。要提高实验结果的正确性必须降低实验误差。

1. 减少系统误差的方法

(1)校正仪器。仪器不准确引起的系统误差可以通过仪器校正来降低。因此，实验前必须对测量仪器(如分光光度计、电子天平等)进行预先校正，以减少误差，并在计算实验结果时用校正值。

(2)对照实验。在测定实验中，应使用标准品进行对照实验，以判断操作是否正确、试剂是否有效、仪器是否正常等。使用标准品可以制作标准曲线，如果按照完全相同的方法处理待测样品，根据标准曲线就可以正确读出测量值。

(3)空白实验。在任何测量实验中，应设置空白实验作为对照，以消除由试剂或器皿所产生的系统误差。用等体积的去离子水代替待测液，在相同条件下，严格按照相同的方法同时进行平行测定，所得结果称为空白值，它是由所用的试剂而不是待测样品造成的。将待测样品的分析结果扣除空白值，就可以得到比较准确的结果。

2. 减少偶然误差的措施

(1)平均取样。动物、植物新鲜组织制成匀浆后取样，可以有效消除实验的偶然误差。

(2)多次取样。进行多次平行测定，计算平均值，可以有效地减少偶然误差。

二、生物分子的提取

生物分子主要是指动物、植物和微生物在进行新陈代谢时所产生的蛋白质、糖类、脂类、酶、核酸等化合物的总称,是生命活动的物质基础,是生命科学,尤其是生物化学、分子生物学研究的重要实验材料。生物分子提取的原材料主要来自微生物或动物、植物的组织、器官和细胞。

(一)材料的选择

制备生物分子,要选择合适的生物材料,符合实验预定的目标要求。选材一般要求:①来源丰富,收集容易,材料新鲜;②有效成分含量高;③目的物与非目的物容易分离。在选择材料时还要考虑植物的季节性、地理位置和生长环境等。选动物材料要注意其年龄、性别、营养状况、遗传和生理状态等。选微生物材料要注意菌种的代数和培养基成分等之间的差异。

材料选定后要尽可能保持新鲜,尽快加工处理。动物组织要先除去结缔组织、脂肪等非活性部位,绞碎后在适当的溶剂中提取。如果所研究的成分在细胞内,就必须先破碎细胞。植物种子需要去壳、除脂。微生物材料要及时将菌体与发酵液分开。生物材料如暂不提取,应冰冻保存。

(二)材料的前期处理

植物、动物和微生物材料的生物学特性各异,进行前期处理的方法和要求也各不相同。

1. 植物材料

植物的根、茎、叶、果实及种子样品,通常要经过净化、杀青、风干(或烘干)处理。如果要测定样品中酶活性和DNA、RNA以及次生代谢物的含量时,需要对新鲜材料立即处理,也可冷冻干燥后,置于 $0\sim4\ ℃$ 冰箱中保存。保存时间不宜过长,一般1~2周。净化是指处理新采集材料表面的泥土等杂质,一般不宜用水冲洗,可用柔软湿布擦干净;但批量处理样品,则需用水冲洗干净。杀青是为了保持样品的有效活性成分,置于 $105\ ℃$ 的烘箱中处理 $15\sim20\ min$,终止样品中酶的活动。样品杀青后,要进行自然风干或维持在 $70\sim80\ ℃$ 的烘箱中烘干,干燥的样品要分类保存。

2. 动物材料

动物内脏含有效成分比较丰富,但脏器表面常附有脂肪和筋膜等结缔组织,必须首先进行脱脂肪、去筋皮处理。动物组织一旦离体,自身细胞会分泌一些破坏性的酶,促进组织中生物分子迅速降解,所以对新鲜材料最好立即进行提取处理。如果不能立即进行实验,可在液氮或超低温条件下进行冷冻保存备用。

3. 微生物材料

微生物易培养、繁殖快、种类多、代谢能力强。蛋白质、酶等分子可通过微生物发酵获得。从微生物发酵液中提取目的物,需要对发酵液进行预处理,以利于后续步骤的操作。一般用离心、过滤法进行固液分离,从上清液中获得酶和其他代谢物质。

(三)生物分子的制备

生物分子存在于生物细胞内,获得生物分子的步骤包括:破碎细胞、分离纯化及其纯度鉴定。

1. 破碎细胞

破碎细胞的方法主要有4类:①机械破碎。通过机械运动的剪切作用使细胞破碎,包括研磨破碎法和组织捣碎法。②物理破碎。通过温度、压力、超声波等物理因素使组织细胞破碎,包括反复冻融法、冷热交替法、真空干燥法、超声波破碎法、微波破碎法和高压匀浆法等。③化学试剂破碎。使用变性剂、表面活性剂、抗生素和金属螯合物等,改变细胞壁或细胞膜的通透性,使细胞内物质有选择地释放出来。常用的化学试剂包括氯仿、丙酮等脂溶性溶剂或SDS(十二烷基硫酸钠)等表面活性剂。④酶促破碎。通过细胞自身酶系或外加酶制剂,分解并破坏细胞壁的特殊化学键,从而破碎细胞使其内容物渗出。

2. 分离纯化及其纯度鉴定

生物分子的分离纯化方法有很多,主要是利用分子之间特异性的差异,如分子的大小、形状、溶解性、极性、酸碱性、电荷和与其他分子的亲和性等进行分离。其基本原理可以归纳为两个方面:①利用混合物中几个组分分配系数的差异,把它们分配到两个或几个相中,如盐析、层析、有机溶剂沉淀和结晶等;②强混合物置于某一物相(大多数是液相)中,通过物理力场的作用,使各组分分配于不同的区域,从而达到分离的目的,如电泳、离心、超滤等。在实际科学研究中往往要综合运用多种方法,才能制备出高纯度的生物分子。

(1)蛋白质类物质的制备。大部分蛋白质都可溶于水、稀酸、稀碱或稀盐溶液,少数与脂类结合的蛋白质则溶于乙醇、丙酮等有机溶剂,因此,可采用不同溶剂提取分离和纯化蛋白质及酶。根据蛋白质的分子大小进行分离,主要方法有透析法、超滤法、凝胶过滤法。根据蛋白质的溶解度进行分离,主要方法有盐析法、等电点沉淀法和有机溶剂沉淀法。根据蛋白质的带电性质进行分离,主要方法有电泳法、离子交换层析法。根据配体特异性进行分离,主要方法有亲和层析法。蛋白质纯度常用沉降法、电泳法、HPLC分析等进行鉴定。纯蛋白质在离心场中,应以单一的沉降速度移动;在电泳时,于一系列不同的pH值条件下以单一的速度移动,它的电泳图谱只呈现一个条带。

(2)核酸类物质的制备。核酸的分离与纯化是在破碎细胞的基础上,利用苯酚使蛋白质变性沉淀于有机相,用乙醇、丙酮等有机溶剂沉淀核酸,从而达到分离核酸的目的。为了得到纯的核酸,可使用蛋白酶除去蛋白质,加入RNA酶除去RNA而得到纯的DNA,或用DNA酶降解DNA而获得纯度较高的RNA。

(3)糖类物质的制备。可从细胞内用水溶性溶剂抽提出来,通过理化方法,去除蛋白质和核酸等杂质而纯化。对易溶于温水而难溶于冷水的多糖,应进行加热提取;对在中性溶剂中溶解度较小的多糖,应调节合适的pH值。多糖的提取液一般浓度较低,需要进行浓缩,然后加入有机溶剂,可将多糖从溶液中沉淀出来,在40~50℃下真空干燥成粉状物。

(4)脂类物质的制备。中性脂主要由范德华力和疏水键相互作用束缚,可选择非极性溶剂;磷脂是通过静电作用缔合的,要用极性更强的溶剂混合物来抽提。抽提脂类的一般方法是:将样品和溶剂置于组织匀浆器中匀浆,用布氏漏斗过滤混合物,用水和盐溶液洗涤,直至分成两相,将有机相分离并浓缩;用凝胶过滤层析法纯化脂类抽提液,纯化的脂类置于-20 ℃下无氧保存。

三、实验记录和实验报告

实验的目的在于经过实践掌握科学观察的基本方法和技能,培养学生科学思维、分析判断和解决实际问题的能力。实验也是培养探求真知、尊重科学事实和真理的学风,培养科学态度的重要环节。在实验记录和撰写实验报告时,需要实验操作者做到认真、仔细、实事求是,分析总结实验的经验和问题。

(一)实验记录

实验课教学的一个重要内容,就是记录实验数据,完成实验报告,这对学生日后从事科学研究是非常重要的基本功。详细、准确、如实地做好实验记录极为重要,不能夹杂主观因素。在定量实验中观测的数据,如称量物的质量、滴定管的读数、分光光度计的读数等,都应设计一定表格准确记下正确的读数,并依据仪器的精确度记录有效数字。

实验课前每位实验操作者必须准备一个实验记录本,该记录本必须装订结实,有页码、日期,纸张结实、墨迹明显,记录中不应留任何空白页。不要撕去任何一页,更不要擦抹及涂改,写错时可以准确地划去重写。记录时最好用中性笔,不要用铅笔。

实验中观察到的现象、结果和数据,应该及时地记在记录本上,绝对不可以用单片纸做记录或草稿。原始记录必须准确、简练、详尽、清楚。原始实验记录的内容包括:实验的日期、时间、地点,实验的环境因素(如温度、湿度等),实验的标题和识别号,实验方法的文献出处,实验操作者预先设想的目标,实验材料的名称、来源,生物化学试剂的名称、产地、纯度级别及溶液的配制方法,重要仪器的参数及测量数据,观察的结果和实验现象(包括不正常的操作及数值和观察结果)及其他一切可能影响实验的偶发性事件(如停电、他人来访、接电话中断实验等)。仪器测出的原始图表应与实验记录粘在一起,不要另外保存。在所有实验课中都应该养成这种良好的习惯。

实验中使用仪器的类型、编号以及试剂的规格、化学式、相对分子质量、准确的浓度等,都应记录清楚,以便总结实验时进行核对和作为查找成败原因的参考依据。如果发现记录的结果有疑问、遗漏、丢失等,都必须重做实验,以期获得可靠的数据和结果。

(二)实验报告

实验结束后,应及时整理记录,分析总结实验结果,按要求写出实验报告。实验报告的写作过程是一个对实验结果分析归纳、去粗取精、去伪存真、把感性认识上升到理性认识的过程。实验报告的基本格式如下。

实验名称　　　　　　实验地点
实验者姓名　　　　　实验日期
实验目的
实验原理
实验材料、仪器和试剂
操作步骤

结果与讨论

"实验名称、实验者姓名、实验地点和实验日期":要明确实验操作者某个时间在具体的实验室开展相关实验内容,并做好记录。"实验目的":实验操作者在实验前要预习明确本次实验的目的和要求,如掌握相关实验原理、技术操作和理论知识。"实验原理":要求实验操作者在理解和掌握的基础上尽量自己总结阐述,做到语言文字表达流畅、逻辑性强。"实验材料、仪器和试剂":实验操作者要熟悉实验所需的材料和试剂,掌握开展实验所需仪器的使用方法。"操作步骤":通过书写具体的实验操作步骤,实验操作者对整个实验流程有所了解,掌握关键步骤,并从中学习实验设计的思路,为今后进行科学研究奠定基础。"结果与讨论":实验结果可以用文字描述,也可以用图表形式进行概括。对实验结果进行讨论时,首先要对实验结果进行描述,然后结合实验原理分析实验结果的科学性。如果实验结果与预期不符,则应分析原因并提出改进措施。

书写实验报告应注意以下几点。

(1)书写实验报告最好用规范的实验报告纸,为避免遗失,实验课全部结束后可装订成册以便保存。

(2)简明扼要地概括出实验的原理。如涉及化学反应,最好用化学反应式表示。

(3)应列出所用的试剂和主要仪器。特殊的仪器要画出简图并有合适的图解,说明化学试剂时要避免使用未被普及的商品名或俗名。

(4)实验方法步骤的描述要简洁,不要照抄实验指导书或实验讲义,但要交代清楚,以便他人能够重复进行实验。

(5)为了能重复以前的某些实验结果,或此次的结果能在今后的实验中再现,应记录实际观察到的实验现象而不是照抄实验指导书所列应观察到的实验结果,并记录实验现象的所有细节。

(6)实验结果的讨论要充分,尽可能多查阅一些有关的文献和教科书,充分运用已学过的知识和生物化学原理,对实验方法、操作技术及其他有关实验的一些问题进行深入的探讨,勇于表达自己的分析和见解,并对实验设计、实验方法等提出合理的改进意见,以便教师今后能更好地讲解和安排实验。

撰写实验报告使用的语言要简明清楚,抓住关键,各种实验数据都要尽可能整理成表格并作图表示之,以便一目了然,如原始数据及其处理的表格,标准曲线图以及比较实验组与对照组实验结果的图表等。实验作图尤其要严格要求,必须使用坐标纸,每个图都要有明显的标题,坐标轴的名称要清楚完整,要注明合适的单位,坐标轴的分度数字要与有效数字相符。

第二章 生物化学与分子生物学实验技术和方法

第一节 分光光度技术

分光光度技术(spectrophotometry),也称为分光光度法,是利用紫外光、可见光、红外光等测定物质的吸收光谱,利用此吸收光谱对物质进行定性、定量分析和物质结构分析的技术。物质的吸收光谱与它们本身的分子结构有关,不同物质由于其分子结构不同,对不同波长光线的吸收能力也不同,因此每种物质都具有特异的吸收光谱,在一定条件下,其吸收程度与物质浓度成正比,故可利用各种物质不同的吸收光谱特征及其强度对不同物质进行定性和定量的分析。

分光光度技术使用的仪器为分光光度计。该仪器测定速度快,灵敏度较高,精确性好,应用范围广,其中的紫外-可见分光光度技术已成为生物化学与分子生物学研究工作中必不可少的实验手段之一。人肉眼可见的光线称为可见光,波长范围为 400~760 nm。波长介于 10~400 nm 的光线称为紫外线,波长大于 760 nm 的光线称为红外线。

一、基本原理

朗伯-比尔(Lambert-Beer)定律是比色分析的基本原理,这个定律是有色溶液对单色光的吸收程度与溶液及液层厚度间的定量关系。此定律由朗伯定律和比尔定律归纳而得。

Lambert 指出,当一定强度(I_0)的光线通过溶液时,如果溶液的浓度一定,则透过光线强度(I)随吸光溶液厚度 L(cm)的增加呈指数减少,见式(2-1)。

$$I = I_0 \times 10^{-\varepsilon L} \qquad (2-1)$$

Beer 指出,当溶液厚度一定时,透过光线强度(I)随吸收物质的浓度 c(mol/L,若不知相对分子质量,则为 g/L 或 %)的增加呈指数减少,见式(2-2)。

$$I = I_0 \times 10^{-\varepsilon c} \qquad (2-2)$$

式(2-1)和式(2-2)中:ε 为常数,称为摩尔吸收系数,它与照射光线的波长和吸收光线物质的性质有关。将两式合并得式(2-3)。

$$I = I_0 \times 10^{-\varepsilon c L} \qquad (2-3)$$

将式(2-3)取对数后得式(2-4)。

$$\lg(I/I_0) = -\varepsilon c L \qquad (2-4)$$

式中:I/I_0 为透光度,以 T 表示,通常以百分率来表示,也可称为透光率 $T(\%)$。透光度或透光率是表示光线透过情况的量度,其数值小于 1,若用透光度的负对数来表示,可得式(2-5)。

$$A = -\lg T = \varepsilon c L \tag{2-5}$$

式中:A 为吸光度(消光度或光密度),是表示光线被吸收情况的量度。吸光度与被测溶液的浓度 c、溶液的厚度或光程 L 的乘积成正比。此关系即为 Lambert-Beer 定律。分光光度计的基本原理见图 2-1。

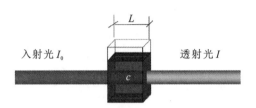

图 2-1　分光光度计的基本原理示意图

二、分光光度计的结构

分光光度计的种类和型号很多,但各种类型的分光光度计的结构和原理基本相似。最常用的是可见光分光光度计、紫外-可见分光光度计(图 2-2)和超微量分光光度计(图 2-3)。其中超微量分光光度计主要用于制备工艺繁琐、成本高的珍贵样品的检测,无需常规比色皿或毛细管等耗材,只需要 1 μL 样品液即可进行检测。

图 2-2　紫外-可见分光光度计　　　　　图 2-3　超微量分光光度计

分光光度计基本上都由 5 部分组成:①光源;②单色器;③狭缝;④样品室;⑤检测系统等部件(图 2-4)。

1. 光源

理想光源的条件是:①能提供连续的照射;②光强度足够大;③在整个光谱区内光谱强度不随波长有明显变化;④光谱范围宽;⑤使用寿命长,价格低。

常用的光源是钨灯和氘灯。前者适用波长范围是 320~1000 nm。用于紫外光区的是

图 2-4　分光光度计基本结构示意图

氘灯,适用波长范围是 195~400 nm。光源的供电需要由稳定电源供给,以保证发射出的光线稳定。

2. 单色器

单色器是把来自光源的混合光分解为单一波长光的装置,多用棱镜或光栅作为色散元件,通过此色散系统可根据需要选择一定波长范围的单色光。单色光的波长范围越窄,仪器的敏感性越高,测定的结果越可靠。

3. 狭缝

狭缝是由一对隔板在光通路上形成的缝隙,通过调节缝隙的大小调节入射单色光的纯度和强度,并使入射光形成平行光线,以适应检测器的需要。狭缝可在 0~2 mm 宽度内调节,先进的分光光度计的缝隙宽度可随波长一起调节。

4. 样品室

样品室包括池架、吸收池(比色杯)以及各种可更换的配件。

比色杯一般由无色透明、耐酸碱、耐腐蚀的玻璃和石英制成。光学玻璃比色杯因为吸收紫外光,所以只能用于可见光波长范围内的测量。石英玻璃比色杯可透过紫外光、可见光和红外光,是最常使用的比色杯。比色杯上的指纹、油污或壁上的沉积物都会影响其透光性,因此在使用时要注意以下几点:①不要使比色杯的光学面接触硬物,以免产生划痕;②测定完毕后,不要残留液体于杯内,特别是蛋白质和核酸溶液,将会黏附在杯壁上;③擦拭比色杯时必须用软绸缎布或擦镜纸,以免发生光学面永久性擦伤。

5. 检测系统

检测系统由受光器和显示器两部分组成。常用的受光器有光电池、真空光电管和光电倍增管等。它们将接收到的光能转变为电能,并应用放大装置将弱电流放大,提高敏感度。显示器是将光电倍增管或光电管放大的电流通过仪表显示出来的装置。通过电流计显示出电流的大小,在仪表上可直接读得 A 值(吸光度值)、T 值(透光度值)。现代高性能分光光度计均可以连接微型计算机,而且有的主机还使用液晶等荧屏显示的微处理机、自动记录仪和打印绘图仪。

三、分光光度技术的应用

分光光度技术利用朗伯-比尔定律的原理可用于如下几个方面。

(1) 通过测定某种物质吸收或发射光谱来确定该物质的组成。

(2) 通过测定不同波长下的吸收来测定物质的相对纯度(在 DNA 的浓度测定中最为常用,测定 A_{260}/A_{280} 值,纯度较好的 DNA 样品的比值为 1.8,样品如混有蛋白质等杂质,此比值将变小)。

(3) 通过测量适当波长的信号强度确定某种单独存在或与其他物质混合存在的一种物质的含量。

(4) 通过测量某一种底物消失或产物出现的量与时间的关系,追踪反应过程。

(5) 通过测定微生物培养体系中的 A 值,可以得到体系中微生物的密度,从而可以对培养体系中微生物的数量进行动态监测。

第二节 膜分离技术

膜分离现象在大自然中,特别是在生物体内是广泛存在的。早在 1748 年法国学者 Abble Nollet 就发现了膜分离现象,但膜分离技术(membrane separation technique)的大发展和工业应用是在 19 世纪 60 年代以后。膜分离技术现在主要应用于食品加工、海水淡化、纯水及超纯水制备、医药、生物、环保、化工、冶金、电子和仿生等领域。

一、基本原理

膜分离技术的基本原理是利用天然或人工合成的具有选择透过性的薄膜,当溶液或混合气体与膜接触时,在压力、电场作用下或温差作用下,某些物质可以透过膜,而另一些物质则被选择性拦截,从而使双组分或多组分体系进行分离、分级、提纯或富集。凡是利用薄膜技术进行分离的方法,均称为膜分离技术。它与传统过滤方法的不同点在于,可以在分子水平上对不同粒径、形状、特性的分子的混合物实现选择性分离,并且此过程是一种物理过程,不发生相的变化,无须添加辅助剂。膜分离技术既有分离、浓缩、纯化和精制的功能,又有高效、节能、环保、分子级过滤及过程简单、易于控制等特征。

二、膜材料与分类

(一)膜材料

膜的材料一般要求有良好的成膜性,热稳定性,化学稳定性,耐酸、碱以及微生物侵蚀和抗氧化性能。不同的膜分离过程对膜的要求不同,选择合适的膜材料是膜分离技术首先要考虑的。目前研究和应用的膜材料主要是高聚物材料和无机材料,其中以高聚物膜应用得最多。

1. 高聚物膜材料

(1) 天然物质的衍生物,如硝酸纤维素、醋酸纤维素等。

(2) 人造物质,如聚乙烯、聚酰胺、聚丙烯等。

(3) 特殊材料,如多孔玻璃、电解质复合膜等。

2. 无机膜

无机膜是指用无机材料如金属、陶瓷、金属氧化物、沸石等制成的膜。这类膜具有耐高温、耐生物降解、机械强度大等优点，目前主要有陶瓷膜、金属膜、玻璃膜等。

(二)膜的分类

根据分离方式及透性不同可将膜分为半透膜和离子选择性透过膜。

1. 半透膜

半透膜又称为分离膜或滤膜，是指只透过溶剂或只透过溶剂和小分子溶质而截留大分子溶质的膜，主要用于反渗透和超过滤。对于半透膜的工作原理，目前最为经典的是氢键理论和优先吸附-毛细管流动机理。

2. 离子选择性透过膜

离子选择性透过膜简称离子交换膜，是电渗析法广泛应用的隔膜，也可用于反渗透。离子选择性透过膜的选择透过性一般用双电层理论和道南膜平衡理论来解释。离子选择性透过膜按功能和结构的不同，可分为阳离子交换膜、阴离子交换膜、两性交换膜、镶嵌离子交换膜和聚电解质复合物膜5种类型。

三、主要的膜分离技术

(一)透析技术

透析技术是生物化学实验中最常用的膜分离技术，它是利用半透膜两侧的溶液浓度差，截留大分子物质，使小分子分离出去，在生物大分子的制备过程中能够去除样品溶液中的盐类、少量有机溶剂、生物小分子杂质和浓缩样品。透析技术产生于19世纪中叶，由Thomas Graham始创，与现在医疗上采取的血液透析操作原理一致。生物化学上，透析技术常用于去除蛋白质或核酸样品中的盐、变性剂、还原剂之类的小分子杂质。

1. 透析技术的原理

透析的动力是扩散压，是由横跨膜两边的溶液浓度梯度形成的。操作时将含有大分子和小分子的混合溶液装入由透析膜制成的透析袋或透析管中，将透析袋放入含有低渗的溶液或蒸馏水中，由于膜内的小分子渗透压高于膜外，根据分子自由扩散原理，小分子可以顺浓度梯度通过半透膜的膜孔向低浓度的膜外进行扩散，而大分子受到半透膜孔径的限制不能通过，小分子向外扩散的速度逐渐减弱，同时有部分小分子向膜内流动，渗透分子进出半透膜的速度逐渐趋于平衡。如果将半透膜外的溶液重新置换为低渗溶液后，平衡被打破，小分子又重新向膜外扩散，直至形成新的平衡。大分子物质，如蛋白质、核酸或多糖等因其分子直径大于孔的直径，则完全被阻滞在膜的一侧，而不能通过膜(图2-5)。透析的速度反比于膜的厚度，正比于欲透析的小分子溶质在膜内外两边的浓度梯度，还与膜的面积和温度成正比。

2. 透析技术的应用

透析技术所用的透析膜常用火棉胶、羊皮纸、兽类的膀胱、纤维素、玻璃纸等亲水材料制

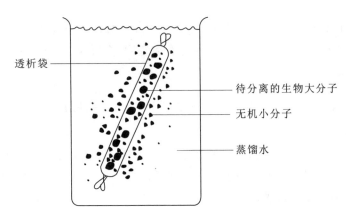

图 2-5 透析原理示意图

成。通常将半透膜制成袋状,清洗过的半透膜一定要采用湿法保存,一经干燥即会开裂,不能再使用。透析技术常用于去除生物大分子(如蛋白质、核酸等)中的小分子杂质,有时也用于置换样品缓冲液。选择不同规格的透析袋,样品处理量可从 10 μL 直至上百毫升,样品回收率可高达 95%,截留分子质量也可从几百原子质量单位至几百万原子质量单位。

透析常用自由扩散法和搅拌透析法分离待分离物质。①自由扩散法。取一段大小合适的透析袋,检查是否漏水,如无漏水现象,把实验样品转入透析袋,将两端都用透析袋夹紧或线绳扎紧,放入透析液中,透析液可以是蒸馏水或低渗溶液。当袋内外的小分子趋于平衡或浓度差很小时,更换透析液,一般为 3~4 h,如此重复几次后,即可将样品中的大分子和小分子分离。②搅拌透析法。搅拌透析法和自由扩散法相似,只是增加了一个磁力搅拌器,在透析液中放入一根电磁棒,借助电磁搅拌形成的漩涡流,使扩散出来的小分子很快分散到透析液中,使得透析袋外周附近的透析液始终保持低渗状态。此法可以缩短透析时间,节省透析液,减少工作量并提高透析效率。

3. 透析操作及注意事项

透析袋多由纤维素制成,也可是动物膜和玻璃纸等,为防干裂,常用甘油处理过,并常含有极微量的硫化物、重金属和一些具有紫外吸收特性的杂质。为避免待透析的分子损失活性,透析袋使用前通常需要进行处理。倘若对新透析袋除杂质要求不是十分严格,则可直接用沸水煮 5 min,再用蒸馏水洗净即可使用。

目前为方便快速地实现各种透析,市场上出现了各种透析产品。除了常用的透析袋外,还出现了透析管、透析卡等,而且它们的前处理也大大简化了,甚至有些产品不必进行前处理即可直接使用。

透析过程中还应注意以下问题。

(1)透析袋使用前要试装蒸馏水,看透析袋有没有蛀孔,会不会有水喷出。绑透析袋时不要太用力拉扯,否则透析袋会裂开。

(2)透析时,一方面为避免透析材料过于稀释,透析袋应尽量装满;另一方面为防止水或缓冲液进入袋内将袋胀破,又需要透析袋留有一定的空间。综合二者,通常将待透析物装至袋内体积 2/3 的空间。

(3)一般透析至少要 3 h,其间至少要换透析液 2 次,透析才能完全。

(4)每次更换透析液时,暂时不要丢掉滤液,收集起来以防薄膜破裂造成的流失。

(5)小量体积溶液的透析,可在袋内放一截玻璃棒,以使透析袋沉入液面以下。

(6)透析袋如需灭菌可采用蒸汽灭菌,或暴露于环氧乙烷中。

(7)未使用的透析袋装于聚乙烯袋中,防止过于受潮,并避免被污染。

(二)超滤技术

超滤技术是综合了过滤和渗透技术各自的优点而发展起来的一种高效分离技术,广泛用于生物大分子的脱盐、浓缩以及大分子物质溶剂系统的交换平衡,大分子物质的分级分离,生化制剂或其他制剂的去热源处理。超滤技术已成为制药工业、食品工业、电子工业以及环境保护等领域中不可缺少的工具,在生物制药中可用来分离蛋白质、酶、核酸、多糖、多肽、抗生素和病毒等。

超滤是根据被分离物质的分子形状、大小的差别进行分离的。在一定强度的压力差下,膜内的小分子溶质和溶剂穿过一定孔径的特制薄膜,而大分子不能通过,从而达到使不同大小的分子进行分离的目的。

按膜的平均孔径和施加压力的不同,可将膜分离技术分为微滤、超滤和反渗透 3 种。①微滤。操作压力小于 35 kPa,膜孔径 50 nm 以上,用于分离较大的微粒、细菌等。②超滤。操作压力在 35~700 kPa 之间,膜孔径 1~10 nm,用于分离大分子溶质。③反渗透。操作压力在 3 500~14 000 kPa 之间,膜孔径小于 1 nm,用于分离大分子溶质。

影响超滤的因素主要有:①溶质的性质。如分子形状、相对分子质量和带电性质等。②溶液的浓度。一般来说,样品溶液浓度越高,超滤效率越低。③温度。理论上温度越高,越利于超滤,但对于生物活性大分子来说,温度要控制在 4 ℃左右,以免失活。④压力。施加压力不是越高越好,应根据样品溶液的浓度而定。

第三节 离心技术

离心技术(centrifugation technique)是生物化学与分子生物学研究中的常用技术之一,而且随着离心技术的不断发展和完善,尤其是高速和冷冻离心机的相继问世,离心技术在生物化学与分子生物学研究中的地位日趋重要。离心技术是物质分离的一个重要手段,是利用离心机高速旋转时所产生的强大离心力,使离心管中沉降系数不同的物质发生沉降或漂浮,从而使之分离、浓缩和提纯的一项操作技术。这项技术应用很广,如分离化学反应后的沉淀物、天然的生物大分子、无机物、有机物,以及收集细胞和细胞器等。离心技术在生物学、医学、制药和化工等领域被广泛使用。

一、基本原理

当一个粒子(生物大分子或细胞器)在高速旋转下受到离心力作用时,此离心力(F)可由下式表示。

$$F = ma = m\omega^2 r \tag{2-6}$$

式中：a 为粒子旋转的加速度；m 为沉降粒子的有效质量；ω 为粒子旋转的角速度；r 为粒子的旋转半径。

离心力常用地球引力的倍速来表示，因而称为相对离心力（RCF）。相对离心力是指在离心场中，作用于颗粒的离心力相当于地球重力的倍数，单位是重力加速度（g，即 980 cm/s²）。相对离心力也可用数字乘以 g 来表示，例如 25 000×g，表示相对离心力为 25 000。相对离心力的计算公式如下。

$$RCF = \omega^2 r / 980 \tag{2-7}$$

$$\omega = 2\pi \times N / 60 \tag{2-8}$$

$$RCF = 1.119 \times 10^{-5} \times N^2 r \tag{2-9}$$

式中：N 为转速（r/min）。

由式（2-9）可见，只要给出旋转半径 r，则 RCF 和 N 之间就可以相互换算。但是由于转头的形状及结构的差异，每台离心机的离心管从管口至管底的各点与旋转轴之间的距离是不一样的，所以在计算中规定，旋转半径一律用平均半径（r_{av}）代替，见式（2-10）。

$$r_{av} = (r_{min} + r_{max}) / 2 \tag{2-10}$$

一般低速离心时常以转速（r/min）表示，高速离心机时常以相对离心力（g）表示。计算颗粒的相对离心力时，应注意离心管与旋转轴中心的距离 r 不同，即沉降颗粒在离心管中所处的位置不同，所受离心力也不同。因此在报告超离心条件时，通常总是用地心引力的倍数（×g）代替转速（r/min），因为它可以真实地反映颗粒在离心管内不同位置的离心力及其动态变化。科技文献中离心力的数据通常是指其平均值（RCF_{av}），即离心管中点的离心力。

二、离心机与转子类型

（一）离心机类型

1. 按转速分类

离心机根据转速的大小可分为低速、高速和超速离心机。低速离心机转速低于 6000 r/min，高速离心机转速可达到 25 000 r/min，超速离心机的转速大于 25 000 r/min。由于转速太高会产生大量的热量，因而高速及超速离心机都附有制冷装置，以降低转子室温度；同时为了减少摩擦，还附有抽真空装置，使转子在真空条件下运转。

2. 按用途分类

1）小型离心机

小型离心机一般是指体积较小的台式离心机，转速可以从数千转每分到数万转每分，相对离心力由数千倍重力加速度到数十万倍重力加速度，离心管的容量由数百微升到数十毫升。小型高速离心机[图 2-6(a)]多用于快速的离心。

2）制备型大容量低速离心机

制备型大容量低速离心机一般是离心的体积较多、机型体积较大的立式离心机。最大转速为 6000 r/min 左右，最大离心力在 6000×g 左右，最大容量可达数千毫升。

3)高速冷冻离心机

高速冷冻离心机与制备型大容量低速离心机相似,二者之间的主要差异在于前者的离心速度比后者高,并设有制冷系统。高速冷冻离心机[图 2-6(b)]的最大转速在 18 000~21 000 r/min 之间,最大离心力在 50 000×g 左右,可以更换转头调整离心容量。通常用于微生物菌体、细胞碎片、大细胞器等的分离纯化工作。

（a）小型高速离心机　　　　（b）高速冷冻离心机

图 2-6　两种不同类型的离心机

4)超速离心机

超速离心机具有很大的离心力,最大转速可达 100 000 r/min,最大离心力可达 800 000×g,超速离心机可以进行小量制备,最大容量可达数百毫升。超速离心机的出现,使生物科学的研究领域有了新的扩展,它能使过去仅仅在电子显微镜观察到的亚细胞器得到分级分离,还可以分离病毒、核酸、蛋白质和多糖等。

5)分析型离心机

分析型离心机主要用于生物大分子的定性,测定生物大分子的相对分子质量,估计样品的纯度,检测生物大分子构象的变化和定量分析等。最大转速在 80 000 r/min,最大离心力可达 800 000×g 以上。

6)连续流离心机

连续流离心机主要基于离心力的作用,将混合物中的固体颗粒或液体分离出来。最大转速与高速离心机相近。主要应用于化工、食品、制药等领域。

(二)转子的种类

离心机的转子是离心技术发展的重要内容之一,正确地选择转子有利于获得良好的实验结果。自 20 世纪 50 年代至今已有上百种转子出现。制备超速离心机常用的转子有以下 4 种。

1.固定角度转子(fixed angle rotor)

离心管腔与转轴成一定倾角的转子称固定角度转子,又称角式转子。固定角度转子

(图 2-7)呈伞形,离心管放置其中,与转轴形成固定角度,角度变化在 14°~40°之间。离心时,颗粒先沿离心力方向撞向离心管,然后再沿管壁滑向管底,因此离心管的外侧壁就会出现颗粒沉积,此现象称"壁效应"。离心管的倾角对离心沉降有很大的影响,角度越大,沉降越结实,分离效果越好;角度越小,颗粒沉降距离越短,沉降不结实,分离效果也越差。固定角度转子重心低,运转平衡,寿命较长。

(a) 15 mL角转子　　　　　(b) 5 mL角转子

图 2-7　离心机固定角度转子

2. 水平转子(horizontal rotor)

转子的水平臂上悬挂活动吊桶,吊桶中放置离心管。当离心机不工作时,由于受重力的作用,离心管处于竖直方向;启动离心机后,由于受离心力的作用,离心管由开始的竖直方向甩成水平方向,因此称为水平转子(图 2-8)。

3. 垂直转子(vertical rotor)

垂直转子是固定角度转子的特殊形式,离心管垂直插入转子内,离心时液层发生 90°的变化,从开始的水平方向改为垂直方向。当转子减速时,垂直分布的液层又逐渐趋向水平,待旋转停止后,液面完全恢复水平方向。

图 2-8　离心机水平转子

4. 区带转子(zonal rotor)

区带转子主要由一个转子桶和可移动的顶盖组成。桶中心位于转轴上,转子桶中装有隔板装置,把转子内部分隔成 4 个或多个扇形小格。隔板上有导管,梯度液或样品液从管子的中央液管泵入,通过这些管道分布到转子四周。

三、离心机的主要构件

以超速离心机来进行介绍,该类型离心机主要由离心室、驱动和速度控制系统、温度控制、真空系统、转子、操作系统 6 部分组成。

1. 离心室

离心室是转头在真空、低温下进行高速运转的地方。离心室由两层钢筒组成:内层由防腐蚀性钢材制作,用来防止溢出样品液的腐蚀;外层由 10 mm 左右厚的钢板作为装甲防护。两筒间有给离心室制冷的蒸发管。

2. 驱动和速度控制系统

超速离心机的驱动和速度控制系统是由水冷或风冷电动机通过精密齿轮箱或皮带变速,或直接用变频感应电机驱动,并由微机进行控制。

3. 温度控制

离心室内的温度控制是由安装在转头下面的红外线射量感受器直接并连续监测转头的温度,以保证更准确、更灵敏的温度控制。这种红外线温控比高速离心机的热电偶控制装置更敏感、更准确。

4. 真空系统

超速离心机装有真空系统,这是它与高速离心机的主要区别。离心机的转速在 2000 r/min 以下时,空气与旋转转头之间的摩擦只产生少量的热;转速超过 20 000 r/min 时,由摩擦产生的热量显著增大;当转速在 40 000 r/min 以上时,由摩擦产生的热量就成为严重问题。

5. 转子

转子是离心机的重要组成部分,一般有数十种不同容量和性能的转子供用户选择。常用的转子包括固定角度转子和水平转子。

6. 操作系统

操作系统由开关、旋钮、指示灯、指示仪表灯组成。各系统控制均由操作系统完成。

四、离心机的使用

以高速冷冻离心机为例来介绍离心机的使用方法。操作规程与方法如下。

(1)选择合适的转子,安装到离心室内承载转子的轴上;

(2)接通电源,打开电源开关,调温度控制按钮,设定所需温度,待离心室冷却至所需温度时,方可离心;

(3)离心管要精密地平衡,并对称地放入转子中,调节速度按钮和定时按钮,设定所需的时间和速度;

(4)打开启动开关,观察离心机上的各种数值显示是否正确;

(5)在自动关机或手控关机后,可开启制动开关,使离心机较快地停止转动;

(6)全部离心工作完成后,关闭电源开关,切断电源;

(7)取出转子,用纱布擦拭干净,将离心机的盖子敞开放置,使冷凝的水汽蒸发至干。

五、离心分离的种类

根据离心原理,离心法可分为两大类型:差速离心法和密度梯度离心法。

(一)差速离心法

通过逐渐增加离心速率,将沉降速率不同的颗粒分批分离的方法,称为差速离心法(differential velocity centrifugation)。如果要分离组织匀浆中的细胞器,首先用较低的离心速率将体积最大或密度最高的颗粒(如细胞核)沉淀下来,吸出上清液(含有尚未沉淀的悬浮颗粒),再将此上清液以更高的离心速率沉淀较小的颗粒(如线粒体、溶酶体等)。这样通过多次分级分离处理,即能把组织中各种细胞器较好地分离开。

进行差速离心时,首先要选好颗粒沉降所需要的离心力和离心时间。离心力过大或离心时间过长,容易导致大部分或全部颗粒沉降,还可能使颗粒被挤压而损伤。仅进行一轮差速离心所得的沉淀是不均一的,沉淀中仍有其他成分,需经再悬浮和再离心,才能得到较纯的颗粒。差速离心法一般用于分离沉降系数相差较大的颗粒,主要用于分离细胞器和病毒。差速离心法具有操作简便、省时的优点,可用于大量样品的粗分;缺点是分离效果差,不能一次得到纯颗粒,且沉降系数差别较小的颗粒不易分离。

(二)密度梯度离心法

样品溶液在密度梯度介质中进行离心沉降,在一定的离心力作用下把各组分的颗粒分配到梯度液中相应的位置上,形成不同区带的分离方法,称为密度梯度离心法(density gradient centrifugation)。密度梯度离心法包括速度区带离心法和等密度离心法。等密度离心法又分为预制梯度等密度离心法和自成梯度等密度离心法。

密度梯度离心法具有以下优点:①分离效果好,可一次获得较纯的颗粒;②适应范围广,既能像差速离心法一样分离具有沉降系数差的颗粒,又能分离有一定浮力密度差的颗粒;③颗粒不会挤压变形,能保持颗粒的活性。其缺点包括:①离心时间较长;②需要制备梯度介质;③操作严格,不易掌握。

1. 速度区带离心法

离心前预先在离心管内装入密度梯度介质[如蔗糖、甘油、溴化钾(KBr)、氯化铯(CsCl)等],待分离的样品铺在梯度液的顶部,然后一起离心。在离心力的作用下,颗粒离开原样品层,按不同沉降速度向管底沉降。离心一段时间后,沉降的颗粒逐渐分开,最后形成一系列界面清楚的不连续区带,达到彼此分离的目的,这样的离心方法称为速度区带离心法(rate zonal centrifugation),见图 2-9。

离心时,沉降系数越大的颗粒往下沉降得越快,所呈现区带的位置也越低;沉降系数较小的颗粒则在较上的部分依次出现。从颗粒沉降的情况来看,离心必须在沉降最快的颗粒到达管底前或刚到达管底时结束,这样使颗粒处于不完全沉降状态,从而出现在某一特定的区域内。

在离心的过程中,区带的位置和宽度随时间改变而改变。区带的宽度不仅取决于样品组分的数量、梯度的斜率、颗粒的扩散作用和均一性,也与离心的时间有关。时间越长,区带越宽。因此,适当增加离心力可缩短离心时间,并可减少扩散所导致的区带加宽现象,增加区带界面的稳定性,特别是较小的颗粒,沉降慢,易扩散,需用高速离心。

2. 等密度离心法

在离心力的作用下,不同密度的颗粒在密度梯度介质中下沉或上浮,一直沿梯度移动到

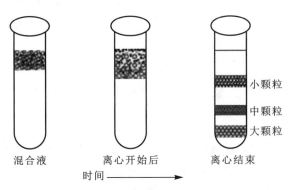

图 2-9 速度区带离心示意图

与它们各自的密度恰好相等的位置上,形成不同区带,这样的分离方法称等密度离心法(isopycnic centrifugation)。处于等密度点上的颗粒不再下沉或上浮,因此区带的位置不受离心时间的影响,体系处于动态平衡。

1)预制梯度等密度离心法

离心前预先配制介质的密度梯度,再将待离心的样品铺在梯度液面上,或导入离心管的底部,离心后不同密度的颗粒到达与它自身密度相等的梯度层里,从而获得分离。这样的离心方法称为预制梯度等密度离心法(isopycnic centrifugation by preformed gradient density)。

预制梯度等密度离心法的分离只依赖于被分离颗粒的密度差异,与颗粒的大小、形状以及离心的时间无关。该法与上述速度区带离心法的相似之处是两者均须预先将介质铺成梯度,但它们又具有以下不同之处:①在速度区带离心法中,颗粒的沉降速度依赖于颗粒的大小和形状,而在预制梯度等密度离心法中,颗粒的平衡主要依赖于颗粒的密度,与其大小及形状无关;②速度区带离心法的离心时间短,若延长离心时间则可将颗粒沉至管底,而预制梯度等密度离心法的离心时间较长,颗粒最后的沉降速度为零,且停留在与它自身密度相等的梯度层里;③在速度区带离心法中,颗粒的密度不一定等于周围介质的密度,而在预制梯度等密度离心法中,当沉降达到平衡时,颗粒的密度一定等于周围介质的密度。

2)自成梯度等密度离心法

将均一的密度梯度介质与样品混合装入离心管中,经离心后,密度梯度介质逐渐形成管底浓而管顶稀的密度梯度。当离心达到平衡时,介质中的样品颗粒也各自分配到与它自身密度相等的梯度层里而获得分离。这样的离心方法称为自成梯度等密度离心法(isopycnic centrifugation by self-formed gradient density)。

自成梯度等密度离心法的总离心时间应包括介质形成密度梯度达到平衡的时间和样品颗粒进入等密度层面达到平衡的时间之和,故所需离心时间较长,一般为十几小时或几十小时。离心时间与管内液柱的长短有关,也与梯度材料的扩散系数有关。样品中大颗粒的平衡时间可能比梯度本身的平衡时间短,而小颗粒的平衡时间则较长。因此,离心时间应以最小颗粒到达平衡点的时间为基准。如果先用高速离心建立梯度,再将离心速度降至原定速度维持 6~8 h,可大大缩短离心的时间。

综上所述,差速离心、速度区带离心的分离是依据颗粒的速度差,而等密度离心的分离是依据颗粒的密度差,两者互为补充。差速离心的关键是选择离心力和离心时间,而等密度离心的关键是选择介质的梯度及其范围。

第四节 层析技术

层析技术也称为色谱法(chromatography),是现代生物化学最常用的分离技术之一。它是基于被分离物质的理化性质,如溶解度、吸附力、分子大小和形状、分子极性、分子亲和力、分配系数等的差异,在物质经过两相时不断地进行交换、分配、吸附和解吸附等过程,可将各组分间的微小差异经过相同的重复过程累积而放大,最终达到分离的目的。配合相应的光学、电学和电化学检测手段,可用于定性、定量和纯化特定的物质,并且可以使物质达到很高的纯度。层析法的特点是分离效率、灵敏度、选择性均非常高,既可用于少量物质的分析鉴定,又可用于大量物质的分离纯化制备。层析技术常用于分析化学、有机化学、生物化学等学科,还应用在医药、农业、环保、药检等行业。

色谱法起源于20世纪初,由俄罗斯植物学家M. Tswett率先提出。他将叶绿素的石油醚溶液通过$CaCO_3$管柱进行了色素的分离,得到了不同颜色的谱带(色谱图)。1906年,他将该方法正式命名为色谱法。1931年,层析技术开始应用于复杂的有机混合物分离并得以继续发展。1941年,英国生物学家Martin和Synge建立的液液层析方法成功地分离了氨基酸;1952年,Martin和Synge又创建了气液色谱法,提出了层析技术的塔板理论,从而诞生了气相色谱仪,给挥发性化合物的分离测定带来了划时代的变革。20世纪60年代末出现了高效液相色谱(high performance liquid chromatography,HPLC),现在HPLC已成为生物化学与分子生物学、化学等领域不可缺少的快速分析分离工具之一。

各种层析系统由两相组成,即固定相和流动相。固定相是层析的一个基质,它可以是固体物质(如吸附剂、凝胶、离子交换剂等),也可以是液体物质(如固定在硅胶或纤维素上的溶液)。流动相可以是液体或气体,它推动固定相上待分离的物质朝着一个方向移动。

一、层析的基本理论

1941年,Martin和Synge根据氨基酸在水浴氯仿两相中的分配系数不同建立了分配层析分离技术,同时提出了液液分配层析的塔板理论,为不同类型的层析法建立了牢固的理论基础。目前,塔板理论已被广泛地用来阐明各种层析法的分离机理。它是基于混合物中各组分的物理性质不同,当这些物质处于相互接触的两相之中时,不同物质在两相中的分布不同从而得到分离。

(一)分配平衡

在层析分离过程中,溶质既进入固定相,又进入流动相,这个过程称作分配过程。不论层析机理属于哪一类,都存在分配平衡。分配进行的程度,可用分配系数K表示。

$$K=溶质在固定相中的浓度/溶质在流动相中的浓度=C_s/C_m$$

不同的层析，K 的含义不同。在吸附层析中，K 为吸附平衡常数；在分配层析中，K 为分配系数；在离子交换层析中，K 为交换常数；在亲和层析中，K 为亲和常数。K 值大，表示物质在柱中被固定相吸附较牢，在固定相中停留的时间长，流动相迁移的速度慢，出现在洗脱液中较晚。相反，K 值小，溶质出现在洗脱液中较早。因此，混合物中各组分的 K 值相差越大，则各物质越能得到完全分离。

(二)塔板理论

层析分离的效果，与层析柱分离效能(柱效)有关。Martin 和 Synge 认为，层析分离的基本原理是分配原理，与分馏塔分离挥发性混合物的原理类似，因此采用"塔板理论"解释层析分离的原理。

每个塔板的间隔内，混合物在流动相和固定相中达到平衡。每个塔板相当于一个分液漏斗。多次平衡的过程相当于一系列分液漏斗的液-液萃取过程。Martin 等把一根层析柱看成许多塔板，当流动相 A 与固定相接触时，两种溶质按各自的分配系数进行分配。假设甲物质的 $K=9$，乙物质的 $K=1$，则溶质甲有 1/10 进入流动相，溶质乙有 9/10 进入流动相，流动相继续往下移动。A 代表溶解的溶质与没有溶质的固定相第二段相接触，固定相第一段则又接触没有溶质的流动相 B，溶质又继续在两相中进行分配。如此下移，经过多次分配后，甲物质主要停留在 DC 层，乙物质主要停留在 CB 层。若溶质在两相中反复分配数次，该物质可因分配系数不同而被分离。

二、层析中的常用术语

(1)固定相。指层析中的一个基质，它可以是固体物质(如吸附剂、凝胶、离子交换剂等)，也可以是液体物质(如固定在硅胶或纤维素上的溶液)。这些基质可与待分离的化合物进行可逆的吸附、溶解和交换等。

(2)流动相。指层析过程中，推动固定相上待分离的物质朝着一个方向移动的液体、气体或超临界体等物质。流动相在柱层析中一般称为洗脱剂，在薄层层析中称为展层剂。

(3)柱床。指层析柱内所装填的固定相物质，其体积与量或这些分离基质的高度称为柱床量或柱床高。

(4)洗脱。指在柱层析分离过程中，选用合适的流动相溶液进行流洗，使样品中不同的组分分离而流洗出来的过程。每个被分离而流洗出来的组分称为洗脱峰，流洗出某组分所用流动相的量为洗脱体积。

(5)色谱峰。指待测组分经色谱柱流出分离后的组分再通过检测器系统产生的响应信号的微分曲线图。

(6)基线。指在层析过程中，层析柱流出液中不含有被分离组分所绘制的层析曲线。

(7)峰高(h)。指自层析峰的顶点到基线的垂直距离。

(8)峰洗脱体积。指被分离物质通过凝胶柱所需洗脱液的体积，常用 V_e 表示。

(9)分配系数。指在一定的条件下，某种组分在固定相和流动相中含量(浓度)的比值，常用 K 来表示。$K=C_s/C_m$，其中 C_s 表示溶质在固定相中的浓度，C_m 表示溶质在流动相中的浓度。分配系数是层析中分离纯化物质的主要依据。

(10)分辨率(分离度)。一般定义为相邻两个峰的分开程度,用 R_s 来表示。R_s 值越大,两种组分分离得越好。层析时可采用如下方法来提高分辨率:增大理论塔板数;改变容量因子 D(固定相与流动相中溶质量的分布比);增大分离因子 α(层析系统在化学性质方面对样品组分的分离能力,它是两组分容量因子 D 的比值)。

(11)迁移率(比移值)。指在一定条件下,在相同的时间内某一组分在固定相一定的距离与流动相本身移动的距离之比值,常用 R_f 来表示。

三、层析的分类

(一)按照分离的原理

(1)吸附层析。固定相是固体吸附剂,利用各种组分在吸附剂表面吸附能力的差别而分离。

(2)分配层析。固定相为液体,利用各组分在两液相中分配系数的差别或溶解度的不同使物质分离。

(3)离子交换层析。固定相为离子交换剂,利用各组分对离子交换剂的静电力相互作用的差异进行分离。

(4)凝胶过滤层析。是一种用具有一定孔径大小的凝胶颗粒为支持物的层析方法,利用各物质在凝胶上受到阻滞的程度不同而进行分离。

(5)亲和层析。根据生物特异性吸附进行分离,固定相只能和一种待分离组分有高度特异性的亲和能力者结合,而与无结合能力的其他组分分离。

(6)疏水相互作用层析。是根据蛋白表面疏水性的不同,利用蛋白和疏水层析介质疏水表面可逆的相互作用来分离蛋白的方法。

(二)按照固定相基质的形式

(1)纸层析。以滤纸为液体的载体,点样后,用流动相展开,以达到组分分离的目的。

(2)薄层层析。以一定颗粒度的不溶性物质,均匀涂铺在玻璃或塑料板上形成薄层作为固定相,点样后,用流动相展开,使组分得以分离。

(3)柱层析。将固定相装填在柱中,样品上样在柱子一端,流动相沿柱流过,使样品得以分离。柱层析的基本装置包括恒流泵、层析柱、紫外检测器、记录存储设备和部分收集器。

(4)薄膜层析。将适当的高分子有机吸附剂制成薄膜,以类似纸层析方法进行组分分离。

(三)根据流动相的形式

(1)液相层析。也称为液相色谱,流动相为液体的层析统称为液相层析,是生物领域最常用的层析形式,适于生物样品的分析、分离。

(2)气相层析。流动相为其他的层析统称为气相层析,也称为气相色谱。气相层析因所用的固定相不同又可分为两类:用固体吸附剂为固定相的称为气-固吸附层析;用某种液体为固定相的称为气-液分配层析。气相层析测定样品时需要气化,大大限制了其在生化领域的应用,主要用于氨基酸、核酸、糖类、脂肪酸等生物分子的分析鉴定。

四、常用层析方法

(一)纸层析

用滤纸作为支持物的层析法称为纸层析(paper chromatography)。纸层析结果的优劣与选用展开剂的种类、实验中点样量的多少以及点样是否扩散、实验条件是否稳定、所选用滤纸的质量好坏等各种因素密切相关。对层析用滤纸的要求是:质地均匀,厚薄均一,机械强度好,平整无折叠痕,无明显横向和纵向纸纹等。

纸层析是以滤纸作为惰性支持物。滤纸纤维与水有较强的亲和力,能吸收 20%~22% 的水。其中部分水与纤维素分子的羟基以氢键结合,而滤纸纤维与有机溶剂的亲和力很小。所以滤纸的结合水是固定相,水饱和的有机溶剂为流动相,即展开剂。当流动相沿滤纸经过样品点时,样品点上的溶质在水合机相之间不断进行溶液分配,各种组分因具有不同的分配系数而产生差异,从而使不同的组分得以分离和纯化。溶质在纸上的移动速度可以用迁移率 R_f 值表示,见式(2-11)。

$$R_f = X/Y \tag{2-11}$$

式中:X 为原点到层析斑点中心的距离;Y 为原点到展层溶剂前沿的距离。

R_f 值主要取决于分配系数。一般分配系数大的组分,因移动速度较慢,所以 R_f 值较小;而分配系数较小的组分,则 R_f 值较大。可以根据测出的 R_f 值对层析分离出的各种物质进行判断。与标准品在同一标准条件下测得的 R_f 值进行比较,即可确定某一特定组分。

纸层析既可定性又可定量。定量方法一般采用剪洗法和直接比色法。剪洗法是将组分在滤纸上显色后,剪下斑点,用适当的溶剂洗脱,用分光光度计进行定量测定。直接比色法是用层析扫描仪在滤纸上测定斑点的大小和颜色的深度,绘制出曲线并进行自动积分,计算出含量。

为了提高分辨率,纸层析可用两种不同的展开剂进行双向展开。双向纸层析一般把滤纸裁成正方形或长方形,在一角点样。先用一种溶剂系统展开,吹干后旋转 90°,再用第二种溶剂系统进行第二次展开。这样,单向纸层析难以分离清楚的某些 R_f 值很接近的物质,通过双向纸层析往往可以获得比较理想的分离效果。

(二)离子交换层析

离子交换层析(ion exchange chromatograph, IEC)是利用固定相中离子交换剂上的平衡离子与流动相中组分离子进行可逆交换时的结合力差异而进行分离的一种柱层析法。1848 年,Thompson 等在研究土壤碱性物质交换过程中发现离子交换现象。20 世纪 40 年代,出现了具有稳定交换特性的聚苯乙烯离子交换树脂。20 世纪 50 年代,离子交换层析进入生物化学领域,应用于氨基酸的分析。离子交换层析是生物化学领域中常用的一种层析方法,广泛地应用于各种生化物质如氨基酸、蛋白质、糖类、核苷酸等的分离纯化。离子交换剂分为两大类:阳离子交换剂和阴离子交换剂。离子交换剂根据其化学本质,又可分为离子交换树脂、离子交换纤维素和离子交换葡聚糖等多种。常用于蛋白质分离的离子交换剂有:弱酸型的羧甲基纤维素(CM 纤维素),为阳离子交换剂;弱碱型的二乙基氨基乙基纤维素(DEAE 纤维素),为阴离子交换剂。

1. 离子交换层析的原理

离子交换层析是依据组分中各种离子或离子化合物与离子交换剂的结合力不同而进行分离纯化的方法。离子交换层析的固定相是离子交换剂,而流动相是具有一定 pH 值和一定离子强度的电解质溶液或组分离子。固定相是由一类不溶于水的惰性高分子聚合物基质通过一定的化学反应共价结合上某种电荷基团形成的。离子交换剂可以分为 3 部分,包括高分子聚合物基质、平衡基团和平衡离子。平衡基团与高分子聚合物共价结合,形成一个带电的可进行离子交换的基团;平衡离子是结合于电荷基团上的相反离子,它能与溶液中其他的离子基团发生可逆的交换反应(图 2-10)。平衡离子带正电的离子交换剂能与带正电的离子基团发生交换作用,称为阳离子交换剂;平衡离子带负电的离子交换剂能与带负电的离子基团发生交换作用,称为阴离子交换剂。在一定条件下,溶液中的某种离子基团可以把平衡离子置换出来,并通过电荷基团结合到固定相上,而平衡离子则进入流动相,这就是离子交换层析的基本置换反应。通过在不同条件下的多次置换反应,就可以对溶液中不同的离子基团进行分离。

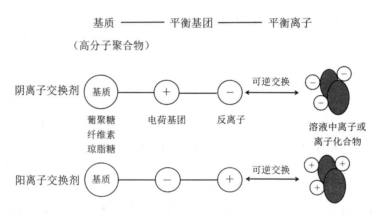

图 2-10 离子交换层析示意图

2. 离子交换层析的过程

离子交换剂经适当处理装柱后,先用酸或碱处理,使离子交换剂变成相应的离子型(阳离子或阴离子),加入样品溶液后,样品与交换剂所吸引的相反离子进行交换,样品中待分离物质便通过电价键结合于离子交换剂上面。然后用基本不改变交换剂对样品离子亲和状态的溶液冲洗,将未被吸附的物质洗出。洗脱待分离物质时常用两种方法:①制作离子强度梯度,促使结合到交换剂上的物质根据其静电引力的大小而不断竞争性地洗脱下来;②制作 pH 梯度,影响样品电离能力,促使交换剂与样品离子亲和力下降,当 pH 梯度接近各样品离子的等电点时,该离子被洗脱下来。

以阴离子交换剂为例介绍离子交换层析的基本过程,见图 2-11。阴离子交换剂的电荷基团带正电,装柱平衡后,与缓冲溶液中的带负电荷的平衡离子结合。待分离溶液中可能有正电、负电和中性基团。加入样品后,负电基团可以与平衡离子进行可逆的置换反应,而结合到离子交换剂上。而正电基团和中性基团则不能与离子交换剂结合,随流动相流出而被去除。采用离子强度梯度洗脱,与离子交换剂结合力小的负电基团先被置换出来,而与离子交换剂结合力强的需要较高的离子强度才能被置换出来,这样各种负电基团就会按其与离子交换剂结合力从小到大的顺序逐步被洗脱下来。

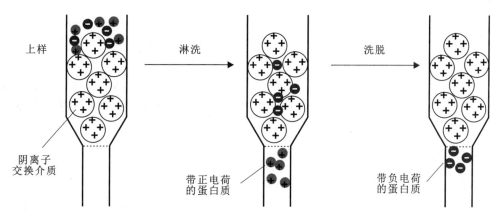

图 2-11 阴离子交换层析示意图

3. 离子交换剂的种类和性质

(1)离子交换剂的基质。离子交换剂的大分子聚合物基质可以由多种材料制成,如聚苯乙烯离子交换剂是以苯乙烯和二乙烯苯合成的具有多孔网状结构的聚苯乙烯为基质。聚苯乙烯离子交换剂机械强度大、流速快,但与水的亲和力较小,具有较强的疏水性,容易引起蛋白质的变性,一般用于分离小分子物质,如无机离子、氨基酸、核苷酸等。以纤维素(cellulose)、球状纤维素(sephacel)、葡聚糖(sephadex)、琼脂糖(sepharose)为基质的离子交换剂都与水有较强的亲和力,适合于分离蛋白质等大分子物质。琼脂糖离子交换剂一般以 Sepharose CL-6B 为基质,葡聚糖离子交换剂一般以 Sephadex G-25 和 Sephadex G-50 为基质。

(2)离子交换剂的电荷基团。根据与基质共价结合的电荷基团的性质,可以将离子交换剂分为阳离子交换剂和阴离子交换剂。阳离子交换剂根据解离度的不同,可分为强酸型、中等酸型和弱酸型3类,它们的电荷基团带负电,可以交换阳离子物质。基于解离度的不同,阴离子交换剂也可以分为3类,包括强碱型、中等碱型和弱碱型,它们的电荷基团带正电,可交换阴离子物质。

(3)离子交换剂的交换容量。交换容量是指离子交换剂能提供交换离子的量,它反映离子交换剂与溶液中离子进行交换的能力,它只与离子交换剂本身的性质有关。离子交换剂颗粒大小、颗粒内孔隙大小、待分离样品组分的大小、实验中的离子强度、pH 值等会影响交换容量。

4. 离子交换层析的基本操作

离子交换层析的操作包括多个步骤:①离子交换剂的处理。干粉状的离子交换剂要进行膨化,先用10倍体积的样品缓冲液浸泡,放置若干小时或若干天或煮沸1 h以上,然后用水悬浮去除杂质和细小颗粒。②层析柱的选择与装柱。根据待分离的样品量选择合适的层析柱,直径和柱长比一般在1∶10到1∶50之间,将层析柱垂直安装好,慢慢把处理好的离子交换剂装填到柱子中,要保证均匀平整,不能有气泡。③平衡缓冲液。主要用于平衡离子交换柱,其离子强度和pH值会影响待分离物质的稳定。选择合适的平衡缓冲液,可以去除大量的杂质,增强洗脱效率;如果选择不合适,可能会影响到洗脱,无法得到好的分离效果。④上样。上样量不宜过大,一般为柱床体积的1%～5%。⑤洗脱。采用改变离子强度的梯度洗脱,选择合适的洗脱速度。⑥样品的浓缩、脱盐。离子交换层析得到的样品的浓度较低、体积较大、盐浓度较高,需要进行浓缩和脱盐处理。⑦离子交换剂的再生与保存。对使用过的离子交换剂进行处理,使其恢复原来的性状。在保存时一定要处理洗净蛋白质等杂质,并加入适当的防腐剂,一般加入0.02%的叠氮钠,4 ℃下放置。

(三)凝胶层析

凝胶层析(gel chromatograph)又称为凝胶排阻层析(gel exclusion chromatograph)、分子筛层析(molecular sieve chromatograph)、凝胶过滤层析(gel filtration chromatograph)等,它是以多孔性凝胶填料为固定相,按分子大小顺序分离样品中各个组分的液相色谱技术。凝胶填料是一类具有三维空间多孔网状结构的干燥颗粒,当吸收一定量的溶液后溶胀成一种柔软、富有弹性、不带电荷、不与溶质相互作用的惰性物质。1959年,Porath和Flodin首次用一种多孔聚合物——交联葡聚糖凝胶作为层析柱填料,分离水溶液中不同相对分子质量的样品。1964年,Moore制备了具有不同孔径的交联聚苯乙烯凝胶,它能够进行有机溶剂的分离。随着科学的进步,凝胶层析技术不断完善和发展,已成为生物化学中一种常用的分离物质的手段,具有设备简单、操作方便、样品回收率高、重复性好、不改变样品生物活性等优点,因此广泛用于蛋白质、酶、核酸、多糖等生物分子的分离纯化,同时还应用于蛋白质相对分子质量的测定、脱盐、样品浓缩等。层析所用的凝胶大多为人工合成,目前应用最多的是葡聚糖凝胶(Sephadex),它是一种以次环氧氯丙烷作交联剂交联聚合而成的右旋糖苷珠形聚合物。该聚合物具有多糖网状结构,其网孔大小与交联度有关:交联度越大,网状结构越致密,网孔的孔径越小;交联度越小,网状结构越疏松,网孔的孔径越大。

1. 凝胶层析的基本原理

根据分子大小这一物理性质,利用凝胶颗粒内部孔隙大小不一,各组分通过凝胶孔径的路径差异进行分离纯化。当含有大、小分子(指相对分子质量)的混合物样品加入到层析柱中时,这些物质随洗脱液的流动而移动。大、小分子流速不同,相对分子质量大的物质沿凝胶颗粒间的孔隙随洗脱液移动,流程短,移动速度快,先流出层析柱;而相对分子质量小的物质可进入凝胶颗粒内部,然后再扩散出来,故流程长,移动速度慢,最后流出层析柱。也就是说,凝胶层析的基本原理是溶质按相对分子质量的大小,分别先后流出层析柱,大分子先流出,小分子后流出。当两种以上不同相对分子质量的分子均能进入凝胶离子内部时,则由于它们被排阻和扩散程度不同,在层析柱内所经过的时间和路程长短不同,从而得到分离。可见凝胶层析中的凝胶起着分子筛的作用,因而凝胶层析又称为分子筛层析或排阻层析(图2-12)。

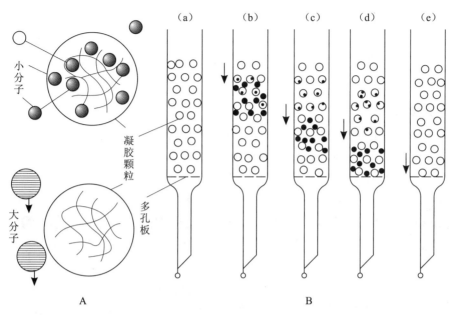

图 2-12 凝胶层析的原理

A. 小分子由于扩散作用进入凝胶颗粒内部而被滞留,大分子被排阻在凝胶颗粒外部,在颗粒之间迅速通过。B.(a)蛋白质混合物上柱;(b)洗脱开始,小分子扩散进入凝胶颗粒内,大分子则被排阻至颗粒之外;(c)小分子被滞留,大分子向下移动,大、小分子开始分开;(d)大、小分子完全分开;(e)大分子移动距离较短,已洗脱出层析柱,小分子尚在洗脱中。

2. 凝胶层析的基本概念

(1)外水体积、内水体积、基质体积、柱床体积、洗脱体积。外水体积是指凝胶柱中凝胶颗粒周围空间的体积,即凝胶颗粒间液体流动相的体积。内水体积是指凝胶颗粒中孔穴的体积,即凝胶层析中固定相体积。基质体积是指凝胶颗粒实际骨架体积。柱床体积是指凝胶柱所能容纳的总体积。洗脱体积是指将样品中某一组分洗脱下来所需洗脱液的体积。

(2)分配系数。分配系数是指某个组分在固定相和流动相中的浓度比。对于凝胶层析,分配系数实质上表示某个组分在内水体积和在外水体积中的浓度分配关系,它只与被分离物质分子大小和凝胶颗粒内孔隙大小分布有关。

(3)排阻极限。排阻极限是指不能进入凝胶颗粒孔穴内部的最小分子的相对分子质量。所有大于排阻极限的分子都不能进入凝胶颗粒内部,直接从凝胶颗粒外流出。排阻极限代表一种凝胶能有限分离的最大相对分子质量。大于这种凝胶的排阻极限的分子用这种凝胶不能被分离,例如 Sephadex G-50 的排阻极限为 30 000,表明相对分子质量大于 30 000 的分子都将直接从凝胶颗粒之外被洗脱出来。

(4)吸水率和床体积。吸水率是指 1 g 干凝胶吸收水的体积或质量,但不包括颗粒间吸附的水分。床体积是指 1 g 干凝胶吸水后的最终体积。

(5)凝胶颗粒大小。层析用的凝胶一般为球形,颗粒的大小通常以目数(mesh)或者颗粒直径(mm)来表示。一般常用的凝胶为 100~200 目。凝胶柱的分辨率及流速都与凝胶颗粒大小有关：颗粒大，流速快，但分离效果差；颗粒小，分离效果好，但流速慢。

(6) 分级分离范围。分级分离范围表示一种凝胶适用的分离范围，对于相对分子质量在这个范围内的分子，具有较好的分离效果。例如 Sephadex G-75 对球形蛋白的分级分离范围为 3000~70 000，相对分子质量在这个范围内的球形蛋白可以通过 Sephadex G-75 得到较好的分离。

(四) 亲和层析

亲和层析是以能与生物高分子进行特异性结合的配基作为固定相，对混合物中某一生物高分子进行一次性分离纯化的层析技术 (图 2-13)。

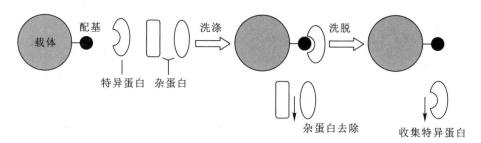

图 2-13 亲和层析基本原理

生物高分子具有能与其结构对应的专一分子进行可逆性结合的特性。如：酶与底物、产物、辅酶、抑制剂和变构调节剂结合，激素与受体结合，抗原和所对应抗体结合，RNA 与互补的 DNA 结合等。将能与生物大分子进行可逆性结合的物质作为配基，如酶的底物、辅酶、抗原的互补抗体等，以共价键连接到不溶性固相支持物 (载体) 上，如纤维素、葡聚糖凝胶等，制成特异吸附剂，将固相化的配基装入层析柱，作为层析的固定相，把含有一种或数种生物高分子的混合液加到柱上。此时只有能够与不溶性配基具有高度亲和力的特异蛋白被结合，其他不能与配基结合的组分 (杂蛋白等) 则不受阻碍地直接从柱中流出。用缓冲液洗脱黏附在配基表面的非特异性吸附物，再用适当缓冲液将专一结合在柱子上的特异蛋白洗脱下来，从而达到分离提纯的目的。

亲和层析所用的固相载体和凝胶过滤所用的凝胶基本相同，均要求化学性质稳定，不带电荷，吸附能力弱，而且要有疏松网状结构和良好的机械强度，不易变形，并以呈圆珠状者最好，以便提高流速。所以用作凝胶过滤的凝胶微球，包括琼脂糖凝胶、葡聚糖凝胶以及聚丙烯酰胺凝胶等都可应用。作为配基载体最广泛应用的是琼脂糖凝胶，制品有珠状琼脂糖凝胶 Sepharose 2B、Sepharose 4B 和 Sepharose 6B 等，活化后可与配基结合成稳定的共价化合物，而又不致过多破坏配体与大分子物质可逆性结合的性质。其中溴化氰 (CNBr) 活化的 Sepharose 4B 是亲和层析中使用最广泛的载体。

(五) 高效液相层析

高效液相层析也称为高效液相色谱 (high performance liquid chromato-graphy, HPLC)，是由特异的色谱仪来完成的一种层析技术，其原理与经典的液相色谱没有本质的差别。高效液相色谱的特点为：①高压。流动相为液体，流经色谱柱时，受到的阻力较大，为了能迅速通过色谱柱，必须对载液加高压。②高效。分离效能高。可选择合适的固定相和流动相，以达到最佳分离效果，比气相色谱的分离效能高出许多倍。③高灵敏度。紫外检测器可达 0.01 ng，进样量在微升数量级。④应用范围广。70%以上的有机化合物可用高效液相色谱分析，特别是高沸点、大分子、强极性、热稳定性差化合物的分离分析。⑤分析速度快。通常分析一个样品的时长在 15～30 min 之间，有些样品甚至在 5 min 内即可完成。HPLC 的缺点是价格昂贵，要用各种填料柱，容量小，分析生物大分子和无机离子困难，流动相消耗大且有毒性。目前高效液相层析已成为生物学、化学、医学、工业、农学、商检和法检等学科领域中重要的分离分析技术。

高效液相色谱是目前应用最多的色谱分析方法。高效液相色谱系统由流动相储液瓶、输液泵、进样器、色谱柱、检测器、数据系统及废液收集装置等组成（图 2-14），其整体组成类似于气相色谱，但是针对其流动相为液体的特点做出很多调整。HPLC 的输液泵要求输液量恒定平稳；进样器要求进样便利，切换严密；由于液体流动相黏度远远高于气体，为了降低柱压，高效液相色谱的色谱柱一般比较粗，长度也远小于气相色谱柱。

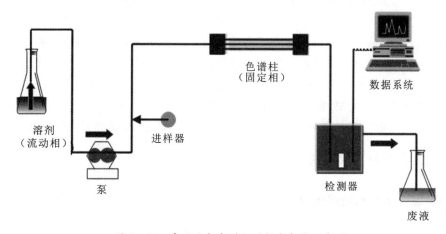

图 2-14 高效液相色谱仪的构成部件示意图

使用高效液相色谱仪时，由输液泵将储液瓶中的溶剂吸入色谱系统，然后输出，经流量与压力测量之后，导入进样器。被测物由进样器注入色谱柱，通过压力在固定相中移动。由于被测物中不同物质与固定相的相互作用不同，不同的物质在色谱柱中进行分离后进入检测器，检测信号由数据处理设备采集与处理，最后通过分析比对这些信号来判断待测物所含有的物质，并记录色谱图。

第五节 电泳技术

一、电泳技术简介

带电颗粒在电场作用下,向着与其所带电荷相反的电极移动的现象称作电泳(electrophoresis)。利用待分离样品中各种分子在带电性质以及分子形状、大小等方面存在的差异,使带电分子在电场中产生不同的迁移速率,对物质进行分离纯化或分析鉴定的技术称为电泳技术(electrophoresis techniques)。电泳这一现象在1808年就已被发现,但是作为一项应用于生物化学研究的实验方法却是在1937年以后,真正在研究中得到广泛的应用是在用滤纸作为支持物的纸电泳问世之后。20世纪60年代以来,由于新型支持物的发现和先进仪器设备的研制,适合于各种目的的电泳便应时而生。电泳技术在生命科学领域主要用于酶、蛋白质、核酸、氨基酸及糖类等物质的分离、制备和鉴定,在临床上用于辅助疾病诊断。

电泳装置主要包括两个部分:电泳仪和电泳槽。电泳仪提供直流电,在电泳槽中产生电场,驱动带电分子的迁移。电泳槽可以分为水平式和垂直式两类。垂直式电泳是较为常见的一种,常用于聚丙烯酰胺凝胶电泳中蛋白质的分离。水平式电泳的凝胶铺在水平的玻璃或塑料板上,电泳时凝胶必须浸入电泳缓冲液中。电泳过程中应在适当的电泳缓冲液中进行,缓冲液可以保持待分离物的带电性质的稳定。电泳时使用的凝胶作为支持介质的引入大大促进了电泳技术的发展,使电泳技术成为分析蛋白质、核酸等生物大分子的重要手段之一。最初使用的凝胶是淀粉凝胶,但目前使用最多的是琼脂糖凝胶和聚丙烯酰胺凝胶。

二、电泳技术的基本原理

(一)电场作用力和电泳迁移率

一个带电颗粒在电场中所受的力有两种,即电场作用力(F)和流体黏性阻力(f)。电场作用力 F 的大小取决于颗粒所带电荷量 q 和电场强度 E,见式(2-12)。

$$F = qE \qquad (2-12)$$

由于电场力的作用,带电颗粒向一定方向泳动。在溶液中运动的颗粒受到的流体黏性阻力 f 与电场力的方向相反。根据斯托克斯(Stokes)理论,球形颗粒的黏性阻力见式(2-13)。

$$f = 6\pi r \eta v \qquad (2-13)$$

式中:r 为球形颗粒半径;η 为介质黏度;v 为颗粒泳动速度。

当颗粒泳动达到动态平衡时,$F = f$,将式(2-12)和式(2-13)进行换算后得式(2-14)或式(2-15)。

$$v = qE/6\pi r \eta \qquad (2-14)$$

或

$$v = mE \qquad (2-15)$$

式中:v 为达到匀速泳动时的电泳速度,简称电泳速度;m 为电泳迁移率,即单位电场强度下的电泳速度。从式(2-14)可知,性质不同的带电颗粒的电泳速度是不同的。这就是电泳分离的基本原理。

在具体电泳实验中,速度可用单位时间内移动的距离 d(cm)来表示,见式(2-16)。

$$v=d/t \tag{2-16}$$

电场强度见式(2-17)。

$$E=U/L \tag{2-17}$$

式中:U 为加在两极的电压(V);L 为两电极间的距离(cm)。所以,根据式(2-12)至式(2-17),可得到计算带电颗粒的电泳迁移率,见式(2-18)。

$$m=dL/Ut \tag{2-18}$$

(二)影响电泳迁移率的因素

根据公式 $v=qE/6\pi r\eta$ [式(2-14)],可以分析得出影响物质电泳迁移率的因素主要有以下几种。

(1)实验样品。样品中带电颗粒的性质决定其泳动方向,而带电颗粒的大小(r)、形状和带电量(q)则影响其迁移率。对于较大的分子,由于电泳介质所引起的黏度、摩擦力和静电力的增加,迁移率下降。

(2)支持介质。电泳的支持介质对样品分子具有吸附滞留作用,能降低样品总的迁移率,导致样品拖尾,影响分离的分辨率。当支持介质表面有极性基团时,可以吸附溶液中的反离子,使得靠近支持物表面的水分子相对带电而发生移动,这种溶剂的移动又可影响溶质(样品)的移动。支持介质形成相互交联的网孔结构凝胶时,会具有分子筛作用,对于大小和形状有差别的样品,其迁移率会存在明显的差异。

(3)电场强度。样品的电泳迁移率与电场强度成正比,同时还受电流和电阻的影响。通常电场强度是指支持介质的平均电场强度,实际上电场强度是不均匀的。为了使电泳结果能够呈现重复性,在电泳时必须使用直流电源,保持电流恒定。

(4)缓冲液。缓冲液的成分不同对化合物的迁移率产生不同影响,电泳时往往需根据样品分子的特性选择合适的缓冲液。缓冲液的离子强度与带电颗粒的泳动速度成反比。当缓冲液离子强度较低时,缓冲液所载的电流较少,样品所载的电流则增加,从而使样品的泳动速度加快。在高离子强度时,缓冲液所载的电流也随之增加,样品所载的电流则降低,从而减缓了样品的迁移率。缓冲液的 pH 值则可以通过影响样品成分的带电性质和带电量而影响其迁移率。

三、区带电泳的分类

根据电泳有无固体支持物,可简单分为两大类,即自由界面电泳(moving boundary electrophoresis)和区带电泳(zone electrophoresis)。无固体支持物而直接在缓冲溶液中进行的电泳,称为自由界面电泳。这类电泳由于受扩散和对流的严重干扰,分离效果差,电泳后的结果不便于观察、分析和保存,现今已被新的电泳技术所取代。在固体支持物上进行的,样品中的不同组分被分离成移动速度不同且便于观察、分析和保存的带状区间的电泳,称为区带电泳。采用不同类型的支持物进行该电泳时,能分离鉴定小分子物质(如氨基酸、核苷酸等)和大分子物质(如蛋白质、核酸以及病毒颗粒等)。区带电泳的灵敏度和分辨率较高,操作简单,因此在生物学、临床医学等方面得以广泛应用,也已成为开展生物化学与分子生物学等研究工作的一种必不可少的实验技术。

区带电泳一般有以下几种分类。

(一)按支持介质的物理性质不同

(1)滤纸电泳。指以滤纸作为支持介质的电泳。

(2)薄膜电泳。指以硝酸纤维膜、醋酸纤维膜等薄膜作为支持介质的电泳。

(3)粉末电泳。指在淀粉、纤维素粉等制成的平板上进行的电泳。

(4)凝胶电泳。指以琼脂、琼脂糖、聚丙烯酰胺等凝胶作为支持介质的电泳。

(5)线丝电泳。指在尼龙丝、人造丝上进行的电泳。

(二)按支持物的装置形式不同

(1)水平板式电泳。分离核酸类物质,常使用水平电泳槽来进行实验,其部件组成见图2-15。

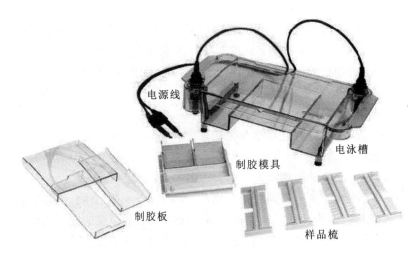

图2-15 水平电泳槽组成构件

(2)垂直柱式电泳。聚丙烯酰胺凝胶圆盘电泳即属于此类,使用垂直圆盘电泳槽。

(3)垂直板式电泳。主要分离蛋白质、酶等生物大分子,使用的是垂直板式电泳槽。

(三)按pH的连续性不同

(1)连续pH电泳。整个电泳过程中pH保持不变,多数电泳都属于此类。

(2)非连续pH电泳。缓冲液和支持物间有不同的pH,如等电聚焦电泳。

(四)依据技术特点的不同

(1)常规电泳。指相同介质、同一电压、同一方向进行的电泳。

(2)双向电泳。指同一介质先后在不同体系中进行两个垂直方向的电泳。

(3)免疫电泳。指与免疫扩散相结合的电泳。

(4)等电聚焦电泳。指由两性电解质在电场中自动形成pH梯度,被分离的生物大分子移动到各自等电点的pH处聚集成很窄的区带。

四、常用的几种电泳

(一)聚丙烯酰胺凝胶电泳

聚丙烯酰胺凝胶电泳(polyacrylamide gel electrophoresis,PAGE)是1959年建立起来的一种以聚丙烯酰胺凝胶作为支持介质的电泳方法。聚丙烯酰胺凝胶是以单体丙烯酰胺(Acr)和双体甲叉丙烯酰胺(Bis)为材料,在催化剂作用下,聚合为含酰胺基侧链的脂肪族长链,在相邻长链间通过甲基桥连接而成的三维网状结构。其孔径大小是由Acr和Bis在凝胶中的浓度及交联度决定的。一般而言,浓度越大及交联度越大,孔径越小。凝胶的机械强度、弹性、透明度和黏着度都取决于凝胶总浓度和单体Acr与交联剂Bis两者之比。聚丙烯酰胺凝胶是一种亲水性凝胶,电泳具有较高的分辨率,因而被广泛应用于蛋白质的分离和分析。

聚丙烯酰胺凝胶聚合常用的催化系统有化学聚合和光聚合。①化学聚合的催化剂一般是过硫酸铵(AP),加速剂是四甲基乙二胺(TEMED)。当Acr、Bis和TEMED的混合溶液中加入过硫酸铵时,过硫酸铵即产生自由基,丙烯酰胺与自由基作用后,随即被活化,而后在Bis存在下形成凝胶。聚合的初速度与过硫酸铵的浓度的平方根成正比,在碱性条件下反应迅速。此外温度、氧分子、杂质等都会影响聚合速度。②光聚合反应的催化剂是核黄素,光聚合过程是一个光激发的催化反应过程。在氧及紫外线作用下,核黄素生成含自由基的产物,自由基的作用与前述过硫酸铵相同。光聚合反应通常将反应混合液置于荧光灯旁,即可发生反应。聚合时间可以自由控制,改变光照时间和强度,可使聚合作用延迟或加快。

在聚丙烯酰胺凝胶电泳系统中引入十二烷基硫酸钠(sodium didecyl sulfate,SDS),则可以通过消除被分离物质电荷量的影响,利用其迁移率的不同,求得其相对分子质量。十二烷基硫酸钠是一种携带大量负电荷的阴离子表面活性剂,能破坏蛋白质的氢键和疏水键,并能与蛋白质结合,使各种蛋白质也都携带上大量负电荷,且远远超过蛋白质分子原有的电荷量,从而掩盖了不同种类蛋白质原有的电荷差别。同时,在加入强还原剂如巯基乙醇打开二硫键的条件下,蛋白质分子称为棒状,形状也得以统一,因而蛋白质的电泳迁移率只取决于其分子大小。利用已知相对分子质量的几种标准蛋白质在同一电泳条件下所获得的相对迁移率对其相对分子质量的对数作图,即可得到一条标准蛋白质分子质量的校正曲线。根据待测分子在该电泳体系获得的相对迁移率,即可经校正曲线查得其相对分子质量。

聚丙烯酰胺凝胶在电泳过程中具有3种效应。

(1)浓缩效应。浓缩胶与分离胶中所用原料总浓度和交联度不同,孔径大小就存在差异。前者孔径大,后者孔径小。带电荷的蛋白质离子在浓缩胶中泳动时,因受阻力小,泳动速度快。当泳动到小孔径的分离胶时,遇到阻力大,移动速度逐步减慢,使样品浓缩成很窄的区带。

(2)电荷效应。由于各种蛋白质所带电荷不同,有效迁移率也不同,它们在浓缩胶与分离胶的界面处被高度浓缩,堆积成层,形成一狭小的高度浓缩的蛋白质区。当这些蛋白质进入分离胶后,由于每种蛋白质分子所载有效电荷不同,故电泳速度也不同,这样各种蛋白质就以移动速度大小顺序排列成一条一条的蛋白质区带。

(3)分子筛效应。由于在凝胶电泳中,凝胶浓度不同,其网状结构的孔径大小也不同,可通过的蛋白质相对分子质量范围也就不同。相对分子质量大且不规则的蛋白质分子所受阻力大,泳动速度慢;相对分子质量小且形状为球形的蛋白质分子所受阻力小,泳动速度快。这样,分子大小和形状不同的各组分在分离胶中得到有效分离。

(二)等电聚焦电泳

等电聚焦电泳技术是利用一种特殊的缓冲液(两性电解质)在聚丙烯酰胺凝胶内制造一个 pH 梯度,电泳时每种蛋白质就将迁移到等于其等电点(pI)的 pH 处,形成一个很窄的区带。它具有很高的分辨率,可以分辨出等电点相差 0.01 的蛋白质,是分离两性物质如蛋白质的一种理想方法。所以该电泳技术在高分子物质的分离、提纯和鉴定中的应用较为广泛。

等电聚焦电泳的基本原理:在等电聚焦电泳中,具有 pH 梯度的介质的分布是从阳极到阴极 pH 逐渐增大。蛋白质分子具有两性解离及等电点的特征,在碱性区域蛋白质分子带负电荷,向阳极移动,直到某一 pH 位点时失去电荷而停止移动,此处介质的 pH 恰好等于聚焦蛋白质分子的等电点(pI)。位于酸性区域的蛋白质分子带正电荷,向阴极移动,直到在它们的等电点上聚焦为止。在该方法中,等电点是蛋白质组分的特性量度,将等电点不同的蛋白质混合物加入有 pH 梯度的凝胶介质中,在电场内经过一定时间后,各组分将分别聚焦在各自等电点相应的 pH 位置上,形成分离的蛋白质区带。

(三)琼脂糖凝胶电泳

琼脂糖凝胶电泳是用琼脂糖作支持物的电泳方法。这种方法用于研究核酸等大分子物质效果较好,因此已成为分子生物学工作中不可缺少的工具之一。这类电泳具有凝胶含水量大、近似自由界面电泳、受固体支持物影响小、电泳区带整齐、分辨率高、电泳速度快、可用紫外检测仪或凝胶成像系统来观察和记录结果等优点。琼脂糖是由琼脂经过反复洗涤除去含硫酸根的多糖后制成的。琼脂糖由于具有亲水性且不含带电荷的基团,因此无明显电渗现象,可作为理想的凝胶电泳材料。

琼脂糖凝胶具有三维网状结构,直接参与带电颗粒的分离过程。在电泳中,物质分子通过凝胶孔隙时会受到阻力,大分子物质在泳动时受到的阻力比小分子大,因此在凝胶电泳中,带电颗粒的分离不仅依赖于净电荷的性质和数量,而且还取决于分子大小,这就大大地提高了分辨能力。琼脂糖凝胶通常制成板状,凝胶浓度以 0.8%~1% 为宜,因为此浓度制成的凝胶富有弹性,坚固而不脆,但是在制备过程中应避免长时间加热。电泳缓冲液的 pH 值多在 6~9 之间,离子强度为 0.02~0.05 最适宜。离子强度过高时,将有大量电流通过凝胶,使凝胶中水分大量蒸发,甚至造成凝胶干裂。

(四)二维聚丙烯酰胺凝胶电泳(2D-PAGE)

二维聚丙烯酰胺凝胶电泳技术是一种有效的一次能分离成百上千种蛋白质混合物的方法。1975 年 Farrell 首先建立了等电聚焦/SDS-聚丙烯酰胺双相凝胶电泳。二维凝胶电泳的分离系统充分应用了蛋白质的两个特性和不同的分离原理。第一维是根据蛋白质的等电点的不同,用等电聚焦电泳技术分离蛋白质;第二维是根据不同蛋白质相对分子质量大小的特性,通过蛋白质与 SDS 形成复合物后,在聚丙烯酰胺凝胶电泳中的不同分子大小迁移的差异,从而达到分离蛋白质的目的。

通常第一维电泳是等电聚焦,在细管(直径 1～3 mm)中加入含有两性电解质、8 mol/L 的脲以及非离子型去污剂的聚丙烯酰胺凝胶进行等电聚焦,变性的蛋白质根据其等电点的不同进行分离。而后将胶条从管中取出,用含有 SDS 的缓冲液处理 30 min,使 SDS 与蛋白质充分结合。将处理过的凝胶条放在 SDS-聚丙烯酰胺凝胶电泳浓缩胶上,加入丙烯酰胺溶液或熔化的琼脂糖溶液使其固定并与浓缩胶连接。在第二维电泳过程中,结合 SDS 的蛋白质从等电聚焦凝胶中进入 SDS-聚丙烯酰胺凝胶,在浓缩胶中被浓缩,在分离胶中依据其相对分子质量大小被分离。这样各个蛋白质根据等电点和相对分子质量的不同而被分离,分布在二维图谱上。细胞提取液的二维电泳可以分辨出 1000～2000 个蛋白质,有的可以分辨出 5000～10 000 个斑点,这与细胞中可能存在的蛋白质数量接近。由于二维电泳具有很高的分辨率,它可以直接从细胞提取液中检测出某个蛋白质。

二维电泳主要应用于蛋白质组的分析。蛋白质组的分析是分析基因组表达的所有蛋白质组分。此外,二维电泳的应用还包括细胞的分化、疾病指标的检测、药物的发现等。

(五)毛细管电泳

毛细管电泳(capillary electrophoresis,CE)是近年来发展最快的分析方法之一。CE 由于符合以生物技术为代表的生命科学各领域中对多肽、蛋白质(包括酶和抗体)、核苷酸及脱氧核糖核酸(DNA)的分离分析要求,从而得到了迅速的发展。CE 是电泳技术和现代微柱分离相结合的一种电泳分离技术,具体设备如图 2-16 所示。

图 2-16 毛细管电泳设备

毛细管电泳统指以高压电场为驱动力,以毛细管为分离通道,依据样品中各组分之间淌度和分配行为上的差异而实现分离的一类液相分离技术。其仪器包括：一个高压电源、一根毛细管、一个检测器及两个供毛细管两端插入而又可和电源相连的缓冲液贮瓶。CE所用的石英毛细管柱,在pH>3的情况下,其内表面带负电,和溶液接触时形成了一双电层。在高电压作用下,双电层中的水合阳离子引起流体整体地朝负极方向移动的现象叫电渗。离子在毛细管内电解质中的迁移速度等于电泳和电渗流两种速度的矢量和,正离子的运动方向和电渗流一致,故最先流出;中性粒子的电泳流速度为"零",故其迁移速度相当于电渗流速度;负离子的运动方向和电渗流方向相反,但因电渗流速度一般都大于电泳流速度,故它将在中性粒子之后流出,从而因各种粒子迁移速度不同而实现分离。与HPLC类似,CE中应用最广泛的是紫外-可见光检测器。

第六节 PCR(聚合酶链式反应)技术

一、PCR技术发明的简史

PCR(polymerase chain reaction)即聚合酶链式反应,是指在DNA聚合酶催化下,以母链DNA为模板,以特定引物为延伸起点,通过变性、退火、延伸等步骤,于体外复制出与母链模板DNA互补的子链DNA的过程。PCR技术是一项在体外扩增DNA的技术,能快速特异地在体外扩增任何目的DNA,用于基因分离克隆、序列分析、基因表达调控、基因多态性研究等许多方面。

DNA聚合酶(DNA polymerase)最早于1955年发现,而较具有实验价值及实用性的Klenow片段则是于20世纪70年代初期由Dr. Klenow所发现。由于Klenow片段的发现,1971年Khorana等提出核酸体外扩增的设想："经DNA变性,与合适的引物杂交,用DNA聚合酶延伸引物,并不断重复该过程便可合成tRNA基因。"但由于当时基因序列分析方法尚未成熟,热稳定DNA聚合酶尚未被报道,以及引物合成的困难,这种想法似乎没有实际意义。加上20世纪70年代初分子克隆技术的出现,提供了一种克隆和扩增基因的途径,所以,Khorana的设想被人们遗忘了。

Kary Mullis在Cetus公司工作期间常为没有足够多的模板DNA而烦恼。1983年4月的一个星期五的晚上,他开车去乡下别墅的路上,猛然闪现出"多聚酶链式反应"的想法。他在实验室中取得该技术的原型后,于1985年10月25日申请了PCR的专利,并于1987年7月28日获批。Mullis是第一发明人。1986年5月,Mullis在冷泉港实验室做专题报告,全世界从此开始学习PCR的方法。

除了灵光乍现的智慧,PCR技术的发明还得益于耐热性DNA聚合酶的发现。现今最常用的耐热性DNA聚合酶是于1976年从温泉中的细菌(*Thermus aquaticus*)分离出来的,简称*Taq*酶(*Taq* polymerase)。它的特性就在于能耐高温,它作为一个很理想的酶而被广泛运用。

此后,PCR的运用一日千里,相关的论文发表质量可以说是令众多其他研究方法难望其项背。PCR 技术可从一滴血、一根毛发,甚至一个细胞中扩增出足量的 DNA 供分析研究和检测鉴定,在生物科研和临床应用中得以广泛应用,成为生物化学与分子生物学研究的最重要技术。Mullis 也因此获得了 1993 年诺贝尔化学奖。

自从 PCR 技术被发明,该技术已被广泛应用到生物学、医学、农学、考古学等各个学科领域中,并随着生物化学与分子生物学实验技术的成熟而不断地创新和拓展。

二、PCR 技术的基本原理

聚合酶链式反应(PCR)是一种选择性体外扩增 DNA 或 RNA 片段的方法,即通过试管中进行的 DNA 复制反应使极少量的基因组 DNA 或 RNA 样品中的特定基因片段在短短几小时内扩增上百万倍。其反应原理与分子克隆技术的细胞内的 DNA 复制相似,但 PCR 的反应体系要简单得多,主要包括 DNA 靶序列、与 DNA 靶序列单链 3′末端互补的合成引物、4 种 dNTP、耐热 DNA 聚合酶以及合适的缓冲液体系。

与细胞内的 DNA 复制相似,PCR 反应也是一个重复地进行 DNA 模板解链、引物与模板 DNA 结合、DNA 聚合酶催化形成新的 DNA 链的过程,这些过程都是通过控制反应体系的温度来实现的。PCR 包含下列 3 步反应。

(1)变性(denaturation)。将反应体系混合物加热到 95 ℃,维持较短的时间(30～60 s),使目标 DNA 双螺旋的氢键断裂,形成单链 DNA 作为反应的模板。

(2)退火(annealing)。将反应体系冷却至特定的温度(引物的 Tm 值左右或以下),引物与 DNA 模板的互补区域结合,形成模板-引物结合物。必须精确地计算退火的温度以保证引物只与模板相对应的序列结合。由于模板链分子较引物复杂得多,加之引物量大大超过模板 DNA 的数量,因此 DNA 模板单链之间互补结合的机会很少。

(3)延伸(elongation)。将反应体系的温度提高到 72 ℃并维持一段时间,DNA 模板-引物结合物在耐热 DNA 聚合酶(最常用的是 *Taq* DNA 聚合酶)的作用下,以引物为固定起点,以 dNTPs 为反应原料,靶序列为模板,合成一条新的与 DNA 链互补的子链。

以上 3 步作为一个循环重复地进行,每一循环的产物作为下一循环的模板。因此,在第二轮循环中通过变性产生的 4 条 DNA 单链结合引物并延伸(图 2-17),在第三轮及更多的循环中重复进行变性、退火、延伸这 3 步反应。如此循环 20 次,原始 DNA 将扩增约 10^6 倍,而循环 30 次后将达 10^9 倍。而所有上述过程将在 2～3 h 内完成。经过扩增后的 DNA 产物大多为介于引物与原始 DNA 相结合的位点之间的片段。

三、PCR 反应体系

PCR 的基本反应体系包括以下几种主要成分:需要扩增的模板(template)、一对寡核苷酸引物(primers)、维持 pH 值的反应缓冲系统(reaction buffer system)、二价阳离子(divalent cation)、4 种三磷酸脱氧核糖核苷酸(dNTPs)、催化依赖模板的 DNA 合成的耐热 DNA 聚合酶(thermostable DNA polymerase)等。

1. 模板(template)

模板是含靶序列的核酸分子。PCR 反应的模板可以是 DNA,也可以是 RNA;可以是单

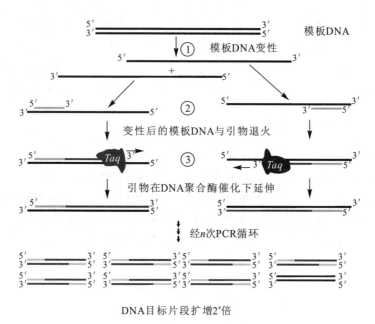

图 2-17　PCR 基本原理示意图

链的 DNA/RNA 分子,也可是双链的 DNA 分子;可以是线性的分子,也可是环形的分子,但共价闭合环形 DNA 分子(cccDNA)的效率略低于线性的 DNA。当用 RNA 作模板时,先经过逆转录生成 cDNA 然后再进行 PCR 反应。

2. 引物(primers)

PCR 扩增的引物不仅限定了产物的大小以及扩增靶序列在基因组中的位置,而且还关系到 PCR 反应的效率和特异性。虽然理论上说,PCR 可以扩增任意靶序列,但不同序列的引物在 PCR 反应中的表现相差较大。通常情况下,引物设计是否合理和正确是影响 PCR 扩增的关键。精心地设计引物,可以提高目标序列的扩增率,抑制非特异性的扩增,并有利于扩增 DNA 产物的后续操作。

引物是与待扩增靶序列互补的两段寡核苷酸片段,PCR 产物的特异性取决于引物和模板 DNA 的碱基互补程度。引物在设计时要遵循以下 4 个原则:①长度与碱基分布。引物长度一般是 10～30 个碱基,通常为 20 个左右碱基。碱基分布遵循随机原则,3′端不应出现 3 个连续的 G 和 C,G+C 含量以 40%～60% 为宜。②引物 3′端。引物 3′端不能有任何修饰,也不形成二级结构。3′端第一个和第二个碱基必须与模板严格配对。③引物 5′端。引物 5′端限定 PCR 产物长度,对特异性影响不大。根据不同的要求,可对引物 5′端进行不同的修饰,如添加限制性核酸内切酶的酶切位点等。④引物之间和引物自身。两条引物不应互补,尤其避免 3′互补,以防形成引物二聚体。

在 PCR 反应体系中,引物的浓度一般要求在 0.1～0.5 μmol/L 之间,这一引物浓度足以使 1 kb 的 DNA 片段在 PCR 反应体系中循环扩增 30 次。引物浓度过低,则产物量低;引物浓度过高,则会促进引物二聚体和非特异性产物的形成。

3. 反应缓冲系统(reaction buffer system)

反应缓冲系统提供 PCR 反应所必需的合适的酸碱度和某些离子。目前最常用的缓冲液是 10～50 mmol/L 的 Tris-HCl(pH=8.3～8.8,20 ℃),在 72 ℃(Taq DNA 聚合酶最佳活性温度)时,其 pH 值为 7.2 左右,故在实际的 PCR 反应体系中,其 pH 值变化于 6.8～7.8 之间。

反应缓冲系统中还含有一定浓度的盐离子,多数为 50 mmol/L 的 KCl,以利于引物的退火。而高于 50 mmol/L 的 KCl 会抑制 Taq DNA 聚合酶的活性,但有利于提高较小的 DNA 片段的扩增产量,因为高盐能稳定 DNA 双链。

4. 二价阳离子(divalent cation)

所有耐热的 DNA 聚合酶的活性都需要二价阳离子,通常是 Mg^{2+},PCR 反应中耐热 DNA 聚合酶的活性与反应体系中游离 Mg^{2+} 浓度直接相关。反应体系中 Mg^{2+} 浓度过低时,酶的活力显著降低;过高时,酶的催化非特异性扩增。此外,Mg^{2+} 浓度还影响引物的退火、模板与 PCR 产物的解链温度、产物的特异性、引物二聚体的生成等。

5. 三磷酸脱氧核苷酸(deoxynucleotide triphosphates,dNTPs)

4 种三磷酸脱氧核苷酸(dNTPs)为 PCR 反应的合成原料。在标准的 PCR 反应中各种 dNTP 的浓度应相等,若任何一种浓度明显不同于其他几种时,会诱发聚合酶的错误掺入从而降低 DNA 链合成的速度。dNTPs 的浓度直接影响到 PCR 反应的速度和特异性,因此应严格控制 PCR 反应体系中 dNTPs 的浓度。

6. 耐热 DNA 聚合酶(thermostable DNA polymerase)

目前在 PCR 反应中应用最多的是 Taq DNA 聚合酶。一般情况下,每个标准的 25～50 μL 的反应体系中含 0.5～2.5 U 的 Taq DNA 聚合酶。天然的 Taq DNA 聚合酶是从嗜热水生菌 Thermus aquaticus YT-1 菌株中分离获得的,是一种耐热的 DNA 聚合酶,可催化 PCR 产物 3′端形成 dATP,可用于需要 T-A 连接的目的 DNA 片段。还有其他类型的耐热 DNA 聚合酶,如 Vent DNA 聚合酶和 Pfu DNA 聚合酶等,其中 Pfu DNA 聚合酶是具有较高保真度的耐热 DNA 聚合酶,可在对扩增产物的保真性要求高的实验中使用。

四、PCR 反应条件

(一)PCR 反应的 3 个阶段

PCR 反应是一个重复的循环过程,每一循环包括 3 个阶段的反应:加热而导致模板变性,变性后寡聚核苷酸引物和与它互补的单链靶序列杂交而退火,以及由热稳定 DNA 聚合酶的介导使已杂交的引物延伸。因此,PCR 反应也就是一个不断重复这 3 个步骤,直至产物积累至合适的产量的过程。

1. 变性温度与时间

变性所需的加热温度取决于模板及 PCR 产物双链 DNA 中的 G+C 含量。双链 DNA 中的 G+C 的比重越高,则双链 DNA 分离变性的温度也就越高。变性所需的时间与 DNA

分子的长度相关,DNA 分子越长,在特定的变性温度下使双链 DNA 分子完全分离所需的时间就越长。若变性温度太低或变性时间太短,则只能使 DNA 模板中富含 AT 的区域产生变性,当 PCR 循环中的反应温度降低时,部分变性的 DNA 模板又重新结合成双链 DNA,从而导致 PCR 的失败。

2. 退火的温度与时间

退火的温度决定着 PCR 反应的特异性和效率。引物与模板复性所需的退火温度与时间取决于引物的碱基组成、长度和浓度。引物长度越短、G+C 的比率越低,所需的退火温度就越低。退火温度确定后,退火的时间并不是关键性的因素,但也应加以控制。退火时间过短会导致延伸失败,而退火时间过长会增加引物与模板间的非特异性结合。

3. 延伸温度与时间

延伸温度取决于所使用的 DNA 聚合酶的种类、催化效率以及最适温度。一般延伸温度都设定在所用 DNA 聚合酶的最适温度附近,以获得最大的扩增效率。不合适的延伸温度不仅会影响扩增产物的特异性,也会影响其产量。延伸的时间视待扩增 DNA 片段的长度而定。

4. 循环次数

循环次数决定着扩增的程度。在其他参数都已优化的前提下,循环次数取决于最初靶分子的浓度。循环次数过多会增加非特异性产物量及碱基错配数,此外还会导致 PCR 反应"平台效应"的出现;循环数过少会影响正常的 PCR 产物量。

(二)PCR 反应条件的优化

以往,人们对 PCR 技术的每个细节还认识得不够深入,遇到扩增效果不够理想时,往往无从下手改善扩增效果,优化起来非常麻烦。随着研究的深入,我们已经对 PCR 反应的各个细节是如何影响 PCR 扩增的效率、特异性以及保真度等都有较细致的认识,加上仪器的改善,现在优化起来较以前大为简化。

首先是 PCR 反应体系的优化。自 PCR 技术被提出以来,人们对其反应体系进行了非常深入的优化,提出了较为通行的"标准体系",因此,对体系的优化更多的是依据 PCR 原理,并结合具体的实验,对反应体系进行微调,如模板的质与量,引物、dNTPs、Mg^{2+} 浓度,Taq DNA 聚合酶的用量等,使其更加有效地满足对 PCR 反应的需求。

在 PCR 的热循环参数中,退火温度对扩增的效率、特异性等都具有重要影响,因此常常是反应条件优化的重点,一般可以利用梯度 PCR 技术进行优化。

如果扩增特异性较差,产生了较多的非特异性扩增产物,可考虑重新设计引物、应用热启动 PCR(hot start PCR)或者降落 PCR(touch down PCR)及特制的 DNA 聚合酶,可以减少引物二聚体的生成。

还有,模板中混入的酚类、醇类、尿素、甲酰胺、除垢剂等常常对 PCR 扩增产生抑制作用。除此之外,还有一些物质,如 DMSO、甘油、甜菜碱等,对 PCR 反应具有不同程度的促进作用,可应用于不同情形中,以期改善扩增效果。有些商业公司也会针对特殊的 PCR 实验生产一些专用的促进剂,如针对高 G+C 含量的模板生产的特殊添加剂。

最后要强调一下,PCR 的循环参数、反应体系中各组分及其他反应条件都是相互影响的,任何因素的改变都将引起其他反应条件的变化,从而直接影响 PCR 反应的结果。因此,PCR 反应的结果是以各种反应条件为自变量的多元函数。由于各种不同反应体系都有其最适反应条件,故只有 PCR 反应体系在最适反应条件下,方能达到最佳扩增结果。因此,为了达到最佳的实验结果,需要平时多积累相关的知识和经验,才能在不同的 PCR 实验中取得满意的结果。

五、常见的几种 PCR 反应

PCR 技术自问世以来,因其具有较高的实用性,以及敏感度高、特异性强、产率高、重复性好等优点在各个领域得以广泛使用。PCR 方法在使用中不断得到发展,现已形成了一系列适用于不同科研目的的 PCR 反应。下面介绍几种常用的 PCR 反应。

(一)巢式 PCR

模板 DNA 量太低时,为提高检测灵敏度和特异性,可采用巢式 PCR(nested PCR)。巢式 PCR 需设计两套引物:第一套引物的对应序列位于模板外侧,称为外引物;第二套引物的对应序列位于同一模板的外引物的内侧,称为内引物。先用第一套引物进行 PCR,然后取少量 PCR 产物作模板,用第二套巢式引物再进行 PCR,这样可使待扩增序列得到高效扩增。巢式 PCR 减少了引物的非特异性退火,增加了特异性扩增,提高了扩增效率。

(二)多重 PCR

一般 PCR 仅用一对引物扩增一个核酸片段。多重 PCR(multiplex PCR)又称多重引物 PCR,是在同一 PCR 反应体系中加上两对以上引物,同时扩增出多个核酸片段的 PCR 反应。每对引物扩增的产物序列长短不一,根据不同长度序列的存在与否,可检测某些基因片段是否存在或缺失。在多重 PCR 中,所有引物的 T_m 值应接近。靶 DNA 的长度应有差别但不能太大,否则,短片段的靶 DNA 会优先扩增,导致产生不同产量的扩增产物。多重 PCR 主要用于:①多种病原微生物的同时检测或鉴定;②病原微生物、某些遗传病及癌基因的分型鉴定。

(三)逆转录 PCR

逆转录 PCR(reverse transcription PCR,RT - PCR)是一种能检测细胞内丰度特异 RNA 的方法。反应分两步进行:第一步以 RNA 为模板,在单引物介导和逆转录酶的催化下,合成与 RNA 互补的 cDNA。第二步先加热让 cDNA 与 RNA 链解离,cDNA 与另一引物退火,由耐热 DNA 聚合酶催化合成双链靶 DNA,最后对靶 DNA 序列进行扩增。逆转录 PCR 主要用于 RNA 病毒的检测和基因表达水平的测定,在分子生物学和临床检验等领域均有广泛应用。

(四)原位 PCR

原位 PCR(in situ PCR)是在组织细胞内原位扩增核酸并利用特异性探针原位检测扩增产物的技术,可检出特定 DNA 或 RNA 是否在组织细胞中存在。它结合了具有细胞定位能力的原位杂交和高度特异敏感的 PCR 技术的特点,是目的基因扩增与定位相结合的细胞学研究和临床诊断领域里的一种有效方法。主要过程是将固定于载玻片的组织或细胞经蛋白酶 K 的消化后,在不破坏细胞形态的情况下,直接进行 PCR 反应。原位 PCR 有助于细胞内特定核酸的定位与形态学变化的结合分析,可用于正常或恶性细胞、感染或非感染细胞的鉴定和区别。

(五)荧光定量 PCR

荧光定量 PCR(real-time fluorescence quantitative PCR,qPCR)是利用荧光染料或荧光标记的特异性基因探针,实时在线监控反应过程,通过分析反应体系中荧光信号的累积变化从而对 PCR 产物进行定量,进而计算待测样品原始模板的量。荧光定量 PCR 扩增时,在加入一对引物的同时加入一个荧光标记的特异性基因探针,探针两端分别标记一个报告基团和一个猝灭基团。探针完整时,报告基团发射的荧光信号被猝灭基团吸收。反应开始时,探针结合在 DNA 任意一条单链上;PCR 扩增后,Taq DNA 聚合酶的 $5'\rightarrow 3'$ 外切酶活性将探针降解,使报告基团和猝灭基团分离,从而荧光监测系统可监测到荧光信号,实现了荧光信号的累积与 PCR 产物的形成完全同步。荧光定量 PCR 已广泛应用到临床疾病的基因诊断、动物疾病检测、食品安全检测和医学、农牧、生物学研究中。

(六)数字 PCR

数字 PCR(digital PCR,dPCR)是继一代普通 PCR、二代荧光定量 PCR 之后的第三代 PCR 技术,是一种核酸分子绝对定量技术。该技术将一个样本分成几份到几十万份,分配到不同的反应单元,每个单元包含一个或多个拷贝的目标分子(DNA 模板),在每个反应单元中分别对目标分子进行 PCR 扩增;扩增结束后,将有荧光信号的微滴判读为 1,没有荧光信号的微滴判读为 0,最终根据泊松分布原理以及阳性微滴的比例,计算出待检靶分子的原始浓度或拷贝数。

数字 PCR 是一种全新的绝对定量方式,与传统定量 PCR 相比具有以下优点:①绝对定量。不再依赖于 C_t 值和标准曲线,直接给出靶序列的起始浓度,实现真正意义上的绝对定量。②更高灵敏度与特异性。数字 PCR 可实现万分之一稀有样本的绝对定量,可用于极微量核酸样本检测、复杂背景下的稀有突变检测、表达量微小差异鉴定、单细胞基因表达等方面。数字 PCR 技术应用于:病原微生物的检测,如 HBV、HIV、甲型流感病毒;肿瘤诊断,dPCR 技术能有效地检测癌基因的突变,还可以准确定量其表达;产前诊断,可以在出生前对胎儿的发育状态、患有的疾病等方面进行检测。

六、PCR 技术的应用

(一)制备探针

Northern 印迹技术等可以研究细胞内特定 mRNA,分析基因的转录产物。而逆转录 PCR 技术大大提高了检测细胞内 mRNA 的灵敏度,能检测低丰度的特定 mRNA 序列,因而也被用于基因表达的研究。在 PCR 反应体系中,用标记的单核苷酸作为原料,可制备大量特异性双链 DNA 探针;用不对称 PCR 扩增,可制备单链 DNA 探针。用 PCR 技术制备特异性探针,在分子生物学研究中有较好的应用价值。

(二)基因克隆

传统的基因克隆方法从基因组 DNA 中克隆某一特定基因片段需要经过 DNA 酶切、目标片段分离、连接到载体上形成重组 DNA 分子、转化宿主细胞、建立基因文库,再进行目的基因的筛选、鉴定等,实验步骤繁多,成本高、耗时长。运用 PCR 技术进行基因克隆能克服传统克隆方法的缺点,一次 PCR 扩增就可以将单拷贝基因放大上百万倍,获得微克级的特异 DNA 片段,操作简单,效率提高。无论是从基因组或是从已克隆到某一载体上的基因,甚至是从 mRNA 序列中,都可以采用 PCR 技术获得目的基因片段。

(三)遗传病的基因诊断

到目前为止,已发现的人类遗传病有 4000 多种,它们大多与基因变异有关,检测相应的基因变异已经成为诊断这些遗传病的重要手段。DNA 分子的碱基突变可引起肿瘤、遗传病、免疫性疾病等,因此,检测 DNA 突变分子对遗传病的临床诊断与研究具有重大意义。采用 PCR 技术检测这些 DNA 分子变异,并对相应的遗传病做出诊断,成本低且快速,对样品质量和数量要求不高,在妊娠早期取少量样品(如羊水、绒毛)进行检测,即可发现携带这些变异的异常胎儿。基于 PCR 技术的遗传病基本诊断方法包括检测特异扩增条带的缺失或新的特异扩增带,根据限制性内切酶片段长度多态性(RFLP)图谱进行连锁分析,PCR 结合寡核苷酸探针(ASO)斑点杂交检测变异基因等。

(四)病原体的检测

利用 PCR 可以检测标本中的各种病毒、细菌、真菌、霉菌以及寄生虫等病原体。标本可以是组织、细胞、血液、排泄物等。使用 PCR 进行临床检验,通常应设置阳性对照与阴性对照,以防止出现假阳性或假阴性。PCR 检测时,可选择病原体基因中的保守区作为靶基因,也可选择同一病原体基因中变异较大的部位作靶基因,以进行分型检测。

(五)肿瘤的诊断、转移确定

肿瘤疾病的发生是由细胞基因组的变化影响了控制细胞生长和分化的基因的转录与表达引起的。根据各种肿瘤细胞基因突变的特点,设计引物进行 PCR 扩增,即可检测相关的肿瘤基因,对是否为肿瘤做出判断。检测血液、淋巴结、肿瘤邻近组织或可疑活检组织,可帮助确定是否有肿瘤转移。PCR 对肿瘤的诊断比一般的方法要灵敏,有利于肿瘤的早期诊断与治疗。

(六)法医学中的应用

个体识别和亲子鉴定是法医生物学的重要内容。采用 PCR 技术进行个体识别和亲子鉴定,具有快速、准确、成本低等优点,同时还解决了法医学取证遇到的如样品量不够和 DNA 降解等问题。近年来利用 PCR 扩增特定的 DNA 顺序,十分有效地克服了实践中的一些局限性。利用犯罪分子在案发现场留下的任何少量标本,如头发、血斑、精斑等进行 PCR 扩增,结合指纹图谱分析和 RFLP 分析可进行性别鉴定、个体识别等。

(七)器官移植配型的应用

骨髓移植、器官移植等对有些疾病的治疗起独特作用。同基因移植不存在免疫排斥,而异基因移植时,受体会对供体器官排斥,需找到组织相容性抗原相适应的两个个体,才可进行成功的器官移植。例如骨髓移植治疗某些血液病,人类白细胞抗原(HLA)系统在骨髓移植免疫中起主导作用,就需要对 HLA 配型进行精确选择,找到相容性好的移植骨髓。HLA 经典的配型方法是通过血清学或混合淋巴细胞培养方法分析 HLA 基因的表型,成本高,精确度差。使用 PCR 法配型时,可使用对应的 HLA 基因引物,扩增 HLA 基因序列,并利用寡核苷酸探针进行杂交,可精确地选择出合适的配型。

第七节 分子克隆技术

一、分子克隆简史

20 世纪初,孟德尔的《植物杂交实验》被重新发现,标志着遗传学的诞生。随后,遗传学成为当时科学研究的热门学科,并诞生了一系列具有重大影响的成果。例如:荷兰人胡戈·德弗里斯(H. de Vris)在实验中发现遗传特征的重大变化,他称之为"突变"(mutation),并根据他的发现提出了"突变学说"。该学说对生物学的研究曾产生过重要影响。1910 年,美国人托马斯·亨特·摩根(T. H. Morgan)出版了第一部关于果蝇实验的首批成果。他不仅证明了孟德尔定律的正确性,而且还证实了长期存在的一种猜测,即借助于显微镜能看到的在细胞核里呈小棍形状结构的染色体其实就是基因的载体。1944 年,艾弗里(O. T. Avery)等通过对细菌转化现象的深入研究,证明 DNA 是遗传物质。从此以后,对 DNA 分子结构展开了广泛研究。1953 年,Watson 和 Crick 建立了 DNA 分子的双螺旋模型。1958 年至 1971 年先后确立了中心法则,破译了 64 种密码子,成功揭示了遗传信息的流向和表达问题。以上研究成果为基因工程问世提供了理论准备。20 世纪 60 年代初,发现了限制性内切酶和 DNA 连接酶等,实现了 DNA 分子体外切割和连接,为分子克隆技术的产生奠定了技术基础。基因克隆技术的想法第一次被提出是在 1972 年 11 月于檀香山的一个有关质粒的科学会议上,美国斯坦福大学的伯格(P. Berg)等在会上介绍了把一种猿猴病毒的 DNA 与 λ 噬菌体 DNA 用同一种限制性内切酶切割后,再用 DNA 连接酶把这两种 DNA 分子连接起来,于是产生了一种新的重组 DNA 分子。这一阶段还解决了体外重组 DNA 分子如何进入宿主细胞,并在其中复制和有效表达等关键问题。经研究发现质粒分子是外源 DNA 分子的理想载体,病毒和噬菌体 DNA(RNA)也可改建成载体。至此就产生了分子克隆(基因克隆)技术。

克隆(clone)一词源于希腊语,在生物学中最初的含义是指一个细胞或个体以无性繁殖的方式产生与亲代完全相同的子代群体。随着生物学研究的不断深入,克隆一词也被广泛应用于分子生物学领域,指在生物体外用重组技术将特定基因或 DNA 片段插入载体分子中,然后通过一定的技术手段将重组的 DNA 分子导入受体细胞(最常用的是大肠杆菌细胞)的体内,并令其在受体细胞中复制。这就是所谓的"分子克隆"或"基因克隆",这一过程也被称为"克隆"某一基因。

二、与分子克隆相关的工具酶

分子克隆常用的工具酶有：①限制性核酸内切酶；②DNA聚合酶，包括DNA聚合酶、Klenow酶、逆转录酶等；③DNA连接酶，常用的连接酶为T4 DNA连接酶；④DNA末端修饰酶，主要包括末端转移酶、碱性磷酸酶、多核苷酸激酶等。其具体功能和特点如下。

(一)限制性核酸内切酶

限制性核酸内切酶（restriction endonuclease），是一类能够识别双链DNA分子中的某种特定核苷酸序列（4~8 bp），并在识别位点或其附近切割DNA双链的核酸内切酶。限制性核酸内切酶主要存在于细菌体内，与甲基化酶共同构成细菌的限制和修饰系统，主要有两方面的作用：一是限制作用，将侵入细菌体内的外源DNA切成小片段；二是修饰作用，细菌自身的DNA碱基被甲基化酶甲基化修饰所保护，不能被自身的限制性内切酶识别切割。根据限制-修饰现象发现的限制性核酸内切酶，已成为分子克隆以及基因工程的重要工具酶。

根据酶的基因、蛋白质结构、依赖的辅助因子及与DNA结合和裂解的特异性，目前研究发现的限制性核酸内切酶可分为3种类型，即Ⅰ型酶、Ⅱ型酶、Ⅲ型酶。Ⅰ型酶具有限制和修饰作用，要求DNA分子上有特定的识别序列，并在此识别位点下游100~1000 bp处切割。Ⅲ型酶与Ⅰ型酶一样，有限制和修饰作用，在识别位点附近切割DNA，但切点难以预测。由于Ⅰ型酶和Ⅲ型酶的切割特异性不强，因此它们在基因工程操作中用途不大。Ⅱ型限制性核酸内切酶在DNA分子双链的特异性识别位点切割双链DNA，这些酶切结果形成具有黏性末端的DNA片段或形成具有平齐末端的DNA片段，经过适当的酶处理后，这些DNA片段可以按照碱基互补原则连接起来，形成新的重组DNA分子。Ⅱ型酶切割位点固定、已知，是基因克隆中常用的工具酶。绝大多数的Ⅱ型酶识别的特异性序列长度为4~8个核苷酸，具有回文结构，如EcoRⅠ识别6个核苷酸序列：5′-GAATTC-3′。几种常用限制性核酸内切酶的识别序列和切割位点见表2-1。限制性核酸内切酶的命名根据含有该酶的微生物种属确定，通常由3个斜体字母表示，即由属名的第一个字母和种名的前两个字母组成。如遇株名，其后加大写的第四个字母表示。如同一株名发现几种限制性核酸内切酶，则依据发现和分离的先后顺序，用罗马数字表示。

表2-1 常用限制性核酸内切酶及其识别序列

限制性核酸内切酶名称	识别序列和切割位点	限制性核酸内切酶名称	识别序列和切割位点
EcoRⅠ	G↓AATTC	HindⅢ	A↓AGCTT
BamHⅠ	G↓GATCC	NotⅠ	GC↓GGCCGC
PstⅠ	CTGCA↓G	ClaⅠ	AT↓CGAT
SalⅠ	G↓TCGAC	Sau3AⅠ	↓GATC
KpnⅠ	GGTAC↓C		

限制性核酸内切酶的酶切活性与DNA样品的纯度、溶液缓冲体系离子浓度、温度、时间等相关。

(1) DNA样品的纯度。在制备DNA样品中,由于各种条件的影响,存在着一些非DNA物质,这些物质有的对酶切反应影响较大,如抽提过程中,有机物质的残留成分,如酚、氯仿、酒精,都会破坏酶的活性。另外未除去的蛋白质,也会干扰酶的反应,残留的染色体DNA则会相对降低酶对底物DNA的浓度。

(2) 溶液缓冲体系离子浓度。限制性核酸内切酶专一性需要 Mg^{2+},以作为辅基,并且要求一定的盐离子浓度。在使用上,通常把限制性核酸内切酶对盐离子的要求分为3类,即高盐、中盐和低盐,它们所需的 Na^+ 离子浓度分别为 100 mmol/L、50 mmol/L 和 10 mmol/L。如果离子浓度使用不当,酶反应不完全或会使酶的识别位点发生改变,例如高盐类的 $EcoR\,I$ 酶当 Na^+ 离子浓度低于 50 mmol/L 时,它的专一性就降低。

(3) 温度。大部分限制性核酸内切酶最适的反应温度在 37 ℃,极个别在 60 ℃,所以酶反应后要使酶的活性失活时,可把反应液置于 65 ℃内保温 10~15 min,以终止酶反应。

(4) 时间。酶消化时间通常依据酶的浓度和底物的浓度、纯度而定,通常是 30 min 到 2 h,甚至更长些,但不能过长,因为商品酶极有可能含有杂酶,时间过久,微量杂酶的酶反应也会积累到干扰整个酶反应的程度。

(二) DNA聚合酶

(1) 大肠杆菌聚合酶Ⅰ。该酶具有聚合酶活性以及 $3'$、$5'$ 外切核酸酶活性,常用于标记DNA片段、制备分子杂交用的探针。

(2) Klenow酶。该酶是经过枯草杆菌蛋白酶或胰蛋白酶分解的DNA聚合酶,切除小亚基,只保留大亚基;具有聚合酶活性和 $3'$ 外切核酸酶活性,但没有 $5'$ 外切酶活性;在基因工程中用于同位素标记DNA片段的 $3'$ 末端。

(3) 逆转录酶。该酶是一种以RNA为模板,合成DNA的酶,又称为依赖RNA的DNA聚合酶(RNA dependent DNA polymerase),其合成的DNA又称为cDNA,即互补DNA(complementary DNA)。逆转录酶的作用特点与一般核糖核酸酶不同,它的主要作用是从DNA-RNA的杂交链中特异性地降解RNA链,进而保留新合成的DNA链。

(三) DNA连接酶

DNA连接酶(ligase)不能连接两条单链的DNA分子,被连接的DNA链必须是双螺旋DNA分子的一部分。DNA连接酶主要作用于开环双螺旋DNA骨架上的缺口(nick)。根据酶的来源可将DNA连接酶分为两种:一种是从大肠杆菌细胞中分离得到,相对分子质量为 7500 u,只能连接黏性末端;另一种是从T4噬菌体中分离,称为T4 DNA连接酶,相对分子质量为 6000 u,不但能连接黏性末端,还能连接平齐末端,是基因工程中最常用的DNA连接酶。连接酶反应的最适温度是 37 ℃,但在此温度下黏性末端间氢键结合不稳定,易于断裂,因此连接反应的最佳温度应介于酶作用速率和末端结合速率的温度之间,一般认为 4~16 ℃ 比较合适。

(四) DNA末端修饰酶

(1) 末端脱氧核苷酸转移酶。此酶催化DNA片段上的 $3'$—OH 端添加脱氧核糖核苷酸。合成时不需 DNA 模板，但是底物要有一定长度，至少有 3 个核苷酸。该酶在基因工程中用于同种碱基多聚体的结尾反应。

(2) T4 多聚核苷酸激酶。该酶由 T4 噬菌体的 pseT 基因编码，能将 ATP 上的 γ 位磷酸转移到 DNA 或 RNA 的 $5'$—OH 上，酶作用底物是单链或双链带有 $5'$—OH 末端的 DNA 或 RNA。

(3) 碱性磷酸酶。碱性磷酸酶有两种来源：从大肠杆菌细胞中分离得到的碱性磷酸酶称为细菌性碱性磷酸酶(BAP 酶)；从小牛肠组织中分离制备的酶称为小牛肠碱性磷酸酶(CIP 酶)。该酶的主要特性是以单链或双链的 DNA、RNA 为底物，将 DNA 或 RNA 片段 $5'$ 端的磷酸基团切除。在基因工程中此酶用于催化切除 DNA 或 RNA $5'$ 端的磷酸，然后加上 γ - $32P$ - dNTP 在 DNA 多聚核苷酸激酶的作用下标记 $5'$ 端。

三、分子克隆技术的基本原理

分子克隆又称 DNA 重组技术，是用酶学方法将不同来源的 DNA 分子在体外进行剪切和重新连接，组装成一个新的 DNA 分子；在此基础上，将这个 DNA 分子导入宿主细胞，使其在宿主细胞中扩增，形成大量的子代分子。此过程亦称为基因克隆(gene cloning)，是 20 世纪 70 年代诞生的一项常用的分子生物学研究技术。基因克隆的必要条件包括克隆载体、目的基因、DNA 连接酶和宿主细胞，基本步骤包括目的基因的获得、克隆载体的获得、目的基因与载体连接形成重组 DNA 分子、重组 DNA 分子导入宿主细胞、基因重组体细胞的筛选等。

(一) 目的基因的获得

1. 真核细胞基因组 DNA 的制备

真核细胞的直径一般为 $10 \sim 100~\mu m$，细胞膜由脂质双分子层组成，胞浆中含有不同功能的细胞器和细胞核。核内含有多条染色体，携带全部的细胞遗传信息。核膜是由带孔隙的脂质双分子层组成，它可以使中等大小的分子自由穿过。真核细胞 DNA 分子是以核蛋白形式存在于细胞核中，提取基因组 DNA 时要考虑如下原则。

(1) 防止和抑制 DNA 酶对 DNA 的降解。

(2) 尽量减少对溶液中 DNA 的机械剪切破坏，保持 DNA 分子的完整。

(3) 将蛋白质、脂类、糖类等物质分离干净。蛋白酶 K 在 SDS 和 EDTA 存在的条件下，可以将蛋白质降解成小肽或氨基酸，从而使 DNA 与蛋白质分开。然后采用酚/氯仿抽提法提取真核细胞基因组 DNA。

当用全血制备基因组 DNA 时，可以采用非离子去污剂 Triton X - 100，它直接破裂红细胞和白细胞膜，使血红蛋白及细胞核释放出来，通过离心分离即可获得细胞核，再用 SDS 破坏细胞的核膜，用一定浓度的 EDTA 间接抑制细胞中 DNase 活性，然后用酚/氯仿抽提除去蛋白质，最后用无水乙醇沉淀水相，即可获得基因组 DNA。

2. 细胞总 RNA 的提取

原核和真核细胞都含有 3 类基本的 RNA，其中 $80\% \sim 85\%$ 为 rRNA，$1\% \sim 5\%$ 为 mRNA，其他为 tRNA、核内小分子 RNA 等。细胞内大部分的 RNA 均与蛋白质结合在一起,以核蛋白形式存在。因此在分离 RNA 时,可用盐酸胍等使 RNA 与蛋白质分离,酚/氯仿、异戊醇等使蛋白质变性,经离心后形成上层水相和下层有机相,核酸溶于水相被酚变性的蛋白质或溶于有机相或在两相界面交界处,这样核酸就从核蛋白中释放出来,最后用乙醇沉淀 RNA。异硫氰酸胍法提取细胞总 RNA 是目前常用的提取方法,其基本原理为异硫氰酸胍是一种很强的蛋白质变性剂,它不仅能使细胞裂解,同时还能有效地抑制细胞内源性 RNA 酶的活性,通过有机溶剂的分步抽提,最终可获得纯度较高的细胞总 RNA。Trizol 试剂就是基于此原理制备的一步法提取细胞或细胞总 RNA 的试剂,经它提取的 RNA 样品纯度高、完整性好,常用作逆转录反应中的模板。

3. 质粒 DNA 的制备

质粒是独立于许多细菌或某些真核生物(如酵母)染色体外的共价闭合环状双链 DNA 分子(covalent closed circular DNA,cccDNA),能独立进行复制,大小从 1 kb 至 200 kb 不等。质粒 DNA 提取的方法主要有碱裂解法、煮沸裂解法和 SDS 裂解法,其中碱裂解法的提取效率最高,最为常用。制备质粒 DNA 时,首先应将含有质粒的细菌在含有相应抗生素的液体培养基中生长至对数期,使质粒在细菌中得到扩增。通过离心收集细菌,经碱裂解细菌,使质粒和细菌染色体 DNA 变性,然后再加中和液,使溶液 pH 值恢复到中性。这样质粒 DNA 又可以复性至天然双链构象状态,而细菌染色体 DNA 不能或很难复性所以仍处在变性状态。这些变性的染色体 DNA 与变性蛋白质缠绕在一起,易被离心去除,而质粒 DNA 仍存在于水相中,再用无水乙醇沉淀水相,最后离心加入一定量的双蒸水或 TE 缓冲液,即可获得质粒 DNA。

4. 目的基因的获得

基因是包含了生物体某种蛋白质或 RNA 的完整遗传信息的一段特定的基因组 DNA 的核苷酸序列,因此可以采用一定的方法直接从基因组中获取基因。

(1)直接用限制性核酸内切酶切取、分离。对一些物理图谱已经确定、背景资料清楚的原核生物、噬菌体及病毒等基因组,可直接用限制性内切酶消化后,通过分离获得目的基因。另外,也可从其他质粒上用限制性内切酶切取目的基因。

(2)PCR 扩增。聚合酶链式反应(polymerase chain reaction,PCR)是利用 DNA 聚合酶等在体外条件下,催化一对引物间的特异 DNA 片段合成的基因体外扩增技术。当引物与单链模板互补区结合后,在 DNA 聚合酶作用下即可进行从 $5'\rightarrow 3'$ 脱氧核苷酸聚合反应。采用 PCR 技术可在体外有效且特异地扩增目的基因片段。扩增产物可直接克隆至质粒载体。

(3)化学合成。如果已知目的基因的核苷酸序列,或已知肽链的氨基酸顺序,则可按照对应的密码子推导出 DNA 的核苷酸序列,但须考虑遗传密码的简并性,然后用化学方法合成这段核苷酸序列。目前使用 DNA 合成仪合成的片段长度有限,较长的基因需分段合成,然后用连接酶连接成一个完整的基因。

(4)从基因组文库中获得。基因组文库(genomic library)是含有某种生物体全部基因片段的重组 DNA 克隆群体。通过一定手段,如限制性内切酶,将基因组 DNA 切成片段,每一 DNA 片段都与载体拼接成一重组 DNA,将所有的重组 DNA 分子都引入宿主细胞并进行增殖。克隆与克隆之间应有序列重叠。克隆的片段应大到足以包含整个基因及其旁侧序列。

可从基因组文库中筛选得到目的基因。

(5)从 cDNA 文库中获得。cDNA 文库(cDNA library)是指某种处于特定状态下的特定细胞的全部 cDNA 克隆。一个个体的所有细胞均具有相同的基因组结构，但在同一机体不同类型的细胞或同一细胞在生长发育的不同阶段，以及受到不同因素(物理、化学或生物因素)的刺激时，基因表达的种类与数量不同。构建 cDNA 文库前，必须从细胞中提取高质量的 mRNA。因 mRNA 具有 3′端 poly A 尾，可用寡核苷酸 oligo(dT)作为引物，以 mRNA 为模板，加入 4 种脱氧核苷酸(dATP、dCTP、dGTP、dTTP)，用逆转录酶催化合成与 mRNA 互补的 DNA(complementary DNA，cDNA)。然后，用核糖核酸酶(RNase)H 消化 mRNA，由 DNA 聚合酶催化第二股链的合成。补齐两端，加入人工接头(linker)，再与适当载体连接后转入受体菌，扩增为 cDNA 文库。采用适当方法可从 cDNA 文库中筛选出目的基因。

(二)克隆载体的获得

克隆载体(cloning vector)是可携带目的基因并将其转入宿主细胞内进行扩增的工具。克隆载体一般应具备：①复制子。使携带的目的基因能在宿主细胞内复制扩增。②一个或多个单一限制性内切酶位点。使目的基因可插入到载体 DNA 分子中。一般将几个单一限制性酶切位点构建在载体的一个部位，从而构成多克隆位点(multiple clonging site，MCS)。③筛选标志。载体 DNA 分子上能赋予宿主细胞一定特性的基因(如抗药基因)，用于载体或重组载体的筛选。基因克隆载体根据用途可分成克隆载体(cloning vector)和表达载体(expression vector)。表达载体又可根据宿主细胞不同而分为原核表达载体(prokaryotic expression vector)和真核表达载体(eukaryotic expression vector)。此外，根据载体的来源还可以分成质粒载体、病毒载体(包括噬菌体和病毒)和人工染色体载体等。以大肠为宿主细胞的载体主要有质粒、λ 噬菌体、黏粒和 M13 噬菌体等。

1. 质粒

质粒(plasmid)是存在于细菌染色体外的具有自我复制能力的小型环状双链 DNA 分子，在宿主细胞的染色体外以稳定的方式遗传。质粒含有复制起始点，能利用细菌染色体 DNA 复制和转录的同一套酶系统，在细菌细胞内独立地进行自我复制。质粒并非细菌生长所必需，但由于其编码一些对宿主细胞有利的酶类，从而使宿主细胞具有抵抗不利自身生长的因素如抗药性等的能力。目前发现的质粒主要分为 F 质粒(性质粒)、R 质粒(抗药性质粒)、E. coli(大肠杆菌肠毒素质粒)。根据质粒在一个细胞周期内产生拷贝的数量，可将质粒分为严谨型(低拷贝，复制 1~2 次)和松弛型(高拷贝，复制 10~200 次)。

作为克隆载体的质粒应具备下列特点。

(1)相对分子质量相对较小，能在细菌细胞内稳定存在，有较高的拷贝数。

(2)具有一个以上的遗传学标志，便于对宿主细胞进行选择，如抗生素的抗性基因，β-半乳糖苷酶基因(Lac Z)等。

(3)具有多克隆位点(即多个限制性内切酶的单一酶切位点)，便于外源基因的插入。如果这些位点有外源基因的插入，会导致某种标志基因的失活而便于筛选。

主要的质粒类型如下。

(1)大肠杆菌质粒载体 pBR322。它是人工构建的一种较为理想的大肠杆菌质粒载体，目前在基因工程中广泛使用,其物理图谱见图 2-18。pBR322 质粒大小 4.3 kb,是利用 ColE1 的复制子,所以是多拷贝,其中包括 HindⅢ、BamHⅠ、SalⅠ、PstⅠ、PvuⅠ等常用酶切位点,而 BamHⅠ、SalⅠ位于四环素抗性基因(Tc^R)上,PvuⅠ、PstⅠ位于氨苄青霉素抗性基因(Ap^R)上,可以利用氨苄青霉素和四环素抗性基因来筛选重组体。当外源基因以正确的阅读框插入处于氨苄青霉素抗性基因(β-内酰胺酶基因)的 PstⅠ限制性内切酶位点时,外源蛋白与 β-内酰胺酶 N 端序列形成融合蛋白而得以表达。

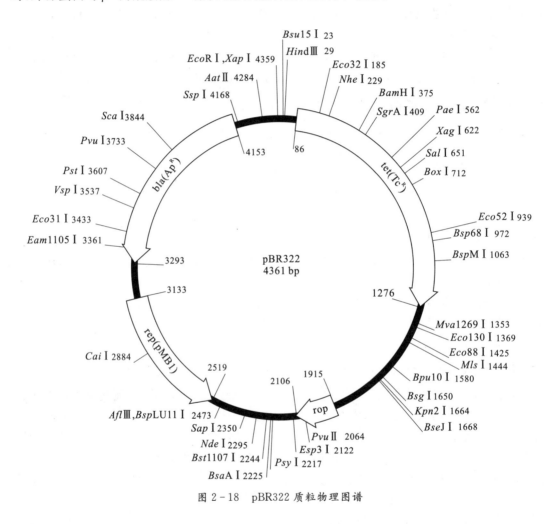

图 2-18 pBR322 质粒物理图谱

(2)质粒载体 pUC18。其物理图谱见图 2-19。它是在 pBR322 的基础上改造而成,是由大肠杆菌 pBR 质粒与 M13 噬菌体改建而成的双链环状 DNA 克隆载体,全长 2686 bp。含有 pBR322 的复制起始区和氨苄青霉素抗性基因以及包含 β-半乳糖苷酶基因的调控序列和 N 端 146 个氨基酸的编码序列的大肠杆菌 Lac Z 基因片段。在 Lac Z 基因中加入了多克隆位点,供外源基因的插入和克隆的筛选。异丙基-β-D-硫代半乳糖苷(IPTG)可诱导 Lac Z 基因片段的合成,而该片段能与宿主细胞所编码的缺陷型 β-半乳糖苷酶实现基因内互补(α-互补)。当培养基中含有 IPTG 时,细胞可同时合成这两个功能上互补的片段,使含有此种质粒的受体菌在含有生色底物 5-溴-4-氯-3-吲哚-β-D-半乳糖（X-gal）的培养基上形成蓝色菌落。当外源 DNA 片段插入到质粒的细菌将产生白色菌落。由于 pUC 质粒含有 Ap^R 抗性基因，可以通过颜色反应（蓝白斑）和 Ap^R 对转化体进行双重筛选。pUC 系列不同成员的区别在于多克隆位点的核苷酸序列不同，以便供不同的限制性内切酶切割和外源基因的插入。

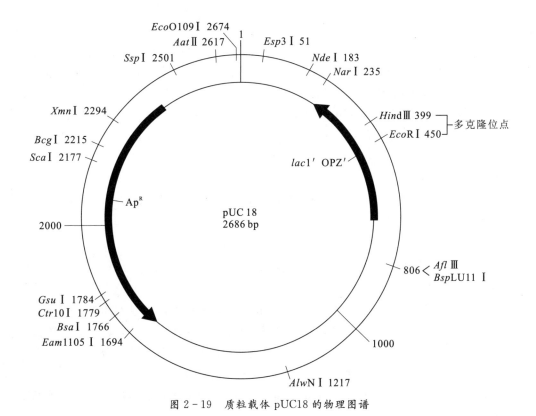

图 2-19 质粒载体 pUC18 的物理图谱

(3) 穿梭型质粒载体。它是人工构建的、具有两种不同复制起点和选择标记、可以在两种不同的寄主细胞中存活和复制的质粒载体。如大肠杆菌-酿酒酵母穿梭质粒载体，不仅可以在大肠杆菌中复制，而且还可以在酵母菌中复制和表达外源基因。

(4) 表达型质粒载体。它是指一类能使外源目的基因在宿主细胞中转录和表达的功能性质粒载体。这类质粒载体除含必要的复制子和筛选标志外，还含有启动子和基因表达所需要的序列结构，当外源基因片段插入启动子下游的适合的位点时，即可在细胞中被转录和表达。

2. 噬菌体

噬菌体（bacteriophage, phage）是一类细菌病毒的总称，有双链噬菌体与单链丝状噬菌体两大类。前者为 λ 噬菌体类，后者包括 M13 噬菌体和 f1 噬菌体。噬菌体按照生活周期的不同可分为两种类型：一类为溶菌性（lytic），另一类为溶源性（lysogenic）。溶菌性噬菌体感染细菌后，连续增殖，直到细菌裂解，释放出的噬菌体又可感染其他细菌。溶源性噬菌体感染细菌后，可将自身的 DNA 整合到细菌的染色体中，和细菌的染色体一起复制。λ 噬菌体的 DNA 是双链线状分子，在两端有 COS 位点，当 λ 噬菌体进入大肠杆菌后即通过黏性末端的碱基配对形成环状分子。构建 λ 噬菌体载体需要删除 λ 噬菌体的非必需区，留出插入空间。λ 噬菌体的体外包装，就是制备的重组 DNA，通过体外制备的包装系统，在试管中人工控制获得完整的噬菌体颗粒，再感染受体细胞，将外源 DNA 导入受体细胞。由于 λ 噬菌体允许克隆的外源 DNA 片段长度较大，所以广泛地应用于构建基因组 DNA 文库和 cDNA 文库。

M13 噬菌体（M13 phage）是一种大肠杆菌雄性特异丝状噬菌体，含有单链环状 DNA 分子，只能感染雄性大肠杆菌，进入大肠杆菌后复制成双链（复制型），并不断释放成熟的单链噬菌体。M13 噬菌体载体克隆外源 DNA 的实际能力十分有限，插入 DNA 片段小于 1.5 kb。当每个细菌细胞内的复制型 M13 拷贝数积累到 100~200 后，M13 的合成就变得不对称，只有其中一条链进行复制，产生大量的单链 DNA，并被包装到成熟的噬菌体颗粒中，然后从细菌中排出。M13 噬菌体的最大优点在于从细菌细胞内释放出的颗粒中所含的单链 DNA，只与被克隆的互补双链中的一条同源，因此可用该单链作模板进行 DNA 序列分析。在基因工程操作中选用 M13 系列载体主要用于测定序列时制备单链 DNA 模板、检测 RNA 时制备单链特异性 DNA 探针。

3. 黏性质粒

黏性质粒也称为黏粒或柯斯质粒（cosmid），它是由质粒和 λ 噬菌体 DNA 包装有关的区段（COS 序列）相结合构建而成的克隆载体。它带有 λ 噬菌体的 COS 位点和质粒 pBR322 的复制起点、抗药性基因、几个限制性酶的单一位点。由于柯斯质粒具有质粒的复制起始点和抗药性标记，所以它能像质粒一样导入大肠杆菌进行克隆增殖。由于具有 λ 噬菌体的包装序列（COS），它可将克隆的 DNA 包装到 λ 噬菌体颗粒中去。这些噬菌体颗粒感染大肠杆菌时，线状的重组 DNA 被注入细胞并通过 COS 位点的黏性末端而环化，这个环化的重组 DNA 可以像质粒一样复制并使其宿主菌获得抗药性，因而可用含适当抗生素的培养基对其进行筛选。

4. 噬菌粒（phagemid）

噬菌粒是由质粒与单链噬菌体（M13 噬菌体）结合而构成的载体系列。它既具有质粒的复制起点，又具有噬菌体的复制起点。它既能在大肠杆菌中以质粒的形式双链复制，又能在噬菌体内进行单链复制。最常见的噬菌粒是 pUC118/119，它是在 pUC18/19 的基础上改造构建而成的，含有 M13 噬菌体 DNA 合成的起始、终止以及 DNA 包装进入噬菌体颗粒所必需的序列，可以合成出单链 DNA 拷贝，并包装成噬菌体颗粒分泌到培养基中。噬菌粒载体相对分子质量一般为 3 kb，能插入 10 kb 的外源 DNA 的序列。

5. 动物病毒（virus）

在哺乳动物细胞的表达体系中，最常用的是动物病毒表达载体，主要包括 SV40 病毒、腺病毒、反转录病毒、痘苗病毒等。动物病毒可以作为病毒载体的基础主要在于动物病毒有一套可以在动物细胞中被识别的复制和表达体系。动物病毒表达载体基本可以分为两类：第一类是病毒颗粒载体，这类载体上插入外源 DNA 后，可随病毒的繁殖进行复制和表达；第二类是构建的病毒DNA混合型载体,这类载体一般由细菌质粒DNA区段,包含复制起始区和选择性标记,以及病毒的复制起始区、启动子、转录单位、剪切位点和加尾信号、筛选标记组成,这类载体不能包装成病毒颗粒,而是像质粒一样进行复制和表达,或整合到细胞的染色体DNA上,随宿主的基因组进行复制和扩增。目前在基因工程操作中被广泛应用的是第二类病毒载体。

(三)目的基因与载体连接形成重组DNA分子

目的基因与载体DNA的连接方式主要包括黏性末端连接和平齐末端连接。

1. 黏性末端的连接

同一限制性核酸内切酶或不同限制性核酸内切酶来消化切割外源性DNA和载体DNA,可以产生相同的黏性末端,这些黏性末端是互补的。在DNA连接酶的催化作用下,外源DNA和载体DNA通过黏性末端的互补关系连接在一起,从而形成重组DNA分子。两端互补的黏性末端连接效率较高,因此黏性末端连接的应用较为广泛。由于黏性末端氢键结合的稳定性不好,不能抵抗较高温度时的分子热运动,连接反应通常采用较低温度、较长时间来进行。常用条件12~16 ℃、8~12 h,有时也用4~6 ℃、16~24 h。

通常情况下,选择用同一种限制性核酸内切酶对外源基因及载体DNA进行切割,在重组时,可能会形成同源分子的环形单体或双体,仅得到少数重组DNA分子。为了减少这种同源分子的自身环化反应,以降低假阳性结果,提高重组效率,可采取如下措施。

(1)对目的基因和载体进行双酶切,这样会产生两个不同的黏性末端,能保证目的基因与载体的定向连接,有效地限制载体DNA分子的自我环化。

(2)用碱性磷酸酶处理载体,使其5′末端的磷酸基被去除,可以避免载体的自身环化连接,但不影响载体与外源性DNA分子的连接。重组体每条链上留有一个切口,待进入宿主细胞后可被修复。

(3)适当控制外源DNA和载体的浓度,提高重组效率。

2. 平齐末端的连接

利用DNA连接酶对平齐末端DNA片段进行连接,连接效率低,所需底物浓度高。通常需要将平齐末端进行修饰或改造形成黏性末端后再进行连接。具体的方法如下。

(1)同聚物加尾法。用DNA末端转移酶在没有模板的情况下分别给载体和外源DNA片断3′—OH端加上互补的脱氧核苷酸,通过退火可以使互补的单核苷酸以氢键结合,使两个DNA片段连接起来,形成重组DNA分子。

(2)衔接物(linker)连接。用化学合成法合成的一段10~12 bp的特定限制性内切酶识别位点序列的平端双链。用T4 DNA连接酶连到具平齐末端的载体和外源DNA上,然后再用酶切,形成一个人工黏性末端,最后进行重组连接。

(3)DNA接头(adapter)连接法。DNA接头的一头为平齐末端,另一头为黏性末端(某种酶切位点序列)。用T4 DNA连接酶连到载体和外源DNA分子的两端,直接成为人工黏性末端,然后再进行重组连接反应。

(四)重组DNA分子导入宿主细胞

在这一过程中,需要将已重组好的外源DNA分子导入受体宿主细胞中。由于宿主细胞通常并不容易接受外源的 DNA,因此会采用不同的手段,如电转法、借助病毒类载体转导等方法促进外源 DNA 的进入,或者对受体宿主细胞进行处理,使其进入感受态状态,便于接受外源 DNA。

1. 宿主细胞

分子克隆所需要的宿主细胞(受体细胞)应满足以下要求:①易于接受重组 DNA 分子;②易于生长和筛选;③细胞内无限制性核酸内切酶体系降解外源 DNA;④对重组 DNA 分子的复制扩增无严格限制;⑤符合安全标准,在自然界不能独立生存。

常用的宿主细胞有大肠杆菌细胞,如 DH5α、JM109 等,常用于载体的克隆筛选和大量扩增。酵母细胞(如毕赤酵母)、哺乳动物细胞(如 Vero)、昆虫细胞(如 sf9)等,则主要用于目的基因的表达研究。

2. 感受态细胞

感受态细胞是指用理化方法诱导细胞,使其处于最适摄取和容纳外来 DNA 的生理状态的细胞。所谓细菌的感受态,是指只有某一生长阶段中的细菌才能作为转化的受体,能接受外源 DNA 而不将其降解的生理状态。感受态形成后,细胞生理会发生改变,出现各种蛋白质和酶,负责供体 DNA 的结合和加工等。细胞表面正电荷增加,通透性增加,形成能接受外来的 DNA 分子的受体位点等。为了把外源 DNA(重组质粒)引入大肠杆菌,就必须先制备能吸收外来 DNA 分子的感受态细胞。

3. 重组 DNA 导入宿主细胞

体外连接形成的重组 DNA 分子必须导入合适的受体细胞才能进行复制和表达。受体细胞又称为宿主细胞,分为原核细胞和真核细胞两类。前者主要是大肠杆菌、链霉菌及枯草杆菌等,后者包括酵母、植物、哺乳动物细胞。以质粒为载体构建的重组体导入宿主细胞的过程称为转化(transformation);以噬菌体为载体构建的重组体导入宿主细胞的过程称为转染(transfection)。重组 DNA 分子导入细胞的方法,因宿主细胞不同而有所不同。对于大肠杆菌来说,主要有氯化钙($CaCl_2$)转化法和高压电穿孔转化法。对于真核细胞来说,重组体 DNA 分子导入宿主细胞的方法包括原生质体转化法、叶盘法、基因枪法、磷酸钙沉淀法、显微注射法等。

1)$CaCl_2$ 处理后的大肠杆菌转化

将经过 $CaCl_2$ 处理后的感受态细胞与重组质粒冰浴一段时间,细胞膜处于收缩状态,然后迅速将混合物置于 42 ℃ 热激 1～2 min,使大肠杆菌细胞在热环境中膜通道打开,重组质粒由膜外向膜内扩散,再将感受态细胞放回冰浴中,使膜通道关闭,重组质粒转入大肠杆菌。在转化过程中,外源 DNA 分子通过吸附、转入、自稳而进入细胞内,并进行复制和表达。

2)高压电穿孔转化法

此方法操作简单并且有较高的转化率,可达 $10^9 \sim 10^{10}$,最初用于将 DNA 导入真核细胞,现主要用于大肠杆菌及其他细菌的转化。在短暂高压脉冲的作用下,细胞质膜出现纳米大小的微孔,导致不同细胞之间的原生质膜发生融合。电穿孔可促使细胞吸收外界环境中的 DNA 分子。在微孔开启期间,细胞外界环境中的 DNA 分子会穿孔而入,并最终进入细胞核。该方法的缺点是在电击过程中有大量细胞死亡。如能将死亡率控制在 50%～70%,

即可得到较高的转化率。

3) 原生质体转化法

这种方法主要用于转化酵母细胞。生长活跃的细胞用消化细胞壁的酶处理变成原生质体,在适当浓度的聚乙二醇(PEG)和$CaCl_2$的介导下,将外源DNA转入受体细胞。

4) 叶盘法

叶盘法是用农杆菌感染叶片外植体并短期共培养。在培养过程中,农杆菌的vir基因被诱导,它的活化可以启动T-DNA向植物细胞的转移。共培养后,也要进行转化的外植体的筛选、愈伤组织的培养、诱导分化等步骤,以得到再生植株。叶盘法由于不需进行原生质体操作等,方法简单,获得转化植株也更快,是用植物外植体为材料进行转基因的一个良好途径。

5) 基因枪法

基因枪法又称为颗粒轰击(particle bombardment)技术,是将目的基因转移到细胞或组织中去的一种通用方法。此方法是将目的基因包被在金或钨的金属颗粒中,然后用基因枪将这些金属颗粒以一定的速度射进植物细胞中去,由于小颗粒穿透力强,故不需除去细胞壁和细胞膜而进入基因组,从而实现稳定转化的目的。它具有应用面广、方法简单、转化时间短、转化频率高、实验费用较低等优点。对于农杆菌不能感染的植物,采用该方法可打破载体法的局限。

6) 磷酸钙沉淀法

这是将目的基因导入哺乳动物细胞的一种常规方法。用HEPES(4-羟乙基哌嗪乙磺酸)缓冲盐水与含有氯化钙和外源DNA的溶液缓慢混合,会形成含磷酸钙和DNA的沉淀,再利用动物细胞的内吞作用将外源DNA转入受体细胞。

7) 显微注射法

显微注射法(microinjection)是利用管尖极细($0.1 \sim 0.5~\mu m$)的玻璃微量注射针,将外源基因片段直接注射到原核期胚或培养的细胞中,然后借由宿主基因组序列可能发生的重组、缺失、复制或易位等现象而使外源基因嵌入宿主的染色体内,多用于研究基因的表达和细胞的分化。

(五) 基因重组体细胞的筛选

在重组DNA分子的转化、转染或转导过程中,并非所有的受体细胞都能被导入重组DNA分子,一般仅有少数重组DNA分子能进入受体细胞,同时也只有极少数的受体细胞在吸纳重组DNA分子之后能良好增殖。此外,在这些被转化的受体细胞中,除部分含有我们所期待的重组DNA分子之外,另外一些还可能是由载体自身或一个载体与多个外源DNA片段形成的非期待重组DNA分子导入所致。因此,如何将被转化细胞从大量受体细胞中初步筛选出来,然后进一步检测到含有期待重组DNA分子的克隆子将直接关系到基因克隆和表达的效果,也是基因克隆操作中极为重要的环节。

重组子的筛选可以根据载体类型、受体细胞种类以及外源DNA分子导入受体细胞的手段等采用不同的方法,一般包括以下几个方面。

1. 根据重组体表型特征进行筛选

1)抗菌素筛选

多数克隆载体都含有抗生素抗性基因,常见的有抗氨苄青霉素基因(Ap^R)、抗四环素基因(Tc^R)等。如果外源 DNA 片段插入载体的位点在抗生素抗性基因之外,不导致抗药性基因的失活,则含有这样重组子的转化细胞,能够在含有相应抗生素的培养基上长出菌落。相反,如果外源 DNA 片段插入到抗生素抗性基因内,导致抗药性基因结构被破坏从而失去活性,则在含有对应抗生素的培养基上就不能长出菌落。但是除阳性重组体以外,自身环化的载体、未被酶解完全的载体或非目的基因插入载体形成的重组体均能转化细胞并形成菌落,只有未转化的宿主细胞不能生长,因此,这种方法只能作为阳性重组体的初步筛选。

2)插入失活法

在含有两个抗生素抗性基因(Ap^R 与 Tc^R)的载体上,利用目的基因插入失活其中一个抗生素抗性基因,在两个含不同抗生素的培养基上培养,对照筛选出阳性重组体。如果目的基因插入 Ap^R 中,则转化后的重组体在含有 Ap 的培养基上不能生长,但是在含有 Tc 的培养基上能够生长。未插入目的基因的载体转化宿主细胞后可在两种培养基上都生长,呈现假阳性菌落。

3)蓝白斑筛选

蓝白菌落筛选是建立在大肠杆菌 β-半乳糖苷酶的 α-互补的基础上的。所谓 α-互补是指两个都没有活性的肽链片段组合而成的蛋白质却具备完整的功能的现象。目前实验使用的许多载体都具有一段大肠杆菌 β-半乳糖苷酶的启动子及其编码 α 肽链的 DNA 序列,此结构是一个有缺陷的 Lac Z 基因。该 Lac Z 基因编码的 α 肽链(β-半乳糖苷酶的 N 端)没有活性,当它与宿主细胞所编码的、同样没有活性 ω 肽链(β-半乳糖苷酶的 C 端)结合时,二者的结合物却具有完整的 β-半乳糖苷酶活性,即受体菌编码的有缺陷的酶片段与质粒上编码的有缺陷的酶片段之间发生了 α-互补,可分解生色底物 X-gal(5-溴-4-氯-3-吲哚-β-D-半乳糖苷),产生蓝色物质,形成蓝色菌落。

通过插入失活 Lac Z 基因,破坏重组子与宿主细胞之间的 α-互补作用,是许多携带 Lac Z 基因的载体常用的筛选方式。这些载体包括 M13 噬菌体、pUC 质粒系列、pEGM 质粒系列等。如果外源 DNA 片段插入到位于 Lac Z 中的多克隆位点后,就破坏了 α 肽链的阅读框,从而使重组子与宿主细胞之间无法形成 α 互补,不能产生具有功能活性的 β-半乳糖苷酶,无法分解 X-gal。因此含有外源 DNA 片段的重组子的细菌在涂有 IPTG(异丙基硫代 β-D-半乳糖苷)和 X-gal 的培养基平板上形成白色菌落,而非重组体转化的细菌形成蓝色菌落。

2. 根据重组体分子结构特征进行鉴定

由于插入外源 DNA 分子的方向和多聚体假阳性等因素的影响,需要在转化子初步筛选的基础上进一步对重组子进行筛选和鉴定,来证实目的基因是否存在于受体细胞中。

1)限制性核酸内切酶酶切电泳分析法

将初步筛选得到的一部分阳性菌落,分别经过小量培养后,快速提取重组质粒 DNA 或重组噬菌体,用分离目的基因时所应用的限制性核酸内切酶酶切,经琼脂糖凝胶电泳后,检测插入的目的基因及载体片段的大小是否正确。

2)用PCR方法鉴定重组体

以从初选出来的阳性菌落中提取的重组质粒DNA为模板,以与目的基因两侧互补的序列为引物,进行PCR扩增,通过对PCR产物的电泳分析就能确定是否为重组子菌落,插入的目的基因的大小是否正确。

3)Southern印迹杂交

内切酶消化的重组DNA,经电泳检测后,通过Southern印迹将凝胶中的DNA转移至硝酸纤维素膜上,再将此膜移到加有放射性同位素标记的与目的基因具有同源性的探针溶液中进行核酸杂交,漂洗去除游离的没有杂交上的探针分子,经放射自显影后,可鉴定出重组子中的插入片段是否为所需的靶基因片段。

4)菌落(或噬菌斑)原位杂交

菌落或噬菌斑原位杂交技术是直接把菌落或噬菌斑印迹转移到硝酸纤维滤膜上,不必进行核酸分离纯化、限制性核酸内切酶酶解及琼脂糖凝胶电泳分离等操作,而是经原位裂解细菌和变性处理后使DNA暴露出来并与滤膜原位结合,再与用核素标记的特异DNA或RNA探针进行分子杂交,经放射自显影后,筛选出含有插入序列的菌落或噬菌斑。该方法能进行大规模操作,一次可同时筛选数千至上万个菌落或噬菌斑,大大提高了检测效率,对于从基因文库中挑选目的重组子是首选的方法。

5)DNA序列分析法

从阳性克隆中分离出阳性重组体后,送生物公司进行DNA序列测定,证实克隆的基因与目的基因的一致性。随着DNA序列测定的准确性及其效率的不断提高,DNA序列分析变得越来越简便和适用。

(六)克隆基因的表达

基因克隆的目的之一是获得所克隆基因的表达产物。得到了克隆的基因或cDNA后,按照正确的方向插入表达载体,连在启动子的下游,导入相应的宿主细胞,即可进行表达。根据不同用途,可在原核细胞中表达,也可在真核细胞中表达,即原核表达系统和真核表达系统。

1. 克隆基因在大肠杆菌中的表达

原核表达系统是指由原核表达载体携带目的基因在原核生物中表达目的基因产物。常用的原核生物是大肠杆菌,表达载体是大肠杆菌的质粒,通常含有操纵子结构,将其中的结构基因用拟表达的目的基因替换。影响克隆基因表达的因素主要包括启动子的强弱、RNA的转录效率、密码子的种类、表达产物的大小及稳定性。

1)基因表达的基本要素

(1)目的基因。目的基因如果来自真核细胞必须是cDNA,因为大肠杆菌没有剪切内含子的功能。从真核基因转录的mRNA缺乏结合细菌核糖体的SD序列(核糖体结合位点中与rRNA 16S亚基3′端互补的核心部分即Shine-Dagarno序列,是大肠杆菌表达载体中必不可少的元件),因此,cDNA的起始密码子(ATG)上游部分(5′端非编码区)是无用的,必须除去。对于一些分泌性蛋白,还应去除信号肽部分。

(2) 载体的选择。表达载体(expressing vector)是用来在受体细胞中表达(转录和翻译)外源基因的载体。表达载体除具有克隆载体所具有的性质外,还带有表达元件即转录和翻译所必需的 DNA 序列。在大肠杆菌中表达外源基因时,所用表达载体必须是大肠杆菌表达载体,含有大肠杆菌 RNA 聚合酶所能识别的启动子(如 P_L、tac、T7 等)和 SD 序列。大肠杆菌 RNA 聚合酶不能识别真核基因的启动子,载体上只能用大肠杆菌基因启动子,将外源基因克隆在启动子下游,大肠杆菌 RNA 聚合酶识别启动子,并带动真核基因在大肠杆菌细胞中转录。

(3) 目的基因与载体的连接。一般将目的基因的 5′端连在 SD 序列的 3′端下游。以限制性内切酶 Nde Ⅰ 或 Nco Ⅰ 位点引入 ATG,切割、修饰目的基因后,利用合适的接头进行连接,Nde Ⅰ 或 Nco Ⅰ 位点中的 ATG 即可作为起始密码子。

2) 提高外源基因的表达水平

增加表达质粒的拷贝数,提高外源基因的转录、翻译水平及防止表达的蛋白质或多肽降解就可获得外源基因的高效表达。

3) 提高表达蛋白质的稳定性

在大肠杆菌中表达的外源蛋白质往往不够稳定,常被细胞的蛋白酶降解,因而会使外源基因的表达水平大大降低。防止细菌蛋白酶的降解是提高外源基因表达水平的有力措施。具体可采用表达融合蛋白、某种突变菌株和表达分泌蛋白的方式来降低和避免细菌蛋白酶对表达蛋白质稳定性的影响。

2. 克隆基因在哺乳动物细胞中表达

与原核表达系统相比,真核生物具有翻译后修饰系统,可对所表达产物进行糖基化等加工修饰,从而获得有功能的活性蛋白质。克隆基因要在哺乳动物细胞中表达,必须先将基因重组到适当的真核表达载体中。在哺乳动物细胞中表达的基因,可以是基因组 DNA,也可以是 cDNA。质粒载体可用磷酸钙共沉淀法、电穿孔法和脂质体法直接导入细胞。病毒载体则须先导入包装细胞,获得假病毒颗粒后再用于感染受体细胞。

(七)克隆基因的表达产物分析

克隆基因的表达产物分析包括在 RNA 水平和蛋白质水平的检测。在 RNA 水平对基因进行定性和定量的分析方法主要包括 Northern 印迹杂交(Northern blotting)、RT-PCR、实时 RT-PCR、RNA 酶保护分析和 cDNA 芯片技术等。其中 RT-PCR 是最常用的方法,实时 RT-PCR 是定量分析基因表达的最灵敏和准确的方法。从蛋白质水平分析基因的表达可采用 Western 印迹杂交(Western blotting)、酶联免疫吸附测定(ELISA)、免疫荧光、流式细胞术、免疫组织化学法等。

第八节 核酸分子杂交技术

核酸分子杂交技术(nucleic acid hybridization)是 20 世纪 70 年代发展起来的一种崭新的分子生物学技术,是核酸研究中一项最基本的实验技术,也是检测特异基因和分析基因功能的常用技术之一。它是基于 DNA 分子碱基互补配对原理,用特异性的核酸探针与待测样品的 DNA/RNA 形成杂交分子的过程,达到检测靶核酸序列的目的。核酸分子杂交通常用已知序列并带特定标记的 DNA 或 RNA 分子来检测样品中未知的核苷酸序列。带有特定标记的已知核酸序列通常称为探针(probe),被检测的核酸为靶序列(target)。常用的标记物有生物素、荧光物质、放射性同位素 ^{32}P 等。

核酸杂交可以在液相中或固相上进行。目前实验室中应用较多的是用硝酸纤维素膜作支持物进行的固相杂交,如 Southern 印迹法(southern blotting)、Northern 印迹法(northern blotting)、斑点杂交、菌落原位杂交。近年来发展起来的基因芯片技术也是一种固相杂交。

应用核酸分子杂交技术可测定特异 DNA 序列的拷贝数、特定 DNA 区域的限制性内切酶图谱,以判断是否存在基因缺失、插入重排等现象;末端标记的寡核苷酸探针可检测基因的特定点突变;可进行 RNA 结构的粗略分析、特异 RNA 的定量检测、特异基因克隆的筛选等。随着分子生物学的发展,核酸分子杂交技术日益广泛应用于医学研究和疾病诊断的多个方面,如遗传病的基因诊断、限制性片段长度多态性(RFLP)用于疾病基因的相关分析、基因连锁分析、法医学上的性别鉴定与亲子鉴定等。在临床应用方面还可以通过对病原微生物基因组 DNA 或 RNA 的检测来检查某些病原体,如细菌、病毒的感染。在基因工程技术中,用放射性同位素标记的核苷酸或 cDNA 探针进行菌落杂交,即可从 cDNA 文库或基因组文库中挑选特定的克隆,获得某一重组体,用克隆化的 DNA 片段作探针进行杂交,可确定基因组 DNA 上特定区域的核苷酸同源序列。

一、基本原理

DNA 分子是由两条单链形成的双股螺旋结构,维系这一结构的力是两条单链碱基氢键和同一单链上相邻碱基间的范德华力。在一定条件下,双螺旋之间氢键断裂,双螺旋解开,形成无规则线团,DNA 分子成为单链,这一过程称作 DNA 变性。变性的 DNA 黏度下降,沉降速度增加,浮力上升,紫外光吸收增加。变性 DNA 只要消除变性条件,具有碱基互补的单链又可以重新结合形成双链,这一过程称作复性。根据这一原理,将一种核酸单链标记成为探针,再与另一种核酸单链进行碱基互补配对,可以形成异源核酸分子的双链结构,这一过程称作杂交(hybridization)。杂交分子的形成并不要求两条单链的碱基顺序完全互补,所以不同来源的核酸单链只要彼此之间有一定程度的互补序列就可以形成杂交体。杂交双链可以在 DNA 与 DNA 链之间,也可在 RNA 与 DNA 链之间形成。因此,DNA 变性和复性都是核酸杂交的重要环节。

核酸杂交分子中如果有一条链是已知序列,以它作为探针去探测另一条链(未知序列)是否存在,双方能形成杂交分子并被检测出来,说明未知序列的那一条链具有与已知序列(探针)互补或同源的序列。

二、核酸探针

(一)探针的特点

(1)高度特异性,只与靶核酸序列特异性杂交。

(2)可被标记,便于杂交后检测和进行双链杂交分子的鉴定。
(3)长度一般是十几到几千个核苷酸不等。
(4)最好是单链核酸分子。
(5)作为探针的核苷酸序列常选取基因编码序列,避免用内含子及其他非编码序列。
(6)标记后的探针应具有高灵敏度、高稳定性,且标记方法简便、安全。

(二)探针的种类

根据探针的来源和性质可分为基因组 DNA 探针、cDNA 探针、RNA 探针和寡核苷酸探针。

1. 基因组 DNA 探针

基因组 DNA 探针是核酸分子杂交中最常用的探针,为长度多在几百个碱基对的双链或单链 DNA 探针。现在已获得的 DNA 探针包括细菌、病毒、真菌、动物和人类细胞的 DNA 探针。此类探针来源于染色体 DNA 分子,一般是从基因组文库中选取的某个克隆的 DNA 片段,多为某一个基因的全部或部分序列。

2. cDNA 探针

cDNA(complementary DNA)是指互补于 mRNA 的 DNA 分子,通常从相应的真核细胞中分离获得总 mRNA,在体外利用逆转录酶由 mRNA 反转录生成 cDNA,再经 PCR 扩增生成大量的 cDNA 探针。cDNA 探针不存在内含子及其他高度重复序列,是一种较为理想的核酸分子探针,适用于基因表达的检测。

3. RNA 探针

与 cDNA 探针类似,RNA 中不存在高度重复序列,因此非特异性杂交较少。RNA 探针为单链分子,杂交时不存在互补双链的竞争性结合,杂交的效率高,杂交体较稳定。但 RNA 探针也存在易于降解和标记方法复杂等缺点。

目前可通过单向和双向体外转录体系制备 RNA 探针。该系统主要基于一类新型载体 pSP 和 pGEM,这类载体在多克隆位点两侧分别带有 SP6 启动子和 T7 启动子,在 SP6 RNA 聚合酶或 T7 RNA 聚合酶作用下可进行 RNA 转录。如果在多克隆位点接头中插入了外源 DNA 片段,则可以 DNA 两条链中的一条为模板转录生成 RNA,只要在底物中加入适量的放射性或生物素标记的 dUTP,所合成的 RNA 就可得到高效标记。该方法能有效控制探针的长度并可以提高标记分子的利用率。

4. 寡核苷酸探针

采用 DNA 合成仪合成一定长度的寡核苷酸片段,经标记后即可以作为探针使用,一般寡核苷酸探针为 20~50 bp 的单链探针。其优点是可以随意合成相应的序列,避免了天然核酸探针中存在的高度重复序列所带来的不利影响。随着序列分析和 PCR 技术的普及,此类探针的应用愈来愈广泛。

(三)探针的标记物

核酸分子杂交技术的广泛应用,在很大程度上取决于高敏感性检测的各种标记物。根据标记物本身的性质及检测特点,可分为放射性同位素标记物和非放射性物质标记物。

1. 放射性同位素标记物

放射性同位素是一种高度灵敏的杂交反应示踪物,用放射性同位素标记的探针可检出 $10^{-18} \sim 10^{-14}$ 的物质,在最适条件下,可检测出样品中少于 1000 个分子的核酸含量。放射性同位素和相应的元素具有完全相同的化学性质,对各种酶促反应无任何影响,也不会影响碱基配对的稳定性和特异性。常用来标记核酸探针的放射性同位素有 ^{32}P、^{35}S、^{3}H 等。其中 ^{32}P 释放的 β-粒子能量高、穿透力较强,放射自显影所需的时间短,灵敏度高,被广泛应用于各种固相支持膜杂交,特别适合于基因组中单拷贝基因的检测;其缺点是半衰期短,射线散射严重,有时会导致 X 射线胶片上自显影条带轮廓不清,从而影响杂交结果的分析。^{35}S 释放的 β-粒子能量较低,故其检测的灵敏度较 ^{32}P 低,但也可基本达到检测基因组中单拷贝基因的要求。^{35}S 释放的 β-粒子穿透力很弱,一张滤纸或保鲜膜即可将之阻断。^{35}S 的优势在于半衰期较 ^{32}P 长,且因射线的散射作用较弱,使得在 X 射线胶片上的自显影条带轮廓清晰,分辨率较高,最适用于细胞原位杂交。^{3}H 的半衰期长,以它标记的核酸探针可保存较长时间,并可反复使用,其主要缺陷是放射自显影时间长。

2. 非放射性物质标记物

根据检测方法的不同,非放射性物质标记物可分为以下 3 类,即半抗原类、荧光素类和酶类,其中以半抗原类应用最广泛。

(1) 半抗原类。主要包括生物素(biotin)、地高辛(digoxin)、二硝基苯、雌二醇等。利用这些半抗原的抗体进行免疫学检测,根据显色反应检测杂交信号。

(2) 荧光素类。如异硫氰酸荧光素(FITC)、罗丹明等,通过酶促合成反应可将荧光素化的 dNTP 掺入核酸探针分子中,杂交后直接在荧光显微镜下观察结果。荧光探针多用于染色体、冰冻切片标本和培养细胞的检测。荧光素对光非常敏感,标记后的探针应该避光保存。

(3) 酶类。通常是将碱性磷酸酶、辣根过氧化物酶或半乳糖苷酶与核酸探针共价连接,激发酶的活性,分解化学物质,产生有颜色的化合物,通过酶联免疫法(ELISA)进行检测。这类方法的缺陷是酶蛋白易变性,在整个操作过程中都应避免蛋白变性,而促蛋白变性条件恰恰是消除非特异性杂交的有效手段,故在选择直接酶标法时应注意非特异性杂交背景的问题。

(四) 探针的标记方法

核酸探针的标记可以在体外进行,也可以在体内进行。体内标记是将放射性标记化合物作为代谢底物加到活细胞培养体系中去,经细胞的合成代谢而使同位素掺入新合成的核酸分子中去。目前核酸分子杂交所用探针几乎均采用体外标记法进行标记。体外标记法分为化学法和酶法。化学法是利用标记物上的活性基团与核酸探针上基团(如磷酸基团)发生化学反应而将标记物直接连接到核酸探针分子上的方法,如光敏生物素标记法。化学法简单、快速、标记均一,但每种标记物有着不同的标记方法。酶法是利用酶促方法将带标记物的核苷酸分子掺入探针分子中,或将核苷酸上的标记物转移到探针分子上。酶法是目前最常用的标记方法,对放射性核素和非放射性标记物探针的标记均适用。具体方法介绍如下。

1. 随机引物标记法

随机引物标记法(random priming)是 DNA 探针的常规标记方法之一。其原理是随机合成的长度为6个核苷酸残基的寡聚核苷酸片段的混合物,在较低的退火温度下,能与变性后的 DNA 单链结合,然后在反应体系中加入 Klenow 酶,以 4 种 dNTP(其中有一种带有放射性同位素标记)为底物,在合成反应中新合成的 DNA 分子带有放射性同位素。反应结束后,经变性和纯化就可以获得标记好的 DNA 探针。

2. 切口平移法

切口平移法(nick translation)是选择适当浓度的 DNA 聚合酶Ⅰ在 DNA 双链上随机切割,产生若干缺口,缺口处形成 $3'$—OH 末端。然后利用大肠杆菌 DNA 聚合酶Ⅰ的 $5'\rightarrow 3'$ 外切酶活性和 $5'\rightarrow 3'$ 聚合酶活性,在缺口的 $5'$ 端不断切除核苷酸,而在 $3'$ 端不断添加核苷酸,添加的核苷酸中含有带放射性同位素标记的 dATP,缺口沿着 DNA 链的 $3'$ 平移,形成的两条链均被同位素标记上,使得被标记的 DNA 探针达到较高的标记效率。线状、超螺旋及带缺口的环状双链 DNA 均可作为切口平移法的模板。

3. PCR 标记法

在 PCR 扩增过程中,把反应底物中的一种 dNTP 换成标记物标记的 dNTP,这样标记的 dNTP 就可在 PCR 反应时添加到新合成的 DNA 链上。

4. 末端标记法

末端标记法是将 DNA 片段的一端($5'$端或 $3'$端)利用 T4 多核苷酸激酶或 DNA 聚合酶Ⅰ进行部分标记放射性同位素。这种方法获得的标记活性不高,标记物掺入率低,一般较少用于核酸分子杂交探针的标记。

5. 非放射性物质标记法

目前常用来标记核酸的非放射性物质是生物素和地高辛精。

生物素标记核酸,首先要获得用生物素标记的 dNTP,如 dATP、dCTP 等,然后在 DNA 聚合酶的作用下,标记了生物素的 dNTP 替换 DNA 链中的未标记的 dNTP,从而使 DNA 分子标记上生物素。当掺入 DNA 中的生物素与卵白素或链亲和素特异性结合时,标在上面的酶可以催化反应系统中的底物产生有颜色的化学物质,以示阳性反应。

地高辛精是一种固醇类半抗原,通过碱不稳定的酯键连接到 dUTP 上,然后根据随机引物标记方法,在 DNA 聚合酶的作用下,dNTP 和 Dig-dUTP 掺入新合成的 DNA 片段中,即可作为标记的探针。进行免疫检测时,当此探针与结合在膜上的靶 DNA 特异性结合后,再与反应液中的以碱性磷酸酶标记的抗 Dig-Fab 片段结合。此酶的作用底物为四氮唑蓝(NBT),受碱性磷酸酶水解后产生肉眼可见的蓝色化合物。地高辛精标记的探针检测灵敏度可以达到测出单拷贝的靶核酸分子。

三、核酸分子杂交类型

(一)液相分子杂交

液相分子杂交是一种研究最早且操作简便的杂交类型。液相杂交的反应原理和反应条件与固相杂交基本相同,仅仅是将待检测的核酸样品和杂交探针同时溶于杂交溶液中进行反应,然后利用羟磷灰石柱选择性结合单链或双链核酸的性质分离杂化双链和未参加反应的探针,用仪器计数并通过计数分析杂交结果,或者利用核酸分子的减色性(260 nm 处吸光度的降低程度与双链形成的多少成正比)分析杂交的结果。

(二) 固相分子杂交

固相分子杂交是把待测的靶核苷酸链预先固定在固相支持物上,再与溶液中已标记的探针进行杂交反应,使杂交分子留在支持物上,故称为固相分子杂交。通过漂洗能将未杂交的游离探针除去,留在膜上的杂交分子直接进行放射自显影,然后根据自显影图谱分析杂交结果。这种分子杂交方法能防止靶 DNA 的自我复性,因此被广泛应用。固相杂交类型包括菌落原位杂交、斑点及狭缝杂交、Southern 印迹杂交、Northern 印迹杂交、组织原位杂交等。常用的固相杂交支持物有尼龙膜、硝酸纤维素膜、聚二氟乙烯膜等。

1. 菌落原位杂交

菌落原位杂交(colony in situ hybridization)是将细菌从培养平板转移到硝酸纤维素滤膜上,将滤膜放到适当溶液中,将滤膜上的菌落裂解以释放出 DNA,将 DNA 烘干固定于膜上,再与 ^{32}P 标记的单链探针杂交。杂交后,洗脱未结合的探针,将滤膜暴露于 X 射线胶片进行放射自显影,最后将自显影胶片、滤膜、培养平板比较就可以确定阳性菌落,具体原理见图 2-20。

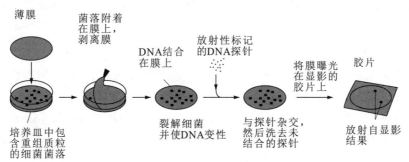

图 2-20 菌落原位杂交示意图

2. Southern 印迹杂交

Southern 印迹杂交是指膜上检测 DNA 的杂交技术,1975 年由苏格兰爱丁堡大学 E. M. Southern 首先提出,取其姓氏而命名。Southern 印迹杂交的基本方法是将制备得到的待测 DNA,用适当的限制性核酸内切酶进行消化,经琼脂糖凝胶电泳分离各种酶解后的 DNA 片段,然后经碱变性、Tris 缓冲液中和,在高浓度盐溶液的作用下将凝胶中的条带转移到硝酸纤维素滤膜或尼龙膜上,烘干固定后,将滤膜与 ^{32}P 标记的探针进行杂交,利用放射自显影的方法确定与探针互补的 DNA 条带位置,具体见图 2-21。将凝胶上的 DNA 转移至固相支持膜上的常用方法有 3 种,即毛细管电泳、真空转移和电转移。Southern 杂交主要用于检测基因组中特定的基因或序列,也常用于鉴定克隆 DNA 的特殊序列。

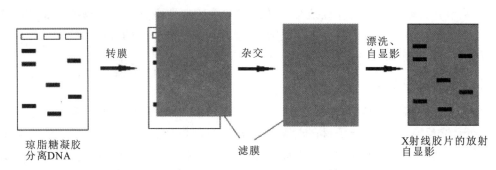

图 2-21　Southern 印迹杂交示意图

3. Northern 印迹杂交

Northern 印记杂交是继 DNA 的 Southern 印迹杂交方法出现后,1977 年 Alwine 等提出的一种与 Southern 印迹杂交相类似的、用于分析细胞总 RNA 或含 Poly A 尾的 RNA 样品中特定 mRNA 分子大小和丰度的分子杂交技术。Northern 印迹杂交的基本步骤包括把变性的 RNA 经琼脂糖凝胶电泳进行分离,将分离后的 RNA 转移至固相支持膜上,通过烤膜将 RNA 固定于固相支持膜上,变性,与标记核酸探针杂交,洗膜,结果显示与分析。电泳分离 RNA 的方法包括甲醛变性胶电泳、聚乙二醛和二甲亚砜变性胶电泳及甲基氢氧化汞电泳 3 种。

4. 组织原位杂交

组织原位杂交(tissue in situ hybridization)简称原位杂交,是应用核酸探针与组织或细胞中的核酸按碱基配对原则进行特异性结合形成杂交体,然后应用组织化学或免疫组织化学方法在显微镜下进行细胞内定位或基因表达的检测技术。其中在此技术上发展的荧光原位杂交(FISH)技术因具有安全、无污染、探针稳定、灵敏度高等优点,在诊断生物学、发育生物学、细胞生物学、遗传学和病理学研究上均得到广泛的应用。

第九节　基因编辑技术

一、基因编辑简介

基因编辑(gene editing),又称基因组编辑(genome editing)或基因组工程(genome engineering),是一种新兴的比较精确的能对生物体基因组特定目标基因进行修饰的基因工程技术或过程。

早期的基因工程技术只能将外源或内源遗传物质随机插入宿主基因组,基因编辑则能定点编辑想要编辑的基因。基因编辑依赖于经过基因工程改造的核酸酶,也称"分子剪刀"。在基因组中特定位置产生位点特异性双链断裂(DSB),诱导生物体通过非同源末端连接

(NHEJ)或同源重组(HR)来修复 DSB。这个修复过程容易出错,从而导致靶向突变,这种靶向突变就是基因编辑。

基因编辑以其能够高效率地进行定点基因组编辑,在基因研究、基因治疗和遗传改良等方面展示出了巨大的潜力。基因编辑技术由于具有设计简便、效率高、成本低等特点,在动植物遗传改良等领域得到迅速应用。朱健康院士介绍,近年来我国在基因编辑技术的研究方面做了大量工作,有很多很好的积累,我国成功构建了水稻、玉米、小麦等基因编辑系统,培育出了高油酸大豆、香味玉米、低镉水稻、抗病小麦等一系列农作物,特别是 Cas12i、Cas12j 这两项中国自己的新型编辑工具取得了创新突破,提升了核心竞争力。

二、基因编辑技术的发展

基于同源重组的基因编辑被称为基因打靶或基因靶向技术。例如依赖大肠杆菌细胞内的 RecA 或酵母的 RAD54 重组酶,基因靶向技术可以对目标基因或基因的部分序列进行替换、删除,或在细胞内存在同源序列的情况下插入外源 DNA 序列。传统的基因打靶技术于 20 世纪 70 年代出现。该技术通过体外构建与待编辑基因组部分相似的 DNA 片段,并将这些片段引入细胞中,该 DNA 片段便可与细胞的基因组重组,以取代基因组的目标片段。基因打靶技术以同源重组技术为基础,通过同源重组使外源 DNA 靶向替换基因组 DNA,改造生物遗传特性,实现外源基因在特异位点的整合。因此,该技术又被称为基因定点同源重组。运用同源重组对基因进行编辑的方法已经在微生物、植物和动物中取得了成功。不过,该方法的一个主要局限在于重组频率低,在实践上难以广泛应用。

随着科学技术的发展,特别是 21 世纪初合成生物学的出现,传统的基因同源重组技术得到进一步的改进。例如,哈佛医学院的著名遗传学家 George Church 开发出一种称为多重自动化基因组工程(multiplex automated genome engineering, MAGE)的方法。该方法将大量的靶定细菌基因组的特定序列寡核苷酸转入细菌细胞中,通过同源重组同时对基因组上的多个位点进行修饰,从而产生组合基因组多样性。在此基础上,Church 课题组又将开发出接合组装基因组改造(conjugative assembly genome engineering, CAGE)。同时,多种新型的基因组编辑技术被陆续开发,包括锌指核酸酶(zinc-finger nucleases, ZFN)、转录激活因子样效应因子核酸酶(transcription activtor-like effector nucleases, TALEN)、CRISPR (clustered regularly interspaced short palindromic repeats)-Cas (CRISPR-associated) 系统和 small RNA 等基因组编辑技术。与传统的基因打靶技术相比,此类新型基因编辑技术具有操作简单、耗时短等特点而被广泛应用。

(一)基于锌指核酸酶的基因编辑技术

早在 20 世纪 90 年代,锌指核酸酶(zinc-finger nucleases, ZFN)就为基因组编辑技术奠定了基础,并促进了该领域的发展。2002 年,这一技术取得了突破性成就,即产生了世界第一个基因组编辑生物体。ZFN 为由两个结构域组成的人造限制酶。一部分为 DNA 结合域,该区域主要负责特异性识别 DNA 序列;另一部分为 DNA 剪切结构域,该区域具有非特异性内切酶活性,可切割双链 DNA 分子。DNA 结合域实现 DNA 的特异结合以达到准确定位靶点的目的。随后,DNA 剪切结构域利用其 DNA 水解酶活性使 DNA 断裂。一个

DNA结合域通常含有3个锌指(zinc finger,ZF)结构,每个锌指结构可以识别3个核苷酸。因此,一个锌指DNA结构域可以特异性识别9个碱基。由于ZFN为二聚体,包含6个锌指,所以可以识别18 bp长度的特异性核酸序列。

ZFN剪切域包含了核酸内切酶Fok I羧基端的96个氨基酸残基,位于DNA结合域的羧基端。Fok I是一种非特异性限制性内切酶,为二聚体结构并仅在二聚体状态下才有酶切活性。一个ZFN由一个Fok I单体与DNA结合域相连,DNA结合域特异性识别靶位点,将ZFN带至需要切割的位点;当两个ZFN识别位点相距6~8 bp的距离时,两个Fok I单体形成二聚体,产生具有酶切活性的核酸内切酶功能,使得双链断裂,从而在特定DNA位点进行剪切,实现基因编辑功能(图2-22)。

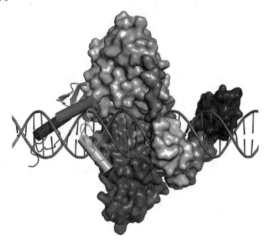

图2-22 DNA双链与ZFN结合的示意图

切断的DNA双链需要得到及时的修复从而避免细胞死亡。在细胞内修复断裂双链的两种途径为非同源末端连接和同源重组。通过非同源末端连接途径修复基因组DNA时,在修复过程中会产生基因小片段的插入或缺失,造成移码突变从而实现基因敲除;通过同源重组途径修复基因组DNA的过程中,会使基因组DNA得到完全修复或获得切割部位基因的替换。

(二)基于转录激活因子样效应因子核酸酶的基因编辑技术

TALEN(transcription activator - like effector nucleases)中文名是转录激活因子样效应物核酸酶,是一种可靶向修饰特异DNA序列的酶。2010年,TALEN被开发,该技术融合了转录激活物样效应物和限制性内切酶Fok I的催化结构域。其中,TALE蛋白来自一类特殊的植物病原体黄单胞杆菌。黄单胞杆菌将TALE蛋白注入植物细胞中并定位于细胞核,与目标启动子结合从而诱导植物内源基因的表达,使得植物对该菌具有易感性。TALE蛋白包含3个功能域:①位于N-末端的细菌分泌信号功能域;②位于N-末端的蛋白质与DNA非特异性结合的功能域,该功能域使得TALE对DNA分子具有亲和性;③C-末端结构域,该结构域包含一个与植物转录因子IIA相互作用的功能域、两个功能性核定位信号和一个酸化激活结构域。其中,TALE蛋白的DNA结合结构域中有一段高度保守的串联重复序列,序列重复部分由1~33个重复单位串联而成,而每个重复单位都是由33~35个氨基酸残基组成的,但是只有最后一个重复序列模块仅由20个氨基酸残基组成,因而也叫半重复序列模块。每个重复单位及半重复单位可特异性地识别并结合一个特定的核苷酸(图2-23)。重复序列可变的双氨基酸残基(repeat - variable di - residues,RVD)决定着DNA识别特异性,每个重复单位的第12、13位残基分别使RVD环稳定和特异结合碱基,该关键位点就像氨基酸与密码子的关系,不同的RVD可以特异性地识别A、T、C、G这4种碱基中的一种或多种,如HD识别C、NG识别T、NI识别A、NN识别A和G、IG识别T等,构建了一个较为简便的蛋白质和DNA相互作用的机制(图2-23)。当两个 *Fok* Ⅰ 聚合成二聚体,产生具有酶切的活性,从而介导DNA定点剪切,随后进行基因编辑,形成双链断裂。

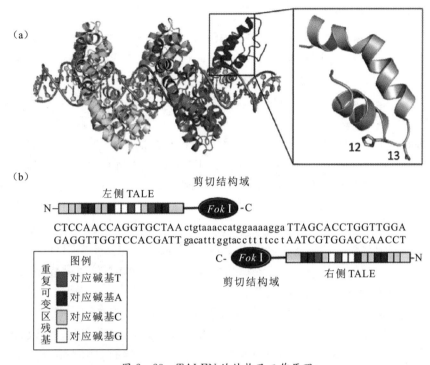

图 2-23 TALEN 的结构及工作原理
(a)与DNA靶向结合的TALE蛋白;(b)TALEN结合于DNA形成的二聚体结构。

(三)CRISPR-Cas9 系统介导的基因组编辑技术

1. CRISPR-Cas 技术的发展史

为抵御外来核酸并进行自我保护,细菌和古菌在漫长的进化过程中形成了一种免疫防御机制,即 CRISPR-Cas 系统。1987年,日本大阪大学的 Ishino 等学者在大肠杆菌中发现了一段独特的被间隔序列所穿插的"串联重复序列"。随之发现具有这种特点的序列广泛存在于细菌和古菌中。2002年,间隔排列的串联重复序列被命名为成簇规律间隔短回文重复序列(clustered regularly interspaced short palindromic repeats,CRISPR)。2005年,科学家发现 CRISPR 中的间隔序列与细菌噬菌体序列高度相似,推测 CRISPR 可能与细菌和古菌的自我保护的免疫机制相关。2007年,研究者们第一次通过实验证实了 CRISPR 系统具有获得性免疫作用,实验证明间隔序列与 CRISPR 相关基因在对抗噬菌体的免疫过程中发挥着重要作用。2008年,科学家们揭示了间隔序列转录成的 RNA 可指导 Cas 蛋白通过靶向性干扰外源性病毒 DNA 从而抑制病毒的增殖。该 RNA 被称为 CRISPR RNA 或缩写为 crRNA。2011年,研究者们发现反式激活 crRNA(trans-activating CRISPR RNA,tracrRNA),该分子为Ⅱ型 CRISPR-Cas 系统中的另一个重要组分,指导 crRNA 分子的成熟，并与成熟的 crRNA 结合形成二元复合体，具有指导 Cas9 蛋白靶向切割的功能。此外，研究者们还证实 CRISPR-Cas 系统只涉及一个蛋白，即 Cas9 蛋白。2012 年，在体外证实了 Cas9 蛋白可以结合在靶 DNA 的特定位点上并切割 DNA 序列。

2. CRISPR-Cas9 的原理

CRISPR-Cas9 系统由 Cas9 蛋白和 CRISPR 序列组成。在天然的 CRISPR-Cas9 系统中，CRISPR 序列包括 3 个区域，分别为前导区（leader）、重复序列区（repeat）和间隔区（spacer）（图 2-24）。其中，相邻的重复序列被间隔区分隔开。CRISPR 序列通过转录形成 crRNA，随后 crRNA 通过碱基配与反式激活 CRISPR RNA（即 tracrRNA）形成双链 RNA 结构，即向导 RNA。在细菌和古菌细胞内，向导 RNA 与外源 DNA 通过碱基互补配对相结合从而起到定位作用。同时，向导 RNA 又能与 Cas9 核酸酶结合，并利用其核酸内切酶活性对外源核酸进行切割降解。Cas9 同时切割靶标 DNA 的两条链，产生双链断裂，从而防止外源基因表达。在外源 DNA 序列的间隔序列的下游存在一个序列保守的特殊结构，被称为 PAM 序列，又称为"前间区邻近基序"（proto-spacer adjacent motifs，PAM）。PAM 序列是 Cas9 蛋白将自身基因组 DNA 序列与外源 DNA 序列区分开，避免自我切割的重要标签。基于细菌与古菌中这类天然的免疫防御系统，研究者们开发了基于 CRISPR-Cas9 系统的基因编辑系统。工程 CRISPR-Cas9 系统中，crRNA 和 tracrRNA 相融合形成 gRNA。通过设计 gRNA 中的先导序列，将 gRNA 特异定位于基因组序列。随后，通过 Cas9 与 gRNA 的绑定，特异切割基因组序列从而实现基因的敲除与插入。

随着结构生物学的发展，Cas9 蛋白结构逐渐被解析。该蛋白包括识别区 REC、由 HINH 结构域与 RuvC 结构域组成的核酸酶区以及位于 C 端的 PAM 结合区 PI。Cas9 蛋白中关键氨基酸的突变可改变该蛋白活性。例如 RuvC 结构域的 D10A 和 HNH 结构域的 H840A 同时突变会导致 Cas9 失去核酸酶的功能，使得 Cas9 只能靶向识别却不能切割 DNA 双链。无核酸酶活性的 Cas9 称为"dead" Cas9 或 dCas9。dCas9 可招募不同的效应蛋白至特定的基因组位点。例如，dCas9 与不同的效应蛋白如转录激活结构域（如 VP64）或转录抑制结构域融合后可调控特定靶基因的转录。dCas9 与转录激活结构域结合能够促进转录活性，称为 CRISPRa；与转录抑制结构域融合能抑制转录，称为 CRISPRi。

（四）Small RNA 介导的基因组编辑技术

对生物体某一基因功能的研究，主要是通过敲除或减弱其表达水平，观察生物体整体功能的变化，从而推测此基因的功能。而某些必需基因，一旦敲除就会导致细胞死亡，无法研究。而对目标基因的沉默则提供了新的研究思路。基因沉默是指生物体中特定基因由于各种原因不表达或表达水平下降的现象，包括转录水平沉默和转录后水平沉默。转录水平沉默是通过 DNA 甲基化或染色体异质化等方式，阻遏目的基因的转录；而转录后水平沉默则是针对目的基因的 mRNA，对其进行特异性降解，或阻遏其与核糖体结合，达到降低基因表达水平的目的。

2013 年，Sang Yup Lee 课题组研发了基于 small RNA（sRNA）的基因组编辑系统。他们利用合成生物学方法构建了合成的 sRNA 序列，该序列包括两个部分：①与 mRNA 结合的序列，称为结合序列；②与 Hfq 蛋白结合的支架序列（图 2-25）。结合序列通过核酸配对

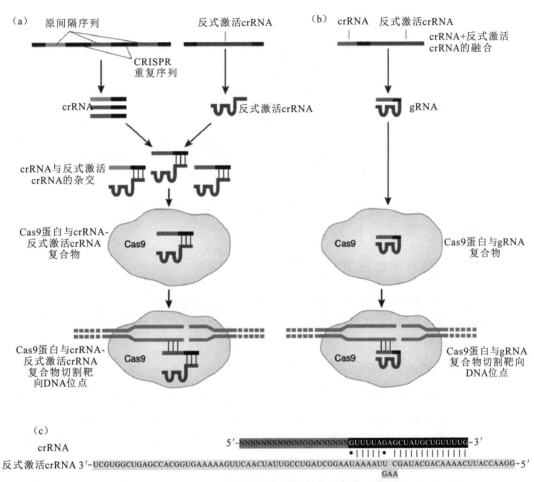

图 2-24 CRISPR-Cas9 系统的原理图

(a)自然发生抵御外源基因的 CRISPR-Cas9 系统；(b)基于 gRNA 的工程 CRISPR-Cas9 系统；
(c)利用自然 CRISPR-Cas9 和工程 CRISPR-Cas9 系统编辑基因组的案例。

原则与 mRNA 实现特异性结合；Hfq 蛋白与支架序列结合后稳定 sRNA 与 mRNA 结合的这种双链 RNA 结构。sRNA 通过与 mRNA 结合，影响了核糖体在 mRNA 结合和移动，从而影响 mRNA 到蛋白的翻译过程。与上述的基因组编码技术相比，sRNA 系统无法改变基因组的序列。质粒基因持续产生的 sRNA 和 Hfq，对基因的翻译过程进行调控。设计 sRNA 中的结合序列，不仅可以实现基因表达的特异调节，而且结合序列的改变还可调节 sRNA 与 mRNA 的结合自由能从而将基因表达水平维持于不同的水平。

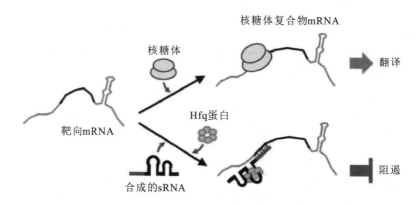

图 2-25　基于 sRNA 系统的基因表达水平调控系统

三、基因编辑技术的应用

基因编辑已经开始应用于基础理论研究和生产应用中,这些研究和应用有助于促进生命科学许多领域的发展,从研究植物和动物的基因功能到人类的基因治疗。下面主要介绍基因编辑在动植物上的应用。

(一)基因编辑动物基因的靶向修饰

基因编辑和牛体外胚胎培养等繁殖技术结合,允许使用合成的高度特异性的内切核酸酶直接在受精卵母细胞中进行基因组编辑。CRISPR-Cas9 进一步增加了基因编辑在动物基因靶向修饰的应用范围。CRISPR-Cas9 允许通过细胞质直接注射(CDI)从而实现对哺乳动物受精卵多个靶标的一次性同时敲除(KO)。单细胞基因表达分析已经解决了人类发育的转录路线图,从中发现了关键候选基因用于功能研究。使用全基因组转录组学数据指导实验,基于 CRISPR 的基因组编辑工具使得干扰或删除关键基因以阐明其功能成为可能。

(二)基因编辑植物基因的靶向修饰

植物基因的靶向修饰是基因编辑应用最广泛的领域。首先可以通过修饰内源基因来帮助设计所需的植物性状。例如,可以通过基因编辑将重要的性状基因添加到主要农作物的特定位点,通过物理连接确保它们在育种过程中的共分离,这又称为"性状堆积"。其次可以产生耐除草剂作物。例如,使用 ZFN 辅助的基因打靶,将两种除草剂抗性基因(烟草乙酰乳酸合成酶 SuRA 和 SuRB)引入作物。

此外,基因编辑技术还被应用于改良农产品质量,例如改良豆油品质和增加马铃薯的储存潜力。

第十节 微卫星标记技术

一、微卫星标记的概念

微卫星 DNA(microsatellite DNA)是基因组中常见的一种短片段重复序列,这种重复序列通常是以少数碱基为重复单位、首尾串联重复的 DNA 序列(图 2-26)。这种重复序列最初是由 Hamade 等于 1982 年在人体的心肌肌动蛋白的内含子中发现的。随后 1987 年 Nakamura 等将其命名为可变数串联重复序列(variable number tandem repeat,VNTR)。1989 年 Tautz 等因其重复片段一般仅由几个碱基组成,故将其命名为简单重复序列(simple sequence repeat,SSR)。1989 年,Luty 和 Litt 在人类基因组中扩增到了 SSR 序列并将其正式命名为微卫星(microsatellite)。1991 年又有学者将其称为短串联重复序列(short tandem repeats,STRs)。

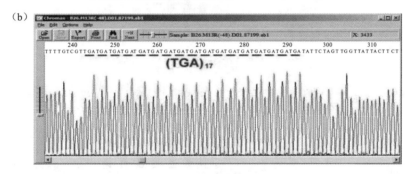

图 2-26 微卫星 DNA 序列

微卫星序列是由 1 个至数个碱基顺向重复数次至数十次的 DNA 序列。(a)重复单元长度为 1~4 nt 的微卫星序列:$(A)_{22}$、$(AT)_{12}$、$(CGA)_6$ 和 $(ATCG)_5$;(b)一个真实微卫星序列的测序结果。

由于该重复序列具有极高的多态性(polymorphism),因而被作为一种有价值的分子标记(molecular marker),在许多研究领域都有极其广泛的应用。由于历史或习惯上的原因,该标记在不同应用领域有多种不同的叫法。在生物学、生态学等领域常称作微卫星标记(microsatellite marker,通常简作 microsatellite)或 SSR 标记;少数人将其称作简单重复序列长度多态性(simple sequence length polymorphisms,SSLPs)标记。在人类学,尤其法医鉴定领域则通常根据其重复单位的长度分为两类：重复长度在 1 个至数个碱基（通常为 1～6 个碱基）的称作微卫星或短串联重复（STR），而重复长度在数个至数十个碱基（通常为 10～70 个碱基）的则称作小卫星（minisatellite）或可变数串联重复（VNTR）。为方便叙述，本书视微卫星、SSR 或 STR 等为同义词，不对其进行刻意的区分。

微卫星序列在原核和真核生物基因组中均有分布，尤其广泛分布于真核生物基因组中的非编码区（包括基因间隔区，$3'$、$5'$ 非翻译区，以及内含子序列等），也有少量分布于外显子、启动子或基因组的其他位置。由于多数微卫星序列位于非编码区，这些区域的碱基序列发生变异通常不会对生物的适应性产生影响，属于所谓的"中性突变"。另外，构成微卫星 DNA 的核心序列是所谓的简单重复序列，这种类型的序列本身就不易被准确复制，因此，微卫星序列常常成为基因组中的突变热点（hot spots）。与非重复序列相比，微卫星序列的突变率可达 100～10 000 倍，群体中常常会积累大量的微卫星变异。

不同于普通点突变的碱基置换或颠换，微卫星序列的变异通常表现为核心序列重复次数的变化。学界一般认为，微卫星序列重复次数的变异可能是由 DNA 复制过程中发生模板滑动（template slipping，图 2-27），或同源重组过程中发生不对称交换（asymmetric crossing-over）所致。

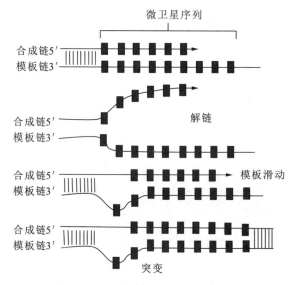

图 2-27　由模板滑动导致的微卫星序列重复次数的变异
在 DNA 复制过程中，由于某种偶然因素，DNA 聚合酶从模板上随机脱落。由于 DNA 双链的呼吸作用，模板链和新合成的链解链后再次复性时有可能发生错位，从而导致突变。

每个特定的微卫星序列均由微卫星核心序列（重复序列）和两端的侧翼序列两部分组成。核心序列的重复次数在不同个体间是随机分布的，具有高度变异性，因而 SSR 具极高的多态性。两端的侧翼序列是相对保守的单拷贝序列，因此可以设计一段互补序列的寡聚核苷酸作为引物。PCR 扩增后，利用电泳分离技术可检测 PCR 扩增产物的长度多态性。

二、微卫星标记的特点

微卫星标记是一种分子标记。所谓分子标记通常指 DNA 分子标记,它能同目标性状紧密连锁,与该性状共同分离,并能明确指示该性状的遗传多态性的生物特征,是基因型可识别的特殊表现形式。

根据分子标记所采用的技术,大致可将其分为三代(图 2-28)。

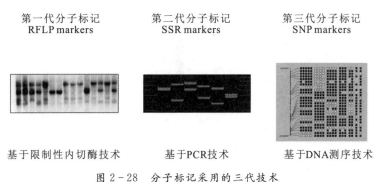

图 2-28 分子标记采用的三代技术

(1)第一代分子标记是基于限制性内切酶酶切片段长度多态性的分子标记,又称为 RFLP(restriction fragment length polymorphism)标记(图 2-29)。其多态性是由限制性酶切位点上碱基的插入、缺失、重排或点突变所引起的酶切片段的差异而导致的,具有分布广泛、多态性好等优点,但也存在如下缺点,即操作繁琐,检测周期长,成本高昂,而且无论是从质还是从量两方面,该技术对 DNA 检测要求较高。

(2)第二代分子标记是基于 PCR 技术的分子标记技术,该类标记的主要代表就是 SSR 标记,其优缺点如下。

第一,从遗传学角度,我们可以将每个 SSR 标记都看作是一个基因座(locus),亦即 SSR 位点。SSR 基因座在真核生物基因组中不仅分布非常广泛,具多态性的 SSR 位点也十分常见。不仅如此,很多 SSR 位点常常可以检测到数个乃至数十个等位基因(alleles),各等位基因的基因频率在群体中的分布也较为平衡,因此,SSR 标记常常具有远高于其他分子标记的多态性。不仅如此,同一 SSR 位点不同等位基因间的片段长度差异常常呈等差数列排列,因而通过群体筛查,可以得到不同的等位基因,并可将其制作成等位基因系列(allele ladder)。这种等位基因系列可作为该 SSR 基因座等位基因分型的标准物。通过与该标准物进行比对,可以准确地对被检测个体进行基因分型(DNA typing)。

第二,同一 SSR 基因座内的等位基因呈并显性遗传。这一遗传特征不仅有利于我们理解其传递规律,追踪各等位基因的传递路径,还能使我们十分方便而又准确地统计出各等位基因的基因频率等基础数据。这对于利用该标记推测、鉴定不同个体间的遗传关系(亲权鉴定、亲缘关系鉴定)非常有利,研究者可以不必应用各种高深的数理统计原理和非常复杂的计算模型,便能准确地判定遗传关系。SSR 标记的并显性特征还能允许我们从混合检材中比较容易地识别出特定个体的 SSR 分型数据。这一特点能比较轻松地帮助法医在办案过

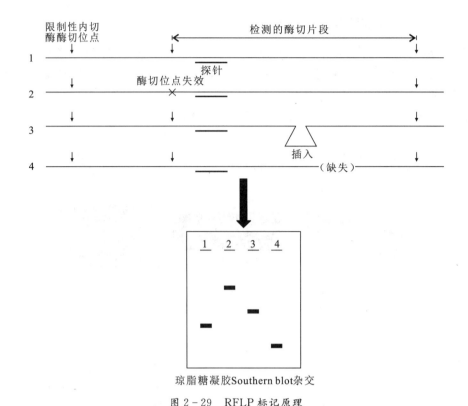

图 2-29 RFLP 标记原理

程中,从现场遗留的混合有不同个体的检材中识别出特定个体的基因型。

第三,从技术上来看,该标记是基于 PCR 技术的分子标记,这为该标记的实际应用提供了极大的便利。首先,PCR 扩增技术赋予了检验该标记极高的灵敏度。理论上说,仅需单细胞就可进行 SSR 标记的扩增与分型。通常情况下,实验者仅需极其微量,甚至痕量的样本就可完成 SSR 多样性的检验与分析工作。在珍稀濒危动植物的研究中,极高的检验灵敏度可以令研究者采用微创、无创技术进行取样,甚至可以采取非接触式的方式获取检验样本。其次,由于 PCR 技术无论是从理论上还是实际操作都已非常完善,不仅有成熟的理论作为指导,更有大量的计算机应用软件,可以辅助设计引物和扩增方案,分析扩增产物的片段大小和扩增产物的含量等有用信息,推测模板的数量等,还可通过恰当的引物设计,选取扩增产物片段较小的设计方案,并对扩增程序进行优化,从而实现从陈旧、降解,甚至高度腐败的样本中扩增与检验相应的 SSR 标记。最后,通过适当的引物设计而实现多个 SSR 位点的同步复合扩增,不仅能节省检材、节约试剂,还能简化扩增程序,减少工作量,提高工作效率。

第四,得益于荧光标记技术和毛细管电泳技术的引入,以及计算机自动分型软件的辅助,不仅简化了操作,大幅度增加了单位时间的检测通量,还显著提高了 SSR 分型的准确性和可靠性。分型结果的数字化命名有利于构建数据库,易于通过网络进行传输、处理和比对。

第五,SSR 扩增引物具有相对特异性和一定的通用性。SSR 基因座的侧翼序列相对比较保守，可以作为 PCR 引物的设计依据。一方面，通过选取保守程度较高的区域设计引物，可以在一定程度上赋予 SSR 基因座扩增和检验的种属特异性。另一方面，在高通量的二代测序技术(next-generation sequencing，NGS)广泛应用以前，如何获取 SSR 标记的侧翼序列曾经是该标记能否得到应用的最大挑战。相比其他分子标记，SSR 标记的诸多优越性对研究者具有很大的诱惑性，因此，常常有研究者尝试着将一个物种的 SSR 标记的引物序列应用于与其亲缘关系较为密切的近缘物种(一般为同属不同种)的检验中。

由于具备以上诸多优点，SSR 标记自诞生起迅速成为应用最为广泛的分子标记。

(3)以 SNP(single nucleotide polymorphism)标记为代表的分子标记是基于 DNA 测序技术的第三代分子标记。SNP 也叫单核苷酸多态性，是基因组中最常见的一种序列变异。它既可能存在于基因编码序列内，也可能存在于基因以外的非编码序列上，在基因组中的分布密度非常高。有人估计，人类基因组中大约每 300 bp 就能检测到一个 SNP 标记。由于 SNP 是由单个碱基改变(如单碱基的转换、颠换、插入或缺失)所致，因此它是一种二态的标记，便于分型，但该标记最主要缺点是 SNP 的检测比较困难。

三、微卫星标记研究的基本流程与方法

(一)SSR 标记的开发与引物设计

在二代测序技术大规模应用以前，SSR 标记应用的最大困难是如何获取 SSR 标记的侧翼序列，并根据该序列进行 PCR 引物的设计。这曾经是限制 SSR 标记技术应用的最大障碍。为了解决这一技术难题，人们想到了各种各样的方法。常见的方法如下。

1. 传统文库筛选法

建立基因组文库是开发 SSR 引物的传统方法。该方法通过提取高质量的 DNA，用限制性内切酶或超声波处理得到基因组 DNA 片段，选择 300~700 bp 大小的 DNA 片段与质粒载体连接，转化大肠杆菌建立 DNA 文库。用探针对文库进行杂交筛选，对阳性克隆(含有 SSR 序列的克隆)测序以获得 SSR 的侧翼序列。

传统文库筛选法是多种实验手段获得 SSR 序列的基础，但存在效率低的问题，一般获得的 SSR 阳性克隆不超过 5%。

2. 富集文库法

由于传统文库筛选法效率低下，费时费力，人们自然想到了利用各种方法对文库进行富集，其基本原理是采用含微卫星核心重复序列的寡核苷酸作为引物或探针对基因组 DNA 进行扩增或捕获，从而构建富含 SSR 序列的 DNA 文库。根据其操作方法的不同可分为引物延伸法、膜杂交富集法和磁珠富集法等方法。富集文库法虽然提高了获得阳性克隆的比例，但仍然具有操作步骤繁杂、费时费力等缺点。

3. 通过已有核酸数据搜索 SSR 位点

GenBank、EMBL 和 DDBJ 等公共数据库中已收录有很多物种的基因组序列及 EST 序列数据，因此对于已有数据库的物种可以从这些数据库中直接搜索到 SSR 序列，可利用这些序列进行引物设计。

SSR 标记可分为基因组 SSR（genomic SSR，gSSR）和表达序列标签 SSR（expressed sequence tag SSR，EST-SSR）两种。一般来说，EST-SSR 扩增较好，但多态性较低，而 gSSR 多态性较高，但扩增性较差，尤其是跨物种扩增时。首先，虽然 EST-SSR 引物多态性偏低，但同 gSSR 标记相比，EST-SSRs 由于避免了传统基因组 SSR 标记的基因组文库的构建、阳性克隆的筛选、序列测序等繁琐步骤，可对数据库 EST 资源充分挖掘与利用。并且，随着公共核苷酸数据库中可利用的 ESTs 序列越来越丰富，从 ESTs 中制备 SSRs 相对更简单一些。其次，由于 EST-SSRs 来源于 DNA 的转录区域，可以直接用于基因作图或对物种进行遗传多样性分析。此外，EST-SSR 在不同物种间的通用性较好。传统基因组来源的 SSR 在物种之间的通用性很差，而 EST-SSR 侧翼序列作为基因的一部分在物种之间高度保守，EST-SSR 引物可在物种之间通用，因此通过 EST 数据库发掘 SSR 标记是一条可行的途径。不过，从 ESTs 数据库中挖掘 SSR 标记时应尽量利用 EST 序列 3′端的 300 bp 序列，同时避免跨越两个内含子，因为这将导致所设计的引物无法扩增出目标产物。

4. 近缘物种引物的套用

微卫星两端的侧翼序列具有保守性，若与研究物种相近的物种已经开发出了微卫星引物，则有可能将这些引物借用到所研究的物种上。该思路最早在动物中得到证实，如 Fitzsimmons 等于 1995 年应用从海龟中分离的 6 个 SSR 标记，成功地在淡水龟中得到扩增产物。我国科学家早期也曾借用人类的 SSR 序列来研究金丝猴等灵长类动物的遗传多样性。

套用近缘物种的 SSR 引物与物种间的亲缘关系具有密切的关联性，套用成功率没有保障。一般来说，亲缘关系越近，如分类上同科同属的不同种间相互套用，则越容易成功。另外，SSR 引物在不同物种之间的扩增条件有可能需要进行重新优化与调整，SSR 基因座在各物种中所表现出的多态性也有差异，在某个物种中表现单态性的 SSR 却在另一物种表现多态性，反之亦然。

随着二代测序技术的大规模推广应用，人们能以非常低廉的成本获得海量的 DNA 序列，并能从中找到足够的 SSR 位点序列，限制 SSR 标记技术应用最严重的障碍已被扫除。

获得足够多的 SSR 标记侧翼序列后，就可利用各种 PCR 引物设计的软件或网站设计引物，并优化调整扩增参数和条件，以便能稳定地扩增出可靠的目标片段。同时还需要验证所获得的 SSR 标记是否具有多态性、有多高的多态性等。通过对一定数量的无关个体（即来自随机抽样、个体间没有亲缘关系的个体）进行 SSR 多态性分析，以便获取该物种的各种基础群体遗传学参数，如各基因座在群体中的等位基因数（N_a）、有效等位基因数（N_e）、观测杂合度（H_o）、期望杂合度（H_e），以及各等位基因的基因频率等参数。有了这些基础信息，才能应用 SSR 标记解决具体科学问题，如分析评价物种遗传多样性、种质鉴定与品种分类、分子标记辅助选择育种、濒危动植物的保育遗传与管理等，人类遗传学领域也才可以利用这些标记进行个体识别与亲权鉴定等。

（二）DNA 提取与扩增

SSR 标记技术是基于 PCR 技术的第二代分子标记技术，因此，无论是质还是量两方面，SSR 标记对 DNA 模板的要求都非常低。从质的方面来说，只要检材不是太过陈旧、腐败，能从其中提取到大于 500 bp 的 DNA 片段,就基本上能满足大多数 SSR 标记的扩增与分析。从量的角度看,一般情况下,只要能获得不低于 1 ng/μL 的模板 DNA,就能满足绝大多数 SSR 检验的要求。人类法医学领域甚至能从埋葬多年的遗骸中提取出足以满足个体识别与亲权鉴定要求的 DNA 模板。

因此,运用分子生物学研究常见的 DNA 提取方法所获得的 DNA 都可作为 SSR 研究的模板 DNA。作为一条一般性的原则,如果采取手工的方法抽提 DNA,对于动物组织,可选取蛋白酶 K 消化裂解细胞并采取酚-氯仿抽提的方法得到高质量的模板 DNA 用于 SSR 分析;对于植物组织,则宜采取十六烷基三甲基溴化铵(cetyl trimethyl ammonium bromide, CTAB)抽提的方法,以便尽可能减少多糖类杂质,获取高质量的植物模板 DNA。特殊情况下,微量样本也可采取二氧化硅硅珠捕获的方法富集 DNA 样本。对于血痕而言,还可采用 Chelex-100 法快速提取微量 DNA。

现在,国内外有大量的生物技术公司开发了各种各样的 DNA 提取试剂盒,不同的 DNA 提取试剂盒适合于提取不同来源的 DNA,如动物 DNA、植物 DNA,甚至环境样品的 DNA 等。虽然不同公司开发的试剂盒所应用的 DNA 分离、纯化的原理,试剂盒的各种配套的试剂配方等都是公司的商业机密,但这些机密似乎并不妨碍研究者选用这些试剂盒。当选用各类商业试剂盒提取 DNA 时,实验者应当仔细阅读试剂盒的说明书,严格按试剂盒厂商提供的操作规程操作即可。特别注意试剂盒的技术资料中疑难解答部分的描述,这些通常是所选用试剂盒的操作步骤中可能出现的异常情况及解决对策。

(三)PCR 扩增产物的检测

微卫星标记的多态性表现为其扩增产物长度的差异性,因此最简单的办法就是通过电泳技术将不同大小的片段加以区分和判型。常用的电泳技术有琼脂糖凝胶电泳(agarose gel electrophoresis)、聚丙烯酰胺凝胶电泳(polyacrylamide gel electrophoresis,PAGE)和毛细管电泳(capillary electrophoresis,CE),这些电泳技术都可用于微卫星 PCR 扩增产物多态性的检测,分述如下。

1. 琼脂糖凝胶电泳

琼脂糖凝胶电泳是以琼脂糖凝胶作为支持物的一种电泳分离技术。琼脂糖凝胶具有网络结构,物质分子通过时会受到阻力,大分子物质在涌动时受到的阻力大,因此在凝胶电泳中,带电颗粒的分离不仅取决于净电荷的性质和数量,而且还取决于分子大小,兼有"分子筛"和"电泳"的双重作用。

利用核酸分子在电场中的电荷效应和分子筛效应,可以达到分离混合物的目的。它常用于分离、鉴定 DNA、RNA 分子混合物。DNA 分子在溶液中带负电,在电场中由阴极向阳极运动。由于糖-磷酸骨架在结构上的重复特征,DNA 分子间的荷质比差异不大,在一定的电场强度下,基本上可以忽略 DNA 分子间荷质比的差异导致的迁移率差异,因此,DNA 分子的迁移速度主要取决于分子筛效应,即分子本身的大小和构型是主要的影响因素。

琼脂糖凝胶制备容易,分离范围广,这是它的优点。通过调整浓度,普通琼脂糖凝胶分离 DNA 的范围为 0.2~20 kb,利用脉冲电泳,可分离高达 10^7 bp 的 DNA 片段。其缺点是分辨率比较差,通常只能区分相差 100 bp 的 DNA 片段。多数 SSR 的重复单位仅 2~6 个碱基,意味着两个相邻的等位基因间的差异仅 2~6 个碱基,远远小于琼脂糖凝胶电泳的分辨率。但不同厂家生产的琼脂糖的分辨率往往有比较大的差异,通过选用分辨率较高的琼脂糖,并适当提高琼脂糖凝胶的浓度,其分辨率可达 3~4 个碱基,基本上与低浓度聚丙烯酰胺凝胶的分辨率相当。

2. 聚丙烯酰胺凝胶电泳(PAGE)

聚丙烯酰胺凝胶电泳是以聚丙烯酰胺凝胶作为支持介质的一种常用电泳技术,用于分离蛋白质和寡核苷酸。聚丙烯酰胺凝胶由单体丙烯酰胺(Acr)和交联剂甲叉双丙烯酰胺(Bis)聚合而成,聚合过程由自由基催化完成。催化聚合的常用方法有两种:化学聚合法和光聚合法。化学聚合以过硫酸铵(APS)为催化剂,以四甲基乙二胺(TEMED)为加速剂。在聚合过程中,TEMED 催化过硫酸铵产生自由基,后者引发丙烯酰胺单体聚合,同时甲叉双丙烯酰胺与丙烯酰胺链间产生甲叉键交联,从而形成三维网状结构。

和琼脂糖凝胶相比,聚丙烯酰胺凝胶难于制备和处理,分离范围较窄,但它也有突出的优点。首先,聚丙烯酰胺凝胶为网状结构,具有较强的分子筛效应。与琼脂糖凝胶的非均质孔道不同,通过控制聚丙烯酰胺凝胶的浓度和 Acr、Bis 的比例,聚丙烯酰胺凝胶的孔径可被较精确地控制,因此,聚丙烯酰胺凝胶具有较高的分辨率,尤其对小 DNA 片段的分析(5~500 bp)。在这一范围内,即便仅差 1 bp 的 DNA 分子也能清晰地分开,因此,早期 DNA 测序使用的分离技术就是 PAGE。其次,从聚丙烯酰胺凝胶中分离得到的 DNA 纯度很高,以至于不用任何纯化处理就可直接用于后续操作。此外,它的负载容量高。该胶的标准加样槽中可以加入高达 10 μL 的 DNA 样品,而不影响电泳分辨率。

聚丙烯酰胺凝胶电泳有连续和不连续体系两种。前者指在整个电泳体系中的缓冲液 pH 值和凝胶孔径大小相同,主要用于核酸分析。后者除了电泳槽中的缓冲体系和 pH 值与凝胶中不同外,凝胶本身也可由缓冲体系、pH 值和凝胶孔径不同的两种凝胶堆积而成,主要用于蛋白质样品的分离。

无论是用于分离核酸还是用于分离蛋白质,PAGE 都有两种形式:非变性聚丙烯酰胺凝胶电泳(native - PAGE)和变性聚丙烯酰胺凝胶电泳(denatured PAGE)。如果是用于分离核酸,常选用尿素作为变性剂,而如果是蛋白质电泳,则多选用 SDS 作为变性剂。变性聚丙烯酰胺凝胶电泳消除了被分离物的高级构象对电泳迁移率的影响外,分子在凝胶中的迁移速率仅仅与其相对分子质量相关,而与构象无关,因而具有较高的分辨率。

3. 毛细管电泳

毛细管电泳(CE)系统一般由高压电源发生与控制装置,阴、阳极及其配套的电泳槽、毛细管、检测器和记录检测信号的电脑等部分组成。为使毛细管具有一定的韧性和抗折强度,通常会在除检测窗口以外的外壁涂上一层高分子聚合物(如聚酰亚胺类物质)。毛细管电泳仪多采用激光激发被检测对象发射荧光,并通过 CCD 扫描成像的方式将荧光信号转化为电信号,传输给记录电脑进行分析处理(图 2-30)。

毛细管电泳是在直径非常细(通常是 50 μm)的圆盘柱状介质——毛细管柱中进行的。结合激光自动扫描记录技术,毛细管电泳仪可以将传统平板凝胶电泳的谱带转变成峰型图,便于应用计算机对结果进行自动化处理(图 2-31)。

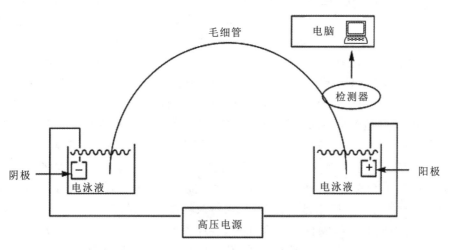

图2-30 毛细管电泳仪的组成部件及原理示意图

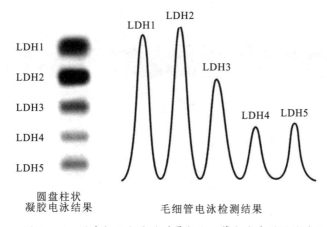

图2-31 圆盘柱状电泳的谱带与毛细管电泳峰型图的对比

由于紫外检测器无法分辨DNA中的不同碱基,也无法针对特定DNA片段进行分析,DNA研究中的CE设备配备的多是激光检测系统。激光检测系统的工作原理是,荧光染料中的发色基团在氩离子激光的激发下产生荧光。这些荧光信号再由检测器中的CCD收集,转化为电信号。电信号经计算机分析而得出检测结果。在进行CE电泳时,还可应用不同的荧光染料分别对不同碱基或者不同的DNA片段进行标记,因此,计算机可以分别识别DNA中的不同碱基或者不同的DNA片段,因而大大拓展了CE系统的应用范围。

为判定被检测DNA片段的相对分子质量大小,传统平板凝胶电泳通常会指定至少一个泳道用于电泳已知相对分子质量的标准DNA片段(DNA markers)。通过与同步平行电泳的markers进行比对,从而确定被检测DNA片段的相对分子质量。毛细管电泳则是通过将被检测的DNA片段与标准DNA markers混合,置于同一毛细管(同一泳道)中同时进行电泳(图 2-32)。正因毛细管电泳所采用的 DNA markers 是与被检测的 DNA 片段处于同一泳道内,并与被检测的 DNA 一同电泳,它也被称作内标(internal size standards,也常被简称为 internal standard 或 size standards)。由于被检测的 DNA 片段与内标所处的电泳环境完全相同,所经历的迁移行程与筛分过程完全一致,从而避免了被检测片段与内标分别处于不同泳道而出现的细微差别,因此,毛细管电泳能非常精准地确定被检测 DNA 片段的相对分子质量大小,并最大程度地降低不同批次、不同泳道、不同时间,甚至不同实验室进行电泳时所产生的误差,保证检测结果的最大一致性和通用性,便于不同研究者之间进行结果比对。

从本质上讲,DNA 毛细管电泳仪其实就是一部特制的色谱仪。对于普通色谱仪(气相色谱、高压液相色谱)而言,如果将标样与被检测样品混合在一起进样,仪器将无法区分检测信号究竟是由标样还是被检测样品产生的,因此只能分别检测标样和被检测样品,通过将标样的图谱与被检测样品的图谱进行比对,从而对被检测样品做出判断。由于采用了荧光标记技术,即便令内标同被检测样品混合在一起,经由同一根毛细管(同一泳道)进行电泳,DNA 毛细管电泳仪也能通过它们所发射的不同颜色的荧光加以区分(图 2-32),这极大地提高了毛细管电泳仪的检测精度。

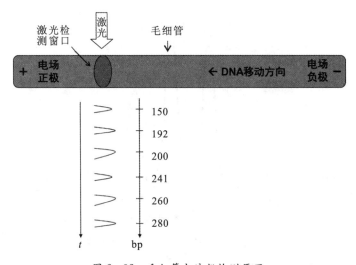

图 2-32 毛细管电泳仪检测原理

设置在检测窗口处的激光对毛细管内物质进行照射,激发移动至检测窗口的 DNA 片段发出荧光。计算机将检测到的荧光强度换算为峰高信号,亦即被检测 DNA 浓度的指标,而片段移动至检测窗口的时间则可作为 DNA 片段相对分子质量的指标。由于被检测的 DNA 片段和标准相对分子质量 markers 可以分别采用不同的荧光染料进行标记,从而使二者可以混合在一起同时进行电泳,最大程度地保证了相对分子质量 markers 和被检测 DNA 片段所经历的电泳行程和电泳环境的一致性。

毛细管电泳的分型结果之所以如此精确可靠,除了它采用了内标技术,还由于毛细管电泳能利用内标构建 DNA 片段大小与出峰时间之间的回归方程。通常情况下,该回归方程的 R^2 值(决定系数)都能高达大于或者等于 0.999 9 的水平,几乎达到了完美的拟合程度,因此,依据此回归方程可以十分精准地进行相对分子质量调用(size calling),准确地推算出被检测 DNA 片段的相对分子质量大小(图 2-33)。

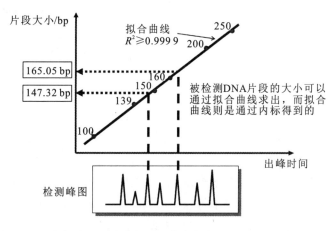

图 2-33 由相对分子质量内标可精准求出被检测 DNA 片段的大小

荧光标记技术不仅提高了毛细管电泳仪的检测精度,而且还能通过引入多色荧光标记技术提高仪器的检测通量。现在的毛细管电泳仪已经从初期的四色系统普遍发展到了五色、六色,甚至八色系统。在这些多色荧光标记系统中,除一种荧光用于内标外,剩余的荧光都可分别标记不同的检测位点,因此,即便每一种荧光只标记一个 SSR 基因座,八色荧光系统一次也能检测至少 7 个不同 SSR 位点。

复合 PCR(multiplex PCR)扩增技术可以令多组 PCR 引物在同一扩增体系中分别对模板上的多个位点进行同步扩增。通过将复合 PCR 扩增技术与多色荧光标记技术联用,可进一步提升毛细管电泳仪的检测通量。目前商业上大规模推广应用的人类 SSR(STR)检验试剂盒普遍达到了 10~20 个 SSR 位点的复合同步扩增与检测,最多的甚至达到了同步扩增、检测 60 个位点(八色荧光系统)。

综上所述,与传统的琼脂糖凝胶电泳和 PAGE 电泳技术相比,CE 技术具有高效、快速、分辨率高、结果判型准确、自动化程度高,且实验结果能方便地进行横向比较等常规电泳技术无法企及的优点,因而在实际应用中替代了常规的琼脂糖凝胶电泳和 PAGE 电泳,广泛应用于 DNA 的序列分析(一代测序技术)、SSR 片段分析、SNP 分析、AFLP 及 RAPD 分析等方面。

从实际应用看,虽然常规的电泳技术仍然是从事生物技术研究与开发的工作者所必须掌握的基本技能,但这些技术已经退居辅助 CE 的次要地位。几乎所有商业生物技术公司都采用 CE 技术,淘汰了传统电泳技术。除少数科研单位目前仍然采用 PAGE 电泳结合银染技术进行 DNA 的片段分析外,基本上已经没有课题组采用 PAGE 电泳进行 DNA 测序、SNP 分析等研究了。即便实验室没有相应的 CE 设备,也会将样品送交社会上的生物技术类服务公司,利用他们的设备进行 CE 电泳。

四、微卫星标记的应用

理想的分子标记一般要求具有如下几个特征:①具有高度的多态性;②并显性遗传,利用分子标记本身的差别即可鉴别二倍体中的杂合和纯合基因型;③能明确辨别等位基因;④遍布整个基因组;⑤除特殊位点的标记外,要求分子标记的位点均匀分布于整个基因组;⑥在自然选择中呈中性(neutral mutation),即分子标记的不同形态不影响个体的适应性;⑦检测简单、快速,实验程序易自动化;⑧开发成本和使用成本尽量低廉;⑨在实验室内和实验室间重复性好,便于数据交换。

对照上述人们对理想分子标记的期待,我们基本上可认为,SSR标记是目前最符合上述标准的分子标记。例如:与其他分子标记(RFLP、RAPD、SNP等)相比,SSR标记具有高度的多态性;在群体中,SSR位点常常具有多个复等位基因,这些复等位基因以孟德尔方式分离,且等位基因间呈并显性遗传;由于SSR位点多位于非编码区,SSR的变异通常是中性的,故而常常在群体中积累大量的复等位基因;微卫星序列在真核生物基因组中广泛分布,且分布具随机性,在真核生物基因组中每隔10～50 kb便会出现一个SSR位点;SSR标记可通过PCR技术进行扩增,等位基因间的差异表现为扩增产物的长度差异,因而无须对其进行DNA序列的鉴别和分析,只需通过电泳分离即可方便、快速而又准确地分辨出被鉴定个体的具体基因型,因而具有操作简便、可重复性好的特点;通常情况下,扩增SSR标记的引物序列在亲缘关系较近的种属间有一定的通用性等优点。另外,随着荧光标记复合扩增技术的完善,并配合毛细管电泳技术和计算机自动分型的应用,SSR标记的分析结果能很好地在实验室内和实验室间进行重复,分型结果能以数据的方式进行储存,便于传输与交换。

因此,作为一种重要的遗传标记,SSR标记有着十分广泛的应用价值。

1. 物种遗传多样性的研究

SSR标记具有极高的多态性,可以很好地揭示物种遗传多样性,被认为是研究种群多样性最好的标记之一。1996年,Powell等就比较了RFLP、RAPD、AFLP和SSR四种常见的分子标记在种质鉴定中表现,认为SSR标记具有最好的多态性。Smith等(1997)分别用SSR和RFLP两种分子标记对不同的玉米自交系样品进行了类群划分,比较结果显示两种标记的划分结果高度相关,且SSR标记的PIC(多态性信息含量)多于RFLP标记。

基于SSR标记良好的多态性,人们利用该标记分析了几乎大部分感兴趣的动植物基因组的遗传多样性。例如,Pestson在对二倍体粗山羊草的SSR研究中,通过18个微卫星标记对113份样品进行了分析,其结论认为微卫星标记是很好的遗传多样性分析方法,同时还有利于种质资源的收集。杨新泉等利用基因组SSR技术和EST-SSR标记技术对我国北方冬麦区的18份普通小麦品种的遗传多样性进行了探讨,检测到平均每个基因组SSR的等位基因数为3.34个,在小麦中的多态性极高。此外,很多主要栽培植物中所含SSR类型及频率都已被评价,其中水稻、玉米、大豆和拟南芥中的SSR多态性信息远远高于其他分子标记。

2. 种群间亲缘关系的鉴定

以形态学为依据的传统种群间亲缘关系的鉴定无法对种属进行精确的划分,微卫星DNA因其遵循孟德尔遗传且呈共显性的特征,可通过对多个微卫星位点在不同群体中出现的等位基因频率计算种群间的杂合度和遗传距离等来描述群体的遗传结构并确定种群的遗传变异。利用SSR标记进行亲缘关系鉴定在玉米的研究中有较多的报道,如李汝玉等于

1999年提出可利用SSR位点上等位基因之间的差异和共显性特点来鉴定玉米等作物杂交种的纯度,并用SSR标记技术成功区分了4个玉米杂交种及相应自交系。谢传晓等通过187份玉米自交系SSR标记的研究推测了这些自交系的基因组血缘构成以及分子亲缘关系。除玉米外,SSR标记还应用在很多其他经济作物,如柑橘、苹果、桃、花生等的亲缘关系研究中。

3. DNA指纹库

同一物种的各个不同品种都有着区别于其他品种的特异性DNA片段,这些片段的组合称为品种的"指纹"。所有品种的指纹片段构成物种的DNA指纹库。SSR标记数量丰富,分布于整个基因组,对SSR位点的分析可以为物种的指纹库构建提供大量的信息。

国家相关部门发布了许多经济动植物品种的SSR指纹鉴定标准,如NY/T 2594—2016《植物品种鉴定 DNA分子标记法 总则》、NY/T 1433—2014《水稻品种鉴定技术规程 SSR标记法》、NY/T 1673—2008《畜禽微卫星DNA遗传多样性检测技术规程》等。

用SSR标记构建DNA指纹库的方法已广泛应用于人工驯化的经济动植物的鉴定和研究中,如吴渝生、赵久然等分别通过SSR引物的筛选构建了玉米杂交种及自交系的指纹库。

4. 遗传图谱的构建

用遗传距离分析多态性位点在染色体上相对位置而构建的基因组图为遗传连锁图谱,它是研究基因组结构的基本方法。通过遗传图谱可以详细了解控制那些有价值的数量性状、抗性状等位点的组成和表达操控基因,以达到操作这些基因的目的。

长期以来,构建遗传连锁图谱所用的遗传标记多为表型标记(形态学标记),存在多态性不足、数量有限等缺点,大大限制了遗传图谱制作的过程。微卫星多态性高且广泛分布的特点使其成为当前遗传连锁图谱构建的主要遗传标记之一,可用于基因定位及数量性状基因位点分析,在很多重要农作物如水稻、小麦、玉米等中SSR遗传连锁图谱都得到广泛的使用。如:Temnykh等在水稻的研究中构建了500多个微卫星标记的遗传图谱;Roder等于1998年构建了第一张SSR分子标记图谱;已公开的玉米SSR引物序列已达1800多对,为SSR标记在玉米DNA指纹图谱中的应用提供了良好的条件。

数量丰富的SSR标记也为动植物的育种提供了有力的支撑,可以从分子水平上快速准确地分析个体的遗传组成,从而实现对基因型的直接选择,进行分子育种。这也就是所谓的分子标记辅助选择技术(marker-assisted selection,MAS),已经在许多农作物和家禽、家畜的遗传改良中得到了广泛的应用。

5. 种质资源的保护

微卫星标记可通过对物种群体遗传背景的分析来区分物种的分类系统及进化、演变等,这就为物种天然基因库的保护及种质资源的合理开发利用等研究提供了有力工具。目前利用SSR来分析物种的种质资源已经应用在玉米、小麦、马铃薯、柑橘、羽扇豆、水稻、葡萄等作物中。中国科学院西双版纳热带植物园系统与发育保护生物学研究课题组通过在柬埔寨龙血树中开发的16条多态性高、扩增条带清晰且稳定的SSR引物对该濒危物种的遗传多样性进行了研究,为该濒危物种种质资源的综合保育策略与科学取样策略的制定提供了理论基础。

6. 在人类遗传学研究及医学中的应用

人类的微卫星序列同样存在极高的多态性，这种多态性在人类群体遗传学研究以及法医鉴定领域得到了广泛的应用，被用于个体识别、亲权关系、亲缘关系鉴定。

一些人类先天性遗传病是由某些微卫星序列变异导致的，例如亨廷顿氏舞蹈病（Huntington's disease，HD）、脆性 X 染色体综合征（fragile X syndrome）等。许多恶性肿瘤常常会表现出微卫星不稳定性（microsatellite instability，MSI）。因此，微卫星序列检测常常用于这些疾病的诊断或辅助诊断。

7. 其他应用

SSR 标记有着十分广泛的应用前景，不仅仅限于以上应用，例如，对珍稀濒危动植物的遗传多样性的分析可帮助我们了解这些物种的多样性水平、评价濒危程度，并能帮助和指导我们制定合理的保护策略。

除此之外，微卫星标记还可用于行为学的研究，例如，利用 SSR 技术可方便快捷地分析出群体中不同个体间的亲缘关系，从而了解动植物的繁殖策略（动物交配行为、植物传粉行为）等。

在 NGS（next - generation sequencing technology，又叫高通量测序技术）诞生以前，由于测序成本较高，SSR 标记的开发成本高昂，因此，人们不得不采取数据库搜索（EST - SSR）和借用近缘物种 SSR 引物的做法。NGS 的大规模推广应用，使得限制 SSR 标记应用的最大瓶颈已被解决。我们有理由期待，微卫星标记将在越来越多的行业和领域得到广泛的应用。

第三章 生物化学与分子生物学实验

第一节 生物化学实验

实验一 糖定量测定(蒽酮法)

一、实验目的

掌握蒽酮法测定糖的原理和方法。

二、实验原理

强酸可使糖类脱水生成糠醛。生成的糠醛或羟甲基糠醛与蒽酮脱水缩合,形成糠醛的衍生物,呈蓝绿色。颜色的深浅可作为定量的标准。这一方法有很高的灵敏度,糖含量在 30 μg 左右就能进行测定,所以可作为微量测糖之用。一般样品少的情况下,采用这一方法比较合适。

三、实验材料、仪器和试剂

1. 实验材料

棉花。

2. 实验仪器

722 分光光度计;分析天平;100 mL 三角瓶;漏斗;滤纸;坐标纸;100 mL 容量瓶;刻度试管;刻度吸管(0.5 mL×1、5 mL×1、1 mL×1、2 mL×2);25 mL 量筒。

3. 实验试剂

(1) 蒽酮试剂 100 mL:称取蒽酮 2 g,溶于 100 mL 乙酸乙酯中。
(2) 乙酸乙酯。
(3) 浓硫酸。
(4) 200 μg/mL 的标准葡萄糖溶液 100 mL:称取分析纯葡萄糖(经 80 ℃烘干、过夜)20 mg(20 000 μg),加蒸馏水定容至 100 mL。

四、操作步骤

1. 葡萄糖标准曲线的绘制

在每支试管中立即加入蒽酮试剂 0.5 mL
↓
缓慢加入浓硫酸 5 mL
↓反应 10 min
用 722 分光光度计在 620 nm 波长下比色
↓
以标准葡萄糖浓度作横坐标，以光密度(OD)值作纵坐标
↓
作出标准曲线

取 6 支刻度试管，按表 3-1 中的数据配制一系列不同浓度的葡萄糖溶液。

表 3-1　不同浓度葡萄糖溶液的配制

试剂及其用量	试管号	1	2	3	4	5	6
	葡萄糖原液(200 μg/mL)体积/mL	0	0.2	0.4	0.6	0.8	1.0
	蒸馏水体积/mL	2.0	1.8	1.6	1.4	1.2	1.0
	葡萄糖质量/μg	0	40	80	120	160	200

2. 植物样品中可溶性糖的提取

准确称取棉花 0.5 g，置于 100 mL 三角瓶中
↓
加蒸馏水 50 mL
↓
在 80 ℃水浴中加热 20 min(搅拌)
↓
过滤(100 mL 容量瓶中)
↓
用蒸馏水定容至 100 mL 刻度，摇匀，待测
↓
可溶性糖溶液

3.测定

取 2 支刻度试管,各吸取 2 mL 提取液
↓
加入 0.5 mL 蒽酮试剂
↓
再缓慢加入 5 mL 浓硫酸,摇匀
↓
反应 10 min,用 722 分光光度计在 620 nm 波长下比色

五、计算

$$植物样品含糖量 = \frac{查表所得的糖量(\mu g) \times 稀释倍数}{样品质量(g) \times 10^6} \times 100$$

实验二 糖的呈色反应和定性鉴定

一、实验目的

(1)学习鉴定糖类及区分酮糖和醛糖的方法。
(2)了解鉴定还原糖的方法及其原理。

二、糖的呈色反应

(一)Molish 反应——α-萘酚反应

1. 实验原理

糖在浓硫酸或浓盐酸的作用下脱水形成的糠醛及其衍生物与 α-萘酚作用形成紫红色复合物,在糖液和浓硫酸的液面间形成紫环,又称紫环反应。自由存在和结合存在的糖均呈阳性反应。此外,各种糠醛衍生物、葡萄糖醛酸以及丙酮、甲酸和乳酸均呈颜色近似的阳性反应。因此,阴性反应证明没有糖类物质的存在;而阳性反应,则说明有糖存在的可能性,需要进一步通过其他糖的定性实验才能确定有糖的存在。

2. 实验材料

Molish 试剂:取 5 g α-萘酚用 95% 乙醇溶解至 100 mL,临用前配制,用棕色瓶保存。

5%葡萄糖溶液;5%蔗糖溶液;5%淀粉溶液。

3. 实验步骤

取试管,编号,分别加入各待测糖溶液 1 mL,空白对照管用水代替糖溶液,然后加两滴 Molish 试剂,摇匀。倾斜试管,沿管壁小心加入约 1 mL 浓硫酸,勿摇动,小心竖直后仔细观察两层液面交界处的颜色变化。

(二)酮糖的 Seliwanoff 反应

1. 实验原理

该反应是鉴定酮糖的特殊反应。酮糖在酸的作用下较醛糖更易生成羟甲基糠醛。后者与间苯二酚作用生成鲜红色复合物,反应仅需 20~30 s。醛糖在浓度较高或长时间煮沸时,才产生微弱的阳性反应。

2. 实验材料

Seliwanoff 试剂:0.5 g 间苯二酚溶于 1 L 盐酸[$V(H_2O):V(HCl)=2:1$]中,临用前配制。

5%葡萄糖;5%蔗糖;5%果糖。

3. 实验步骤

取试管,编号,各加入 Seliwanoff 试剂 1 mL,再依次分别加入待测糖溶液各 4 滴,混匀,同时放入沸水浴中,比较各管颜色的变化过程。

三、还原糖的检验

(一)Fehling 实验

1. 实验原理

Fehling 试剂是含有硫酸铜和酒石酸钾钠的氢氧化钠溶液。硫酸铜与碱溶液混合加热,则生成黑色的氧化铜沉淀。若同时有还原糖存在,则产生黄色或砖红色的氧化亚铜沉淀。

为防止铜离子和碱反应生成氢氧化铜或碱性碳酸铜沉淀,Fehling 试剂中加入酒石酸钾钠,它与 Cu^{2+} 形成的酒石酸钾钠络合铜离子是可溶性的络离子,该反应是可逆的。平衡后溶液内保持一定浓度的氢氧化铜。

2. 实验材料

试剂 A:称取 34.5 g 硫酸铜溶于 500 mL 蒸馏水中。

试剂 B:称取 125 g NaOH、137 g 酒石酸钾钠溶于 500 mL 蒸馏水中,储存于具橡皮塞玻璃瓶中。临用前,将试剂 A 和试剂 B 等量混合。

5%葡萄糖溶液;5%果糖溶液;5%蔗糖溶液;5%麦芽糖溶液;5%淀粉溶液。

3. 实验步骤

在 4 支试管中分别取 Fehling A 和 Fehling B 溶液各 0.5 mL 混合均匀,并于水浴中微热后,再分别加入 5 滴葡萄糖、5 滴果糖、5 滴蔗糖、5 滴麦芽糖、5 滴淀粉溶液,振荡再加热,注意颜色变化及是否有沉淀析出。

(二)Barfoed 实验

1. 实验原理

在酸性溶液中,单糖和还原二糖的还原速度有明显差异。Barfoed 试剂为弱酸性。单糖在 Barfoed 试剂的作用下能将 Cu^{2+} 还原成砖红色的氧化亚铜,时间约为 3 min,而还原二糖则需 20 min 左右。所以,该反应可用于区别单糖和还原二糖。但当加热时间过长,非还原性二糖经水解后也能呈现阳性反应。

2. 实验材料

Barfoed 试剂:16.7 g 乙酸铜溶于 200 mL 水中,加 1.5 mL 冰乙酸,定容至 250 mL。

5%葡萄糖溶液;5%果糖溶液;5%蔗糖溶液;5%麦芽糖溶液;5%淀粉溶液。

3. 实验步骤

取试管,编号,分别加入 2 mL Barfoed 试剂和 2~3 滴待测糖溶液,煮沸 2~3 min,放置 20 min 以上,比较各管的颜色变化。

注意事项

(1) Molish 反应非常灵敏,0.001% 葡萄糖和 0.000 1% 蔗糖即能呈现阳性反应。因此,不可在样品中混入纸屑等杂物。当果糖浓度过高时,由于浓硫酸对它的焦化作用,将呈现红色及褐色而不呈紫色,需稀释后再进行实验。

(2) 果糖与 Seliwanoff 试剂反应非常迅速,呈鲜红色,而葡萄糖所需时间较长,且只能呈现黄色至淡黄色。戊糖亦与 Seliwanoff 试剂反应,戊糖经酸脱水生成糠醛,与间苯二酚缩合,生成绿色至蓝色产物。

(3) 酮基本身没有还原性,只有在变成烯醇式后,才显示还原作用。

(4) 糖的还原作用生成氧化亚铜沉淀的颜色取决于颗粒的大小,氧化亚铜颗粒的大小又取决于反应速度。反应速度快时,生成的氧化亚铜颗粒较细,呈黄绿色;反应速度慢时,生成的氧化亚铜颗粒较粗,呈红色。溶液中还原糖的浓度可以从生成沉淀的多少来估计,而不能依据沉淀的颜色来判断。

(5) Barfoed 反应产生的 Cu_2O 沉淀聚集在试管底部,溶液仍为深蓝色。应注意观察试管底部红色的出现。

思考题

(1) 举例说明哪些糖属于还原糖?
(2) 总结和比较本实验几种颜色反应的原理和应用。

实验三 脂肪皂化值的测定

一、实验目的

熟悉和掌握测定脂肪皂化值的原理与方法。

二、实验原理

碱可以水解脂肪得甘油和脂肪酸,而脂肪酸可与碱中和生成脂肪酸盐,此中和作用叫作脂肪的皂化作用。所谓皂化值,即皂化 1 g 脂肪所需要氢氧化钾的毫克数。脂肪的皂化作用的反应方程式如下:

$$C_3H_3(OCOR)_3 + 3H_2O \longrightarrow 3RCOOH + C_2H_5(OH)_3$$
$$RCOOH + KOH \longrightarrow RCOOK + H_2O$$
$$C_3H_3(OCOR)_3 + 3KOH \longrightarrow C_3H_3(OH)_3 + 3RCOOK$$

据上述方程可知,每皂化 1 分子脂肪,即需 3 分子的碱,因此,脂肪的分子质量越大,其皂化值则越小。故根据皂化值的高低,即可粗略地估计脂肪的平均分子质量。脂肪的分子质量取决于构成脂肪的脂肪酸碳链的长短,所以,由长链脂肪构成的脂肪的皂化值小,而由短链脂肪酸构成的脂肪的皂化值一般在 190~200 之间。表 3-2 列举了部分油脂的皂化值。

表 3-2 部分油脂的皂化值

油脂	皂化值	油脂	皂化值
液态动物脂肪	170~260	芥子油	174
植物油类	170~200	奶油	227
菜籽油	173	松香	160~180

另外,有些油脂(如蜡、树脂等)比较稳定,不易水解皂化。实验中如遇这类脂肪,一方面可延长加热时间至 1~4 h,另一方面可加入等体积的某些高沸点物质(如苯、甲苯、二甲苯、丙醇、丁醇和戊醇等)和少许沸石,并用油浴加热以升高加热温度。由于加热时间延长,空气中二氧化碳吸入会使测得的皂化值高于实际值,为了避免空气中二氧化碳被吸入,需在冷凝管上端装上碱石灰柱。

三、实验器材

100 mL 锥形瓶 2 个;滴管 1 支;漏斗 1 个;水浴锅 1 个;滴定管 1 支。

四、实验材料和试剂

1. 实验材料

菜油。

2. 实验试剂

(1) 0.10 mol/L 氢氧化钾乙醇溶液:称取氢氧化钾 2.8 g 溶于 500 mL 无水乙醇中,以草酸(或邻二甲酸氢钾)标定其浓度,并加以校正。

(2) 0.05 mol/L 盐酸:取浓盐酸(相对密度 1.18～1.19) 10 mL,用蒸馏水稀释至 1000 mL,混匀,用碳酸钠溶液标定其浓度,并加以校正。

(3) 70% 乙醇。

(4) 1% 酚酞指示剂:酚酞 1 g 溶于 100 mL 95% 的乙醇中即成。

五、实验操作

(1) 准确称取菜油 0.10～0.12 g 加入 100 mL 的锥形瓶中,再加入 0.1 mol/L 氢氧化钾乙醇溶液 10 mL。

(2) 于瓶口插一漏斗,并用空心玻璃球塞住漏斗颈上端孔,便于回流之用。

(3) 将锥形瓶置于沸水浴内加热 30～60 min,直至瓶内脂肪完全皂化为止,此时瓶内溶液应澄清、无油珠。(皂化过程中,由于乙醇蒸发,可适当补加 70% 乙醇中性液,以维持溶液的体积。)

(4) 皂化完毕,取出,稍微冷却,加 1% 酚酞指示剂 2 滴,用 0.1 mol/L 盐酸溶液以微量滴定管滴定剩余的碱,记录盐酸的用量。

(5) 另取 1 个 100 mL 锥形瓶,除不加菜油外,其他步骤均与上述操作相同,以作空白对照,记录盐酸用量。

六、计算

$$\text{皂化值} = (a - b) \times 0.1 \times 56 / \text{脂肪质量}$$

式中:a 为滴定有脂肪瓶所耗 0.1 mol/L 盐酸溶液毫升数;b 为滴定空白瓶所耗 0.1 mol/L 盐酸溶液毫升数。

实验四　氨基酸的分离与鉴定

一、实验目的

(1)通过实验了解氨基酸滤纸层析法的原理。
(2)掌握氨基酸滤纸层析操作的方法。

二、实验原理

滤纸层析是以滤纸作为惰性支持物的分配层析。展层溶剂由有机溶剂和水组成。滤纸纤维上的羟基具有亲水性,因此将吸附在滤纸上的一层水作为固定相,而通常把有机溶剂作为流动相。纸层析可以看作是溶质(样品)在固定相与流动相之间的连续抽提。由于溶质在两相中的分配系数不同,不同氨基酸随流动相移动的速率不同,于是就将这些氨基酸分离开来,形成距原点距离不同的层析点。

溶质在滤纸上的移动速率用 R_f 值表示(图3-1),计算公式如下:

$$R_f = X/Y$$

式中:X 为原点到层析斑点中心的距离;Y 为原点到展层溶剂前沿的距离。

在一定条件下某种物质的 R_f 值是常数。R_f 值的大小与样品的结构、性质、溶剂系统(溶剂的性质、pH值)、层析的温度和层析滤纸有关。此外,样品中的盐分、其他杂质以及点样过多皆会影响样品的有效分离。

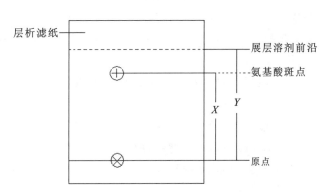

图3-1　氨基酸迁移速率 R_f 计算示意图

纸层析法分离氨基酸,一般操作是将样品溶解在适当溶剂(水缓冲液或有机溶剂)中,样品点在滤纸的一端,再选用适当的溶剂系统,从点样的一端通过毛细作用向另一端展开。展开完毕,取出滤纸晾干或烘干,再以适当的显色剂或在紫外灯下观察纸层析图谱。本实验用茚三酮作为显色剂,就可得到氨基酸样品的分离图谱。

三、实验器材

层析缸;层析滤纸;点样毛细管(直径0.5 mm);培养皿;吹风机;塑料小喷壶;分液漏斗;烧杯;量筒。

四、实验材料和试剂

1. 实验材料

氨基酸溶液。

2. 实验试剂

(1)展层溶剂：V(正丁醇)∶V(冰醋酸)∶V(水)=4∶1∶3。将 100 mL 正丁醇和 25 mL 冰醋酸放入 250 mL 分液漏斗中，与 75 mL 水混合，充分振荡，静置分层，放出下层水，漏斗内剩余的液体即为展层试剂。

(2)氨基酸溶液：0.5%的赖氨酸、缬氨酸、苯丙氨酸、亮氨酸溶液及它们的混合液(各组分含量均为 0.5%)。

(3)显色剂：0.1%茚三酮-正丁醇溶液 50～100 mL。

五、操作步骤

(1)将制备好的展层溶剂倒入层析缸中。

(2)取层析滤纸一张，在纸的一端距边缘 1.5 cm 处用铅笔轻轻画一条直线，在此直线上每间隔 1 cm 用铅笔做一记号，共 5 个记号(图 3-2)。

(3)点样。用毛细管将各种氨基酸样品分别点在上述 5 个位置上，干燥后再点一次。每个样点在纸上扩散的直径最大不超过 5 mm，否则分离效果不好，样品用量大会造成"拖尾"现象。

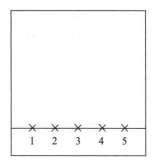

图 3-2 层析点样记号制作示意图

(4)展层。滤纸上的样点干燥后，将滤纸卷成筒状或折叠为"V"形，滤纸的两边不能接触，然后把滤纸直立于盛有展层溶剂的层析缸中(点样的一端在下，展层溶剂的液面需低于点样线)。滤纸也不能接触层析缸的内壁。待展层溶剂上升至 13～15 cm 时即取出滤纸，用铅笔描出展层溶剂前沿界线，用吹风机的热风吹干。

(5)显色。用小喷壶均匀喷上 0.1%茚三酮-正丁醇溶液，然后用吹风机吹干，使之呈现出紫红色斑点。

(6)R_f 值的计算。显色完毕后，用铅笔将各种氨基酸显色斑点的形状勾画出来(图 3-3)。然后量出每个显色斑点中心与原点之间的距离以及原点到展层溶剂前沿的距离，最后计算各种氨基酸的 R_f 值，并确定混合氨基酸的组成。

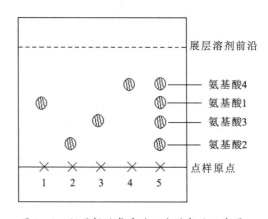

图 3-3 纸层析后氨基酸斑点的勾画示意图

注意事项

(1)选用合适、洁净的层析滤纸。

(2)使用茚三酮显色,在整个层析操作中,避免用手直接接触层析滤纸,因手上常有少量含氨物质,在显色时也显出紫色斑点,污染层析结果。因此,在操作过程中应戴手套。

(3)点样斑点不能太大,防止层析后氨基酸斑点出现重叠。

思考题

(1)何谓纸层析?

(2)如何计算 R_f 值?影响 R_f 值的主要因素是什么?

实验五　氨基酸和蛋白质的呈色反应

一、实验目的

(1)了解蛋白质和某些氨基酸的呈色反应原理。
(2)学习几种常用的鉴定蛋白质和氨基酸的方法。

二、实验原理

蛋白质分子中的某些基团与显色剂作用,可发生特定的颜色反应;不同蛋白质所含有氨基酸不完全相同,故颜色反应也有不同。重要的颜色反应有以下6种。

1. 双缩脲反应

将尿素加热到180 ℃,则两分子尿素缩合成一分子双缩脲,并生成一分子氨。双缩脲在碱性溶液中能与硫酸铜反应产生紫红色配合物,此反应称为双缩脲反应。蛋白质分子中含有许多和双缩脲结构相似的肽键,因此也能起双缩脲反应,形成紫红色配合物。通常可用此反应来定性鉴定蛋白质,也可根据反应产生的颜色在540 nm处比色,定量测定蛋白质。

2. 茚三酮反应

除脯氨酸、羟脯氨酸和茚三酮反应产生黄色物质外,所有 α-氨基酸及一切蛋白质与茚三酮共热,均可产生蓝紫色的物质,此反应称为茚三酮反应。含有氨基的其他物质也有此呈色反应。该反应十分灵敏,1∶1 500 000浓度的氨基酸水溶液也能发生此反应,是一种常用的氨基酸定量测定方法。该反应分两步进行:第一步是氨基酸被氧化形成CO_2、NH_3和醛,水合茚三酮被还原成还原型茚三酮;第二步是形成的还原茚三酮同另一个水合茚三酮分子和氨缩合生成有色物质。

茚三酮反应的适宜pH值应在5~7之间,否则,即使是同一浓度的蛋白质或氨基酸,反应显示的颜色深浅也有所不同,酸度过大时可能不显色。

3. 黄色反应

该反应是含有芳香族氨基酸特别是含有酪氨酸和色氨酸的蛋白质所特有的呈色反应。蛋白质溶液遇硝酸后,先产生白色沉淀,加热则白色沉淀变黄色物质,再加碱颜色加深呈橙黄色的硝醌酸钠。多数蛋白质含有带苯环的氨基酸,故有黄色反应,如皮肤、指甲和毛发等遇浓硝酸会变成黄色。但值得注意的是苯丙氨酸不易硝化,需要加入少量浓硫酸才有黄色反应。

4. 乙醛酸反应

在蛋白质溶液中加入乙醛酸,并沿管壁慢慢注入浓硫酸,在两液层之间就会出现紫色环,凡含有吲哚基的化合物都有这一反应。色氨酸及含有色氨酸的蛋白质也有此反应,不含色氨酸的白明胶就无此反应。

5. 坂口反应

精氨酸分子中含有胍基,能与次氯酸钠(或次溴酸钠)及 α-萘酚在氢氧化钠溶液中生成红色产物。此反应可以用来鉴定含有精氨酸的蛋白质,也可用来定量测定精氨酸含量。

6. 米伦(Millon)反应

米伦试剂为硝酸汞、亚硝酸汞、硝酸和亚硝酸的混合物,在蛋白质溶液中加入米伦试剂后即产生白色沉淀,加热后沉淀变成红色。酚类化合物有此反应,酪氨酸含有酚基,故酪氨酸及含有酪氨酸的蛋白质都有此反应。

三、实验材料、器材和试剂

1. 实验材料

鸡蛋清溶液(蛋清与水的体积比例为1:9);头发;指甲;蛋白质溶液(新鲜鸡蛋清与水的体积比例为1:20)。

2. 实验器材

试管;试管架;滴管;滤纸;酒精灯;恒温水浴锅;量筒。

3. 实验试剂

1)双缩脲反应

10%氢氧化钠溶液;1%硫酸铜溶液;尿素。

2)茚三酮反应

0.5%甘氨酸溶液;0.1%茚三酮水溶液;0.1%茚三酮-乙醇溶液(0.1 g茚三酮溶于95%乙醇并稀释至100 mL)。

3)黄色反应

0.5%苯酚溶液;浓硝酸;0.3%色氨酸溶液;0.3%酪氨酸溶液;10%氢氧化钠溶液。

4)乙醛酸反应

冰醋酸;0.3%色氨酸溶液;浓硫酸。

5)坂口反应

0.3%精氨酸溶液;20%氢氧化钠溶液;1% α-萘酚-乙醇溶液(临时配制);溴酸钠溶液(2 g溴溶于100 mL 5%氢氧化钠溶液,置于棕色瓶中,可在暗处保存两周)。

6)米伦反应

0.5%苯酚溶液(苯酚0.5 mL,加蒸馏水稀释至100 mL)。

米伦试剂:40 g汞溶于60 mL浓硝酸,水浴加温助溶,溶解后加2倍体积蒸馏水,混匀,静置澄清,取上清液备用。此试剂可长期保存。

四、实验步骤

1. 双缩脲反应

(1)取少许结晶尿素放在干燥管中,微火加热,尿素溶化并形成双缩脲,放出的氨可用红色石蕊试纸检测,至试管内有白色固体出现,停止加热,冷却。然后加10%氢氧化钠溶液1 mL混匀,观察有无紫色出现。

(2)另取一支试管,加蛋白质溶液10滴,再加10%氢氧化钠溶液10滴及1%硫酸铜溶液4滴,混匀,观察是否出现紫红色。

2.茚三酮反应

(1)取2支试管,分别加入蛋白质溶液和0.5%甘氨酸溶液1 mL,再各加0.5 mL 0.1%茚三酮溶液,混匀,在沸水浴中加热1~2 min,观察颜色是否由粉红色变为紫红色再变为蓝紫色。注意:此反应须在pH=5~7的环境下进行。

(2)在一块小滤纸上滴1滴0.5%甘氨酸溶液,风干后再在原处滴1滴0.1%茚三酮-乙醇溶液,在微火旁烘干显色,观察是否有紫红色斑点的出现。

3.黄色反应

取6支试管,分别编号,按表3-3用量分别加入试剂,观察各管出现的现象,若试管反应慢者可稍放置一会或微火加热,待各管出现黄色后,于室温下逐滴加入10%氢氧化钠溶液至碱性,观察颜色变化。

表3-3 黄色反应各管试剂加入量

试管号	1	2	3	4	5	6
材料	2%鸡蛋清溶液	指甲	头发	0.5%苯酚溶液	0.3%色氨酸溶液	0.3%酪氨酸溶液
材料用量/滴	4	少许	少许	4	4	4
浓硝酸/滴	2	20	20	4	4	4
现象						
10%氢氧化钠溶液/mL						
呈碱性后现象						

注:该反应须在pH=5~7的环境下进行。

4.乙醛酸反应

取3支试管,分别编号,按表3-4分别加入蛋白质溶液、0.3%色氨酸溶液和水,然后各加入冰醋酸2 mL,混匀后倾斜试管,沿壁分别缓慢加入浓硫酸约1 mL,静置,观察各管液面紫色环的出现,若不明显,可于水浴中微热。

表3-4 乙醛酸反应各管试剂加入量

试管号	H_2O/滴	0.3%色氨酸溶液/滴	蛋白质溶液/滴	冰醋酸/mL	浓硫酸/mL	现象记录
1	—	—	5	2	1	
2	4	1	—	2	1	
3	5	—	—	2	1	

5. 坂口反应

可定性鉴定含有精氨酸的蛋白质和定量测定精氨酸。

取 3 支试管,分别编号,按表 3-5 向各管中加入试剂,记录出现的现象。

表 3-5 坂口反应各管试剂加入量

试管号	H_2O/滴	0.3%精氨酸溶液/滴	蛋白质溶液/滴	20%氢氧化钠溶液/滴	1%α-萘酚-乙醇溶液/滴	溴酸钠溶液/滴	现象记录
1	—	—	5	5	3	1	
2	4	1	—	5	3	1	
3	5	—	—	5	3	1	

6. 米伦反应

(1)用苯酚做实验:取 0.5%苯酚溶液 1 mL 于试管中,加米伦试剂约 0.5 mL(米伦试剂含有硝酸,如加入量过多,能使蛋白质呈黄色,加入量应不超过试剂总体积的 1/5～1/4),小心加热,溶液即出现玫瑰红色。

(2)用蛋白质溶液做实验:取 2 mL 鸡蛋清蛋白溶液,加 0.5 mL 米伦试剂,此时出现蛋白质的沉淀(因试剂含汞盐及硝酸),小心加热,凝固的蛋白质出现红色。

思考题

(1)如果蛋白质水解后双缩脲反应呈阴性,对水解作用的程度可得出什么结论?
(2)茚三酮反应的阳性结果为何颜色? 能否用茚三酮反应鉴定蛋白质的存在?
(3)黄色反应的阳性结果说明什么问题?
(4)为什么蛋清可作为铅或汞中毒的解毒剂?

实验六 胡萝卜素的柱层析分离

一、实验目的

(1)通过实验了解柱层析的基本原理。
(2)掌握胡萝卜素分离的操作方法。

二、实验原理

本实验采用氧化铝(Al_2O_3)为固定相的吸附柱层析。各种物质具有不同的吸附力,几种吸附力不同的物质流经层析柱时,被吸附剂吸附的程度和在溶剂中的溶解度存在差异,因此解吸附作用的程度也不相同。由于流动相的洗脱作用,吸附-解吸附过程反复进行,吸附力弱、易溶于洗脱剂的物质先移动,吸附力次弱的物质后移动,从而使混合的几种物质彼此分开。

胡萝卜素存在于胡萝卜、辣椒等黄绿色植物中,由于在动物体内可将胡萝卜素转变成维生素A,故又称维生素A原。胡萝卜素(属多烯色素类,又可分为α、β、γ等几种类型)可用乙醇、石油醚和丙酮等有机溶剂从食物中提取出来,并能被氧化铝(Al_2O_3)所吸附。由于胡萝卜素与其他植物色素的化学结构不同,它们在有机溶剂中的溶解度以及被氧化铝吸附的强度也不相同,故将抽提液进行氧化铝柱层析,再用石油醚等冲洗层析柱,即可将植物提取液中混合的胡萝卜素分离成不同的色带。同植物其他色素相比,胡萝卜素的极性最小,吸附最差,用石油醚洗脱速度最快,故最先被洗脱下来,使胡萝卜素与其他色素分开(图3-4)。同时也可将胡萝卜素层析带洗脱下来进行比色定量。

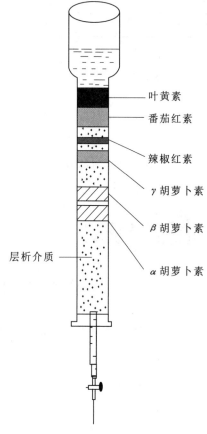

图3-4 柱层析分离胡萝卜素

三、实验材料、器材和试剂

1.实验材料

新鲜红辣椒或胡萝卜。

2.实验器材

剪刀;研钵;层析柱(1 cm×16 cm);分液漏斗;100 mL量筒;铁架台;蒸发皿;水浴锅;分析天平;烧杯。

3. 实验试剂

(1) 95% 乙醇。

(2) 石油醚(沸点 60~90 ℃)。

(3) 1% 丙酮-石油醚液[V(丙酮)：V(石油醚)＝1：1]。

(4) 氧化铝(Al_2O_3,高温干燥除去水分,提高其吸附力)。

(5) 无水硫酸钠(Na_2SO_4)。

(6) 三氯化锑氯仿溶液:称取 $SbCl_3$ 22 g,加 100 mL 氯仿溶解后,贮存于棕色瓶中。

四、操作步骤

1. 提取

称取新鲜去籽红辣椒 12 g,剪碎后放入研钵中,加入 4 mL 95% 乙醇,研磨,此匀浆液呈深红色,再加入 6 mL 石油醚,继续研磨 3~5 min,匀浆提取液颜色的深浅与胡萝卜素的含量成正比。将匀浆提取液倒入 100 mL 分液漏斗中,用 20 mL 蒸馏水洗涤匀浆液数次,直至水层透明为止,借此除去提取液中的乙醇。将红色石油醚提取液倒入干燥试管中,加少量无水硫酸钠除去水分,用软木塞塞紧,以免石油醚挥发。

2. 制备层析柱

取直径为 1 cm、高度约 16 cm 的玻璃层析柱,在柱的最底部放入少量棉花,将石油醚-氧化铝悬液[V(石油醚)：$V(Al_2O_3)$＝1：1]边搅边倒入层析柱,使氧化铝均匀沉积于柱内,高度约 10 cm 即可,在其上部铺一张圆形小滤纸,并将层析柱垂直固定在铁架台上,柱下方加一调控阀,备用。

3. 层析

打开层析柱下端调控阀,加石油醚让其缓慢流下,当石油醚浸入到与氧化铝表面相平时,即用吸管吸取胡萝卜素石油醚提取液 1 mL,沿管壁加入到层析柱上端。待提取液全部进入层析柱时,立即用 1% 丙酮-石油醚液洗脱液冲洗,此时应控制流量在每分钟 30 滴左右,使吸附在柱上端的物质逐渐展开成为颜色不同的数条色带。仔细观察色带的位置、宽度与颜色的深浅。自下而上的橘黄色带分别为 α 胡萝卜素、β 胡萝卜素、γ 胡萝卜素(通常含量分别为 15%、85%、0.1%)。

4. 鉴定

接收此橘黄色液体于蒸发皿内,在 80 ℃ 水浴中使石油醚、丙酮挥发,滴入三氯化锑氯仿溶液数滴,可见蓝色反应,借此鉴定胡萝卜素。也可直接将洗脱下来的液体蒸干后,用石油醚溶解残渣于 5 mL 带塞试管中,用力振摇,使胡萝卜素完全溶解,用 1 cm 比色杯,在 450 nm 波长处,以石油醚做空白液调零点,读取石油醚溶解液及标准液的光密度值,计算胡萝卜素含量。

实验七 牛乳中蛋白质的提取与鉴定

一、实验目的

(1)学习从牛乳中制备酪蛋白的原理和方法。
(2)学习蛋白质的颜色和沉淀反应。

二、实验原理

牛乳中主要的蛋白质是酪蛋白,含量约为3.5%。酪蛋白是一种含磷蛋白的不均一混合物,等电点为pI=4.7。根据蛋白质在其等电点溶解度最低的原理,将牛乳的pH值调整至4.7,酪蛋白即沉淀出来。用乙醇除去酪蛋白沉淀中不溶于水的脂类杂质,得到纯的酪蛋白,所得酪蛋白供定性鉴定。除去酪蛋白的滤液中,尚含有球蛋白、清蛋白等多种蛋白质。

三、实验材料、器材和试剂

1. 实验材料

新鲜牛奶。

2. 实验器材

离心机;抽滤装置;布氏漏斗;精密pH试纸;表面皿;酸度计;电炉;温度计;试管;烧杯;量筒。

3. 实验试剂

(1)米伦(Millon)试剂:将100 g汞溶于140 mL的浓硝酸中(在通风橱内进行),然后加两倍量的蒸馏水稀释。

(2)无水乙醇;95%乙醇;0.2 mol/L醋酸钠缓冲液(pH=4.7);乙醇-乙醚混合液(体积比为1∶1);0.1 mol/L NaOH溶液;10% NaCl溶液;0.5% NaCl溶液;0.1 mol/L 盐酸;0.2%盐酸;饱和Ca(OH)$_2$溶液;5%醋酸铅溶液;乙醚等。

四、实验步骤

1. 酪蛋白的制备

(1)取新鲜牛奶30 mL,放入250 mL烧杯中,加热至40 ℃,加入30 mL加热至同样温度的pH=4.7的醋酸钠缓冲液,一边加一边搅拌,用0.1 mol/L NaOH溶液调至pH=4.7。冷却至室温,离心15 min(3000 r/min),弃去上清液,得到酪蛋白粗制品。

(2)用10 mL蒸馏水洗沉淀3次,离心10 min(3000 r/min),弃去上清液。

(3)在沉淀中加入10 mL 95%乙醇,搅拌片刻,将全部悬浊液转移至布氏漏斗中抽滤。用10 mL乙醇-乙醚混合液洗涤沉淀2次。最后用乙醚洗涤沉淀2次,抽干。

(4)将沉淀摊开放在表面皿上,烘干。

(5)准确称重,计算酪蛋白的含量和产率。

$$酪蛋白含量(g/100\ mL) = \frac{测得酪蛋白的质量(g)}{牛乳体积(mL)} \times 100$$

$$产率 = \frac{测得牛乳中酪蛋白的含量}{理论含量} \times 100\%$$

理论含量为 3.5 g/100 mL 牛乳。

2. 酪蛋白的性质鉴定

(1)溶解性:取 6 支试管,分别加蒸馏水、10% NaCl 溶液、0.5% NaCl 溶液、0.1 mol/L NaOH 溶液、0.2%盐酸及饱和 Ca(OH)$_2$ 溶液 2 mL,然后每管中加入少量酪蛋白。不断摇荡,观察并记录各管中的酪蛋白溶解性。

(2)米伦反应:取酪蛋白少许,放置于试管中。加入 1 mL 蒸馏水,再加入米伦试剂 10 滴,振摇,并轻微加热,观察其颜色变化。

(3)含硫(胱氨酸、半胱氨酸和甲硫氨酸)鉴定:取少量酪蛋白,溶于 1 mL 0.1mol/L NaOH 溶液中,再加入 1~3 滴 5%醋酸铅溶液,加热煮沸,观察溶液颜色变化。

3. 乳清中可凝固性蛋白质的鉴定

将制备酪蛋白时所得的滤液移入烧杯中,轻微加热,即出现蛋白质沉淀。此沉淀为乳清中的球蛋白和清蛋白。

思考题

(1)为什么调整溶液的 pH 值可将酪蛋白沉淀出来?

(2)制备酪蛋白的过程中应注意哪些问题,才可获得高产率?

实验八　谷胱甘肽的测定及其抗氧化功能的检测

一、实验目的

(1) 熟悉还原型谷胱甘肽的抗氧化功能。
(2) 了解植物组织中抗坏血酸-谷胱甘肽循环代谢过程。
(3) 掌握还原型谷胱甘肽含量的测定原理和方法。

二、实验原理

谷胱甘肽是由谷氨酸(Glu)、半胱氨酸(Cys)、甘氨酸(Gly)组成的天然三肽,是一种含巯基(—SH)的化合物,广泛存在于动物组织、植物组织、微生物和酵母中。它作为体内重要的抗氧化剂和自由基清除剂,如与自由基、重金属等结合,可把机体内有害的毒物转化为无害的物质,排泄出体外。

谷胱甘肽能和5,5′-二硫代双(2-硝基苯甲酸)(5,5′-dithio bis - 2 - nitrobenzoic acid, DTNB)反应生成2-硝基-5-巯基苯甲酸(TNB)和谷胱甘肽二硫化物(GSSG)。TNB为一黄色产物,在波长412 nm处具有最大光吸收。因此,利用分光光度法可测定样品中谷胱甘肽的含量。

羟自由基是人体在新陈代谢过程中产生的对生物体毒性最强、危害最大的一种自由基。它可以使组织中的糖类、氨基酸、蛋白质、核酸等物质发生氧化,遭受氧化性损伤和破坏,导致细胞坏死或突变;另外衰老、肿瘤、水污染等均与羟自由基有关。目前有关羟自由基的检测方法主要有高效液相色谱法、化学发光法、荧光分析法、分光光度法等。其中测定羟自由基清除能力最常用的是通过分光光度法测定样本抑制显色物邻二氮菲的吸光度的下降,反映样本清除羟自由基的能力。其原理为:H_2O_2/Fe^{2+}通过Fenton反应产生羟自由基,将邻二氮菲-Fe^{2+}水溶液中Fe^{2+}氧化为Fe^{3+},导致536 nm吸光度下降;样品对536 nm吸光度下降速率的抑制程度,反映了样品清除羟自由基的能力。

三、实验仪器

研钵;高速离心机;移液器;分光光度计。

四、实验材料和试剂

1. 实验材料

新鲜小麦叶片。

2. 实验试剂

(1) 还原型谷胱甘肽标准液(10 μg/mL)。
(2) 偏磷酸溶液。
(3) 磷酸缓冲液(pH=7.0)。

(4) 5,5'-二硫代双(2-硝基苯甲酸)溶液。
(5) 邻二氮菲溶液(2 mmol/L)。
(6) 硫酸亚铁溶液(2 mmol/L)。
(7) 过氧化氢溶液(0.1%)。

五、操作步骤

1. 谷胱甘肽的提取

称取小麦叶片 0.2 g，加入少量 5% 偏磷酸缓冲液研磨提取，并用 5% 偏磷酸缓冲液定容至 4 mL，8000 r/min 离心 10 min，取上清液。

2. 谷胱甘肽的测定

取洁净干试管 7 支，按表 3-6 操作。室温放置 20 min 后，以空白管为对照，于 412 nm 处比色，读取各管吸光度。

3. 抗氧化能力测定(羟自由基清除能力检测)

取洁净干试管 3 支，按表 3-7 操作。

表 3-6　谷胱甘肽的测定　　　　　　　　　　　　　　　　单位:mL

加入物	空白管	标准管					待测管
		1	2	3	4	5	
标准谷胱甘肽溶液	0	0.2	0.4	0.6	0.8	1.0	—
谷胱甘肽提取液	—	—	—	—	—	—	1.0
蒸馏水	2.0	1.8	1.6	1.4	1.2	1.0	1.0
磷酸缓冲液	4.0	4.0	4.0	4.0	4.0	4.0	4.0
DTNB 试剂	0.4	0.4	0.4	0.4	0.4	0.4	0.4

表 3-7　抗氧化能力测定　　　　　　　　　　单位:mL

加入物	空白组(A_b)	对照组(A_c)	实验组(A_s)
硫酸亚铁溶液	0.4	0.4	0.4
邻二氮菲溶液	0.4	0.4	0.4
谷胱甘肽提取液	—	0.8	0.8
过氧化氢溶液	0.4	—	0.4
蒸馏水	0.8	0.4	—

37 ℃ 水浴 30 min 后，于 536 nm 处比色，读取各管吸光度。

六、结果与计算

(1) 根据吸光度差值，从标准曲线上查出相应的还原型谷胱甘肽量，计算还原型谷胱甘肽(GSH)含量(μmol/g)。

$$\text{GSH 含量}(\mu mol/g) = (C_x \times V_t)/(FW \times V_s)$$

式中：C_x 为 1 mL 样品中 GSH 的含量(μg)；V_t 为样品提取液总体积(mL)；V_s 为显色时样品液体积(mL)；FW 为样品质量(g)。

(2)按下面的公式计算羟自由基清除率。

$$\text{清除率}(\%) = [(A_s - A_b)/(A_c - A_b)] \times 100\%$$

式中：A_s 为实验组在 536 nm 的吸光度值；A_b 为空白组在 536 nm 的吸光度值；A_c 为对照组在 536 nm 的吸光度值。

注意事项

(1)在研磨叶片时，为方便研磨，刚开始时加入少量的提取液，后续再补充。

(2)在提取样品时，最好通过沉淀法除去蛋白质，以防止蛋白质中所含巯基及相关酶对测定结果的影响。

思考题

(1)测定还原型谷胱甘肽含量时应注意哪些问题？

(2)简述还原型谷胱甘肽含量测定的基本原理。

实验九　紫外光吸收法测定蛋白质含量

一、实验目的

(1)加强对蛋白质的有关性质的认识。
(2)掌握紫外光吸收法测定蛋白质含量的原理和方法。
(3)熟悉紫外-可见分光光度计的使用方法。

二、实验原理

蛋白质分子中的酪氨酸和色氨酸残基含有共轭双键,具有能够吸收紫外线的性质,并且在 280 nm 处形成最大吸收峰。此外,蛋白质溶液在 238 nm 处的吸光度值与肽键含量成正比。在一定浓度范围内,蛋白质溶液在最大吸收波长处的吸光度值与其浓度成正比,因此可进行定量分析。

紫外光吸收法的优点是反应迅速、简便,消耗样品较少,不受低浓度盐类的干扰。该方法的缺点是:①对于一些与标准蛋白质中酪氨酸和色氨酸含量差异较大的蛋白质,此种方法测量的准确度较差;②若样品中含有嘌呤、嘧啶及核酸等能够吸收紫外光的物质,同样会出现较大的干扰。核酸的干扰可以通过查校正表再进行计算的方法加以适当的校正,但是不同的蛋白质和核酸对紫外线的吸收程度是不同的,其测定的结果还是会存在一定的误差。

三、实验材料、器材和试剂

1. 实验材料

牛血清白蛋白。

2. 实验器材

紫外-可见分光光度计;离心机;吸量管;试管;试管架;洗耳球。

3. 实验试剂

(1)牛血清白蛋白溶液(1 mg/mL):称取 100 mg 牛血清白蛋白,溶于 100 mL 蒸馏水中,配制成蛋白质标准溶液。
(2)0.1 mol/L 磷酸缓冲液(pH=7.0)。

四、实验步骤

1. 标准曲线法

该法测定蛋白质的浓度范围为 0.1~1.0 mg/mL。

(1)制作标准曲线。取 18 支干燥干净试管编号(每个编号 3 支平行试管,下同),按表 3-8 中的数据将不同试剂加入各试管,摇匀。选用光程为 1 cm 的石英比色皿,运用紫外分光光度计在 280 nm 波长处分别测定各管溶液的 A_{280} 值,以 A_{280} 值为纵坐标、蛋白质浓度为横坐标绘制标准曲线。

表 3-8　紫外光吸收法测定试剂加入量

试管号	1	2	3	4	5	6
1 mg/mL 牛血清白蛋白溶液/mL	0	1	2	3	4	5
蒸馏水/mL	5	4	3	2	1	0
蛋白质溶液浓度/(mg·mL^{-1})	0	0.2	0.4	0.6	0.8	1.0

(2) 样品的测定。取待测蛋白质溶液 1 mL，加入蒸馏水 4 mL，摇匀，运用紫外分光光度计在 280 nm 波长处测定该管溶液的 A_{280} 值，然后从标准曲线上查出待测蛋白质溶液的浓度。

2. 280 nm 和 260 nm 的吸收差法

对于含有核酸的蛋白质溶液，可用 0.1 mol/L 磷酸缓冲液(pH=7.0)适当稀释后，作为空白调零，用紫外分光光度计分别在 280 nm 和 260 nm 波长下测得吸光度值，代入下面的公式来计算蛋白质的浓度(mg/mL)。

$$蛋白质浓度 = 1.45 \times A_{280} - 0.74 \times A_{260}$$

3. 215 nm 和 225 nm 的吸收差法

此法适用于含蛋白质较少的稀溶液。以 215 nm 和 225 nm 吸光度值之差 D 为纵坐标，蛋白质浓度为横坐标，绘出标准曲线。再测出未知样品的吸收差，即可由标准曲线上查出未知样品的蛋白质浓度。

$$D = A_{215} - A_{225}$$

4. 肽键测定法

蛋白质溶液在 238 nm 处的光吸收的强弱，与肽键的多少成正比。因此可以用标准蛋白质溶液配制一系列已知浓度的蛋白质溶液，测定 238 nm 的吸光度值 A_{238}，以 A_{238} 为纵坐标，蛋白质浓度为横坐标，绘制出标准曲线，未知样品的浓度即可由标准曲线查得。

为什么能用紫外光吸收法测定蛋白质的含量？

实验十　蛋白质的定量测定——双缩脲试剂法(Biuret 法)

一、实验目的

(1) 掌握双缩脲法测定蛋白质含量的基本原理和方法。
(2) 熟悉分光光度技术的基本原理和 722 型分光光度计的使用,学会标准曲线的绘制和应用。
(3) 了解双缩脲测定蛋白质方法的优缺点及适用对象。

二、实验原理

双缩脲是两个分子脲(即尿素)经 180 ℃左右加热,放出一个分子氨(NH_3)后得到的产物。双缩脲在碱性溶液中能与 Cu^{2+} 结合形成紫红色络合物(即双缩脲反应),其最大光吸收波长在 540 nm 处。具有两个或两个以上肽键的化合物皆可发生双缩脲反应。在一定浓度范围内,生成的紫红色络合物的吸光度与蛋白质浓度成正比,而与蛋白质的相对分子质量及氨基酸的组成无关,故可以用此方法来测定蛋白质的浓度,测定蛋白质的浓度范围适于 1~10 mg/mL。此方法优点是较快速,不同的蛋白质产生的颜色深浅相近,干扰物质少;缺点是灵敏度差。因此双缩脲法常用于需要快速,但并不需要十分精确的蛋白质测定。含有两个以上肽键的物质才有此反应,故氨基酸及二肽不能用此法进行定量测定。两分子脲加热生成双缩脲的反应式为

紫红色铜双缩脲复合物分子结构为

三、实验器材

恒温水浴锅;分光光度计;刻度试管;试管架;微量移液器及吸头;烧杯。

四、实验试剂

(1)双缩脲试剂:取 1.5 g 五水硫酸铜($CuSO_4 \cdot 5H_2O$)和 6.0 g 的酒石酸钾钠($NaKC_4H_4O_6 \cdot 4H_2O$)溶于 500 mL 蒸馏水中,边搅拌边加入 300 mL 的 10% NaOH 溶液,用水稀释至 1000 mL。此试剂可长期保存、备用。

(2)标准蛋白质溶液:10 mg/mL 牛血清白蛋白溶液,可用 0.05 mol/L NaOH 溶液配制。

(3)待测蛋白质溶液:人血清(用 0.9% NaCl 溶液稀释 10 倍),于 4 ℃冰箱保存。测试其他蛋白质样品应稀释适当倍数,使其浓度在标准曲线测试范围内。

(4)0.9%氯化钠溶液:可用医用生理盐水替代。

五、操作步骤

(1)按表 3-9 操作。

表 3-9 双缩脲法测定蛋白质浓度操作表

试管编号	空白管	标准管					待测管
		1	2	3	4	5	
标准蛋白液体积/mL	0	0.2	0.4	0.6	0.8	1.0	0
蒸馏水体积/mL	1.0	0.8	0.6	0.4	0.2	0.0	0.5
血清稀释液体积/mL	0	0	0	0	0	0	0.5
双缩脲试剂体积/mL	4.0	4.0	4.0	4.0	4.0	4.0	4.0
充分混匀后,室温下(20~25 ℃)放置 30 min							
蛋白质含量/mg	0	2.0	4.0	6.0	8.0	10.0	
A_{540}							

(2)以空白管调零,在 540 nm 处测量各管吸光度值 A_{540},记录于表 3-9。

六、结果与计算

(1)以 A_{540} 为纵坐标,蛋白质含量为横坐标,绘制标准曲线。

(2)根据待测管的 A_{540} 值在标准曲线上查得样品管蛋白质的含量 Y(mg)。

(3)血清样品蛋白质浓度的计算:血清样品蛋白质浓度(g/L)=$\dfrac{Y \times N}{V}$。其中,Y 为标准曲线查得蛋白质的含量(mg),N 为稀释倍数,V 为血清样品所取的体积(mL)。

血清总蛋白正常参考范围:成人为 60~80 g/L;新生儿为 46~70 g/L。

血清总蛋白有生理性波动。新生儿血清总蛋白可比成人低 5~8 g/L,60 岁以上的老年人约比成人低 2 g/L。

注意事项

(1)须于显色后 30 min 内比色测定。各管由显色到比色的时间应尽可能一致。

(2)血清样品必须新鲜,如有细菌污染或溶血,则不能得到正确的结果。

(3)测试蛋白质样品应稀释适当倍数,使其浓度在标准曲线测试范围内。

(4)测定时干扰物质主要有硫酸铵、Tris 缓冲液和某些氨基酸等。

实验十一　考马斯亮蓝染色法测定蛋白质含量

一、实验目的

(1)掌握考马斯亮蓝法测定蛋白含量的原理并熟悉其操作方法。
(2)掌握分光光度计的使用方法。

二、实验原理

考马斯亮蓝染色法又称 Bradford 法,是 1976 年 Bradford 建立的一种蛋白质浓度的测定方法,是利用蛋白质与染料结合染色的原理,从而定量地测定微量蛋白质浓度的一种快速、灵敏的方法。

考马斯亮蓝 G-250 在游离状态下呈红色,最大光吸收波长在 465 nm,而与蛋白质中的碱性氨基酸(特别是精氨酸)和芳香族氨基酸残基结合后呈蓝色,最大光吸收波长变成 595 nm。在一定蛋白质浓度范围内,蛋白质和染料的结合成比例关系,通过测定 595 nm 处光吸收的增加量可知与其结合的蛋白质含量。

该方法试剂配制简单,操作简便快捷,反应灵敏,重复性好,精确度高,有较好的线性关系,由于其突出的优点,得到越来越广泛的应用。①灵敏度高,据估计比 Lowry 法灵敏度高 4 倍,这是因为蛋白质与染料结合后产生的颜色变化很大,蛋白质-染料复合物有更高的消光系数,因而吸光度值随蛋白质浓度的变化比 Lowry 法要大得多,测定范围为 10~100 μg 蛋白质,微量测定法测定范围是 1~10 μg 蛋白质。②测定快速、简便,只需加一种试剂。完成一个样品的测定,只需要 5 min 左右。由于蛋白质和染料结合是一个很快的过程,大约只要 2 min 即可完成,其颜色可以在 1 h 内保持稳定,且在 5~20 min 之间,颜色的稳定性最好,因而完全不用像 Lowry 法那样费时和严格地控制时间。③干扰物质少,如干扰 Lowry 法的 K^+、Na^+、Mg^{2+}、Tris 缓冲液、糖和蔗糖、甘油、巯基乙醇、EDTA 等均不干扰此测定法。

该方法的缺点是:①由于各种蛋白质中的精氨酸和芳香族氨基酸的含量不同,因此 Bradford 法用于不同蛋白质测定时有较大的偏差,在制作标准曲线时可选用 γ-球蛋白为标准蛋白质,以减少这方面的偏差。②仍受一些物质干扰,如有去污剂、Triton X-100、十二烷基硫酸钠(SDS)和 0.1 mol/L 氢氧化钠等存在时不宜采用该方法。③蛋白质标准曲线(尤其是蛋白质浓度较大时)也有轻微的非线性,这是由于染料本身的两种颜色的光谱有重叠,因而不能用 Beer 定律进行计算,而只能用标准曲线来测定未知蛋白质的浓度。④易使比色杯着色且难以清除,影响比色杯的使用寿命。

三、实验器材和试剂

1. 实验器材

可见光分光光度计;比色皿;试管及试管架;0.2 mL、1.0 mL、5.0 mL 刻度移液管。

2. 实验试剂

(1)考马斯亮蓝试剂:称取 100 mg 考马斯亮蓝 G-250 充分溶解于 50 mL 95% 乙醇,再加入 100 mL 85%磷酸,用蒸馏水稀释至 1000 mL,滤纸过滤。最终试剂含 0.01%(体积质量)考马斯亮蓝 G-250,4.7%(体积分数)乙醇,8.5%(体积分数)磷酸。

(2)蛋白质标准液:称取适量 γ-球蛋白或牛血清白蛋白(BSA),配制成浓度为 1 mg/mL 和 0.1 mg/mL 的蛋白质标准液。

(3)待测蛋白样品。

四、操作步骤

1. 标准法制定标准曲线

取 14 支试管分两组,按表 3-10 平行操作。

绘制标准曲线:以各管吸光度值 A_{595} 为纵坐标,以各管标准蛋白质浓度为横坐标,在坐标纸上绘制标准曲线。

表 3-10 标准法制定标准曲线

试管编号	0	1	2	3	4	5	6
1 mg/mL 蛋白质标准液体积/mL	0	0.01	0.02	0.03	0.04	0.05	0.06
生理盐水体积/mL	0.10	0.09	0.08	0.07	0.06	0.05	0.04
考马斯亮蓝试剂体积/mL	5.0	5.0	5.0	5.0	5.0	5.0	5.0
摇匀,1 h 内以 0 号试管为空白对照,在 595 nm 处比色							
A_{595}							

2. 微量法制定标准曲线

取 12 支试管分两组,按表 3-11 平行操作。

绘制标准曲线:以各管吸光度值 A_{595} 为纵坐标,以各管标准蛋白质浓度为横坐标,在坐标纸上绘制标准曲线。

表 3-11 微量法制定标准曲线

试管编号	0	1	2	3	4	5
0.1 mg/mL 蛋白质标准液体积/mL	0	0.01	0.03	0.05	0.07	0.09
生理盐水体积/mL	0.10	0.09	0.07	0.05	0.03	0.01
考马斯亮蓝试剂体积/mL	1.0	1.0	1.0	1.0	1.0	1.0
摇匀,1 h 内以 0 号试管为空白对照,在 595 nm 处比色						
A_{595}						

3. 测定未知蛋白质样品的浓度

取 0.1 mL 待测样品溶液(调节浓度使其测定值在标准曲线的直线范围内)进行测定,方法同上。根据所测定的吸光度值 A_{595}，在标准曲线上查找出相应的蛋白质浓度(mg/mL)。

(1) 注意移取各试剂量的准确性，减少操作误差。
(2) 不可使用石英比色皿（因不易洗去染色），可用塑料或玻璃比色皿，使用后立即用少量95%的乙醇漂洗，以洗去染色。塑料比色皿绝不可用乙醇或丙酮长时间浸泡。

(1) 影响考马斯亮蓝法测定蛋白质浓度的因素有哪些？
(2) 简述考马斯亮蓝法测定蛋白质浓度方法的优缺点。

实验十二 蛋白质的沉淀和等电点的测定

一、实验目的

(1) 了解蛋白质的沉淀反应、变性作用和凝固作用的原理及它们的相互关系。
(2) 学习盐析和透析等生物化学操作技术。
(3) 学习测定蛋白质等电点的一种方法。

二、实验原理

蛋白质分子在水溶液中,由于其表面形成了水化层和双电层而成为稳定的胶体颗粒,所以蛋白质溶液和其他亲水胶体溶液相似。但是,在一定的物理化学因素影响下,由于蛋白质胶体颗粒的稳定条件被破坏,如失去电荷、脱水,甚至变性,而以固态形式从溶液中析出,这个过程称为蛋白质的沉淀反应。这种反应可分为可逆沉淀反应和不可逆沉淀反应两种类型。

可逆沉淀反应——蛋白质虽已沉淀析出,但它的分子内部结构并未发生显著变化,如果把引起沉淀的因素去除后,沉淀的蛋白质能重新溶于原来的溶剂中,并保持其原有的天然结构和性质。利用蛋白质的盐析作用和等电点作用,以及在低温下乙醇、丙酮短时间对蛋白质的作用等所产生的沉淀都属于这一类沉淀反应。

不可逆沉淀反应——蛋白质发生沉淀时,其分子内部结构空间构象遭到破坏,蛋白质分子由规则性的结构变为无秩序的伸展肽链,使原有的天然性质丧失,这时蛋白质已发生变性,这种变性蛋白质的沉淀已不能再溶解于原来溶剂中。

引起蛋白质变性的因素有重金属、植物碱试剂、强酸、强碱、有机溶剂等化学因素,加热、振荡、超声波、紫外线、X射线等物理因素。它们都能因破坏了蛋白质的氢键、离子键等次级键而使蛋白质发生不可逆沉淀反应。

天然蛋白质变性后,变性蛋白质分子互相凝聚或互相穿插缠绕在一起的现象称为蛋白质的凝固。凝固作用分两个阶段:首先是变性,其次是失去规律性的肽链聚集缠绕在一起而凝固或结絮。几乎所有的蛋白质都会因加热变性而凝固,变成不可逆的不溶状态。

蛋白质分子的解离状态和解离程度受溶液的酸碱度的影响。当调节溶液的pH值达到一定的数值时,蛋白质分子所带正、负电荷的数目相等,以兼性离子状态存在,在电场中,该蛋白质分子既不向阴极移动,也不向阳极移动,此时溶液的pH值称为该蛋白质的等电点(pI)。当溶液的pH值低于蛋白质的等电点时,蛋白质分子带正电荷,为阳离子;当溶液的pH值高于蛋白质的等电点时,蛋白质分子带负电荷,为阴离子。

在等电点,蛋白质的物理性质如导电性、溶解度、黏度、渗透压等都降为最低,可利用这些性质的变化测定各种蛋白质的等电点,最常用的方法是测其溶解度最低时的溶液pH值。本实验采用蛋白质在不同pH值溶液中形成的溶解度变化和指示剂显色变化观察其两性解离现象,并从所形成的蛋白质溶液浑浊度来确定其等电点,即浑浊度最大时的pH值为该种蛋白质的等电点值。

三、实验材料、器材和试剂

1. 实验材料

鸡蛋；酪蛋白。

2. 实验器材

试管及试管架；滴管；移液管；小玻璃漏斗；滤纸；透析袋；玻璃棒；线绳；烧杯；量筒；恒温水浴锅。

3. 实验试剂

(1)蛋白质溶液：取 5 mL 鸡蛋清，用蒸馏水稀释至 100 mL，搅拌均匀后用 4～8 层纱布过滤，新鲜配制。

(2)蛋白质氯化钠溶液：取 20 mL 鸡蛋清，加蒸馏水 200 mL 和饱和氯化钠溶液 100 mL，充分搅匀后，以纱布滤去不溶物。

(3)酪蛋白乙酸钠溶液：称取酪蛋白 3 g，放在烧杯中，加入 1 mol/L NaOH 溶液 50 mL，微热搅拌直到蛋白质完全溶解为止。将溶解好的蛋白质溶液转移到 500 mL 容量瓶中，并用少量蒸馏水洗净烧杯，一并倒入容量瓶中，再加入 1 mol/L 乙酸 50 mL，摇匀，用蒸馏水定容至 500 mL，塞紧瓶塞，混匀，溶液略呈浑浊，此即为溶解于 0.1 mol/L 乙酸钠溶液中的酪蛋白胶体。

(4)其他试剂：硫酸铵；3%硝酸银溶液；0.5%乙酸铅溶液；10%三氯乙酸溶液；饱和硫酸铵溶液；5%磺基水杨酸溶液；0.1%硫酸铜溶液；饱和硫酸铜溶液；0.1%乙酸溶液；饱和氯化钠溶液；10%氢氧化钠溶液；0.01 mol/L 乙酸溶液；0.1 mol/L 乙酸溶液；1 mol/L 乙酸溶液；10%乙酸溶液。

四、实验步骤

1. 蛋白质的盐析作用

取 1 支试管，加入 5 mL 蛋白质氯化钠溶液和 5 mL 饱和硫酸铵溶液，混匀，静置约 10 min，则球蛋白沉淀析出，过滤后向滤液中加入硫酸铵粉末，边加边用玻璃棒搅拌，直至粉末不再溶解，达到饱和为止，此时析出的沉淀为清蛋白。静置，倒去上部清液，取出部分清蛋白沉淀，加水稀释，观察它是否溶解，留存部分做透析用。

2. 重金属盐沉淀蛋白质

取 3 支试管，各加入约 2 mL 蛋白质溶液，分别加入 3%硝酸银溶液 3～4 滴，0.5%乙酸铅溶液 2～3 滴和 0.1%硫酸铜溶液 3～4 滴，观察沉淀的生成。第一支试管的沉淀留做透析用，向第二、三支试管再分别加入过量的乙酸铅和饱和硫酸铜溶液，观察沉淀的再溶解。

3. 有机酸沉淀蛋白质

三氯乙酸和磺基水杨酸是沉淀蛋白质最有效的两种有机酸。

取 2 支试管各加 2 mL 蛋白质溶液，一管中加入 10%三氯乙酸溶液 5～6 滴，另一管中加入 5%磺基水杨酸溶液 4～5 滴，观察结果。

4. 有机溶剂沉淀蛋白质

乙醇是脱水剂,它能破坏蛋白质胶体颗粒的水化层,而使蛋白质沉淀。

取 1 支试管,加入蛋白质氯化钠溶液 1 mL,再加入无水乙醇 2 mL,并混匀,观察蛋白质的沉淀。

5. 加热沉淀蛋白质

蛋白质可因加热变性沉淀而凝固,然而盐浓度和氢离子浓度对蛋白质加热凝固有着重要影响。少量盐类能促进蛋白质的加热凝固;当蛋白质处于等电点时,加热凝固最安全、最迅速;在酸性或碱性溶液中,蛋白质分子带有正电荷或负电荷,虽加热蛋白质也不会凝固;若同时有足量的中性盐存在,则蛋白质可加热而凝固。

取 5 支试管编号,按表 3-12 加入有关试剂。

将各管混匀,观察记录各管现象后,放入 100 ℃恒温水浴中保温 10 min,注意观察各管的沉淀情况。然后,将第 3、4、5 号管分别用 10% 氢氧化钠溶液或 10% 乙酸溶液中和,观察并解释实验结果。

表 3-12　加热沉淀蛋白质试剂配制表　　　　　　　　　　单位:mL

试管号	试剂					
	蛋白质溶液	0.1% 乙酸溶液	10% 乙酸溶液	饱和氯化钠溶液	10% 氢氧化钠溶液	蒸馏水
1	5	—	—	—	—	3.5
2	5	2.5	—	—	—	1
3	5	—	2.5	—	—	1
4	5	—	2.5	1	—	—
5	5	—	—	—	1	2.5

6. 蛋白质可逆沉淀与不可逆沉淀的比较

(1)在蛋白质可逆沉淀反应中,将用硫酸铵盐析所得到的清蛋白沉淀倒入透析袋中,用线绳将透析袋口扎紧,把透析袋浸入装有蒸馏水的烧杯中进行透析,并经常用玻璃棒搅拌,每隔 30 min 换一次水,仔细观察透析袋中蛋白质沉淀变化情况。

(2)在蛋白质不可逆沉淀反应中,将用硝酸银反应所得到的蛋白质沉淀倒入透析袋内,用线绳将透析袋口扎紧,把透析袋浸入装有蒸馏水的烧杯中进行透析,并观察蛋白质沉淀变化情况。

透析 1 h 左右,比较以上两个透析袋中蛋白质沉淀所发生的变化,并加以解释。

7. 蛋白质等电点的测定

取 5 支试管,按表 3-13 次序向各管中加入试剂,加入后立即摇匀。观察各管产生的浑浊度,并根据浑浊度来判断酪蛋白的等电点,浑浊度可用+、++、+++表示。

表 3-13 酪蛋白等电点测定试剂配制表

试管号	试剂					pH 值	浑浊程度
	酪蛋白乙酸钠溶液/mL	H$_2$O/mL	0.01 mol/L 乙酸溶液/mL	0.1 mol/L 乙酸溶液/mL	1 mol/L 乙酸溶液/mL		
1	1.00	3.38	0.62	—	—	5.9	
2	1.00	3.75	—	0.25	—	5.3	
3	1.00	3.00	—	1.00	—	4.7	
4	1.00	—	—	4.00	—	4.1	
5	1.00	2.40	—	—	1.60	3.5	

思考题

(1) 透析的基本原理是什么？

(2) 什么是盐析？常用来进行盐析的盐类分子有哪些？

(3) 除了本实验应用的方法之外，测定蛋白质等电点的方法还有哪些？

实验十三 聚丙烯酰胺凝胶电泳分离蛋白质

一、实验目的

(1)学习聚丙烯酰胺凝胶电泳的原理。
(2)掌握聚丙烯酰胺凝胶电泳的操作方法。

二、实验原理

电泳法分离、检测蛋白质混合样品,主要是根据各蛋白质组分的分子大小和形状以及所带净电荷多少等因素所造成的电泳迁移率的差别。在聚丙烯酰胺凝胶不连续系统碱性缓冲体系中,分离蛋清或血清蛋白质,由于聚丙烯酰胺凝胶具有浓缩、电荷、分子筛3种效应,所以分离效果好,分辨率高。用聚丙烯酰胺凝胶不连续电泳可分出30多个条带清晰的成分。

三、实验材料、器材和试剂

1. 实验材料

鸡蛋清或动物血清。

2. 实验器材

垂直板型电泳槽;电泳仪;移液器;离心管;脱色摇床;滴管;烧杯;移液管;洗耳球;容量瓶;培养皿;橡胶手套;PE手套。

3. 实验试剂

(1)A液:30%胶母液。

称取30 g 丙烯酰胺,0.8 g N,N′-甲叉双丙烯酰胺,加少量蒸馏水溶解后定容至100 mL,4 ℃保存。

(2)B液:pH=8.8 的分离胶缓冲液。

取 27.2 g 三羟甲基氨基甲烷(Tris),加少量蒸馏水溶解。用浓盐酸调节 pH 值至 8.8 后,定容至 150 mL。

(3)C液:pH=6.8 的浓缩胶缓冲液。

取 9.08 g Tris,加少量蒸馏水溶解。用浓盐酸调节 pH 值至 6.8 后,定容至 150 mL。

(4)TEMED溶液(N,N,N′,N′-四甲基乙二胺),避光保存。

(5)10%过硫酸铵(AP)溶液:称取 1 g 过硫酸铵,溶于 10 mL 蒸馏水中,临用前配制。

(6)电泳缓冲液(pH=8.3):取 Tris 6 g,甘氨酸 28.8 g,加少量蒸馏水溶解,调节 pH 值至 8.3,定容至 1000 mL。

(7)40%蔗糖溶液。

(8)0.1%溴酚蓝指示剂。

(9)染色液(0.1%考马斯亮蓝 R250-45%甲醇-10%冰乙酸溶液):取 0.1 g 考马斯亮蓝 R250,加入 45 mL 甲醇,10 mL 冰乙酸,用水定容至 100 mL。

(10)脱色液(7.5%冰乙酸-5%甲醇溶液):取 75 mL 冰乙酸,50 mL 甲醇,加水定容至 1000 mL。

四、操作方法

1. 凝胶的制备

(1)装板。先将玻璃板洗净、晾干,然后把两块长短不等的玻璃板放入电泳槽内芯中,用塑料卡子卡紧,再放入原位制胶器中(图 3-5)。

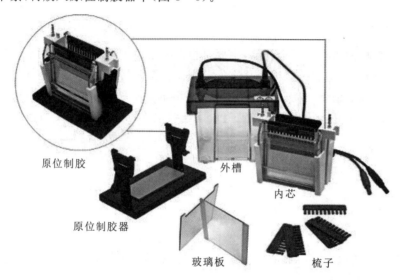

图 3-5 垂直电泳槽的组成部件

(2)配胶。根据所测蛋白质相对分子质量范围,选择某一合适的分离胶浓度,按照表 3-14 所列的试剂用量和加样顺序配制某一合适浓度的凝胶。

表 3-14 不连续系统不同浓度凝胶配制用量表 　　　　　　　单位:mL

试剂名称		配制 15 mL 不同浓度的分离胶液所需试剂量					配制 5 mL 4% 浓缩胶液所需试剂量
		7.5%	10%	12%	15%	20%	
分离胶	A 液	3.7	5.0	6.0	7.5	10.0	—
	B 液(pH=8.8)	1.8	1.8	1.8	1.8	1.8	
浓缩胶	A 液	—	—	—	—	—	0.9
	C 液(pH=6.8)	—	—	—	—	—	0.63
TEMED		0.03	0.03	0.03	0.03	0.03	0.02
蒸馏水		9.44	8.14	7.14	5.64	3.14	3.43
10%过硫酸铵(AP)		0.03	0.03	0.03	0.03	0.03	0.02

(3)凝胶液的注入和聚合。

① 分离胶胶液的注入和聚合:将所配制的凝胶液沿着凝胶腔的长玻璃板的内面用滴管滴入,小心不要产生气泡。将胶液加到距短玻璃板上沿 1～2 cm 处为止。然后用滴管沿玻璃管内壁缓慢注入蒸馏水进行水封。水封的目的是隔绝空气中的氧,并消除凝胶柱表面的弯月面,使凝胶柱顶部的表面平整。静置凝胶液进行聚合反应,在 30 min 左右聚合完成。

② 浓缩胶胶液的注入和聚合:倒去分离胶胶面顶端的水封层,再用滤纸条吸去残留的蒸馏水。按比例混合浓缩胶,混合均匀后用滴管将凝胶液加到分离胶上方,当浓缩胶液面距短玻璃板上缘 0.2 cm 时,把样品梳轻轻地插入胶液顶部。静置聚合,待出现明显界面表示聚合完成。

2. 蛋白质样品的处理

取 100 μL 鸡蛋清溶液,加 50 μL 40％蔗糖和 3～5 滴 0.1％溴酚蓝溶液,混匀备用。

3. 加样

用移液器依次在各个样品槽内加样,体积为 15～20 μL。

4. 电泳

对于垂直板型电泳,一般样品进入浓缩胶前电压控制在 120 V,持续大约 30 min,待样品进入分离胶后,将电压调到 150～180 V,继续进行电泳。待指示剂迁移至下沿 0.5～1 cm 处停止电泳,需 1～2 h。

5. 染色

电泳结束后,将两块玻璃板剥开,将凝胶取出放入培养皿中,加入考马斯亮蓝染色液,染色 20～25 min。

6. 脱色

染色完毕,将凝胶放入添加了脱色液的培养皿中。一天换 3～4 次脱色液,直至凝胶的蓝色背景褪去,蛋白质条带清晰为止。脱色时间一般需 24～48 h。

7. 绘图

根据所观察到的结果,绘制聚丙烯酰胺凝胶电泳结果示意图。

注意事项

(1)要选择合适浓度的聚丙烯酰胺凝胶来分离蛋白质样品。
(2)过硫酸铵最好用近期生产的,临用前配制。
(3)配制 30％胶母液与凝胶染色脱色时要戴橡胶手套。

思考题

(1)影响聚丙烯酰胺凝胶凝固的因素有哪些?
(2)聚丙烯酰胺凝胶的原理是什么?
(3)为什么聚丙烯酰胺凝胶具有浓缩、电荷和分子筛效应?

实验十四　血红蛋白的凝胶过滤

一、实验目的

学习并掌握凝胶过滤的分离原理及操作方法。

二、实验原理

凝胶过滤(gel filtration)色谱,又称为分子筛色谱(molecular sieve chromatography)或排阻色谱(exclusion chromatography)。凝胶过滤色谱所用的介质载体由具有一定孔径的多孔亲水性凝胶颗粒组成。当分子大小不同的混合物通过这种凝胶柱时,直径大于孔径的分子将不能进入凝胶内部,便直接沿凝胶颗粒的间隙流出,称为全排出。较小的分子则容纳在它的空隙内,自由出入,造成在柱内保留时间长。这样,较大的分子先被洗脱下来,而较小的分子后被洗脱下来,从而达到相互分离的目的。

本实验利用凝胶过滤的特点,用葡聚糖凝胶(dextran gel,商品名 Sephadex)对血红蛋白与硫酸铜混合液进行分离。混合液中血红蛋白(呈红色)相对分子质量大,不能进入凝胶颗粒中的静止相,只能留在凝胶颗粒之间的流动相中,因而以较快的速度流过层析柱;而硫酸铜(呈蓝绿色)相对分子质量较小,能自由地出入凝胶颗粒,因而通过凝胶床的速度较慢。因此,对混合液进行洗脱时,呈红色的血红蛋白色带在前,而蓝绿色的硫酸铜色带则远远地落在后边,形成鲜明的两条色带,从而可形象直观地观察到凝胶过滤的效果。

凝胶过滤由于具有设备简单、操作条件温和、分离效果好、重现性强、凝胶柱可反复使用等优点,所以被广泛地使用于蛋白质等大分子的分离纯化、相对分子质量测定、浓缩、脱盐等操作中。

三、实验材料、器材和试剂

1. 实验材料

血红蛋白溶液。

2. 实验器材

层析柱(Φ10 mm×150 mm);真空泵;真空干燥器;抽滤瓶;铁架台;恒流泵;紫外检测器;部分收集器;刻度吸量管等。

3. 实验试剂

(1)葡聚糖凝胶:Sephadex G-25。

(2)铜盐溶液:取 3.73 g $CuSO_4 \cdot 5H_2O$ 溶于 10 mL 热的蒸馏水中,冷却后稀释至 15 mL;另取柠檬酸钠 17.3 g 和 $Na_2CO_3 \cdot 2H_2O$ 10 g,溶于 60 mL 热蒸馏水中,冷却后稀释至 85 mL;最后把硫酸铜溶液慢慢倒入柠檬酸钠-碳酸钠溶液中,混匀,若有沉淀,过滤。

(3)蒸馏水:用于洗脱。

(4)抗凝血试剂(10～20 mL)。

四、实验步骤

1. 凝胶溶胀

取 5 g Sephadex G-25,加 200 mL 蒸馏水充分溶胀(在室温下约需 6 h 或在沸水浴中溶胀 5 h)。待溶胀平衡后,用倾泻法除去细小颗粒,在真空干燥器中减压除气,准备装柱。

2. 装柱

将层析柱垂直固定,旋紧柱下端的螺旋夹,把处理好的凝胶连同适当体积的蒸馏水用玻璃棒搅匀,然后边搅拌边倒入柱中。最好一次连续装完所需的凝胶,若分次装入,需用玻璃棒轻轻搅动柱床上层凝胶,以免出现界面影响分离效果。装柱后形成的凝胶床至少长 8 cm,最后放入略小于层析柱内径的滤纸片保护凝胶床面。注意:整个操作过程中凝胶必须处于溶液中,不得暴露于空气中,否则将出现气泡和断层。

3. 平衡

用蒸馏水洗脱,调整流量,使胶床表面保持 2 cm 液层,平衡 20 min。

4. 样品制备

取 2 mL 抗凝血试剂放入试管中,加入等体积的铜盐溶液,再加入 1 mL 的血红蛋白溶液,混匀待用。

5. 上样

当胶床表面仅留约 1 mm 液层时,用恒流泵吸取混合样品溶液,缓慢地注入层析柱胶床面中央,注意切勿冲动胶床,慢慢打开螺旋夹,待大部分样品进入胶床,且床面上仅有 1 mm 液层时,用胶头滴管加入少量蒸馏水,使剩余样品进入胶床。

6. 洗脱

继续用蒸馏水洗脱,调整流速,使上下流速同步保持每分钟约 6 滴,用部分收集器收集洗脱下来的溶液。

7. 凝胶回收与保存

实验完毕后,用蒸馏水把柱内有色物质洗脱干净,回收凝胶,于 4 ℃下保存。

五、结果记录与分析

记录并解释实验现象,讨论凝胶过滤的分离效果。

思考题

(1)凝胶过滤又称为分子筛,大小不同的分子经过凝胶过滤被洗脱出来的次序与一般普通过滤有什么不同?为什么?

(2)凝胶过滤在生物化学实验研究中有哪些用途?

实验十五　SDS-聚丙烯酰胺凝胶电泳测定蛋白质的相对分子质量

一、实验目的

(1) 了解和学习 SDS-聚丙烯酰胺凝胶电泳测定蛋白质相对分子质量的原理。
(2) 掌握 SDS-聚丙烯酰胺凝胶电泳的操作方法。

二、实验原理

蛋白质在电场中泳动的迁移率主要由其所带电荷的多少、相对分子质量大小及分子形状等因素决定。十二烷基硫酸钠(sodium dodecyl sulfate,简称SDS)是一种阴离子去污剂,它能按一定比例与蛋白质分子结合成带负电荷的复合物,其负电荷远远超过了蛋白质原有的电荷,也就消除或降低了不同蛋白质之间原有的电荷差别,这样就使电泳迁移率主要取决于相对分子质量大小这一因素,此时蛋白质的电泳迁移率与其相对分子质量的对数呈线性关系,可用下式表示:

$$\lg M_r = \lg K - bm$$

式中：M_r 为相对分子质量；m 为迁移率；b 为斜率；K 为常数。

根据上述方程将已知相对分子质量的标准蛋白质电泳迁移率与相对分子质量的对数作图,可制作出一条标准曲线。在相同条件下只要测得未知相对分子质量的蛋白质的电泳迁移率,即可从标准曲线求得其近似相对分子质量。实验证明,相对分子质量在 12 000～200 000 的蛋白质,用此法测相对分子质量与用其他测定方法相比,误差一般在±10%以内。

SDS-PAGE 作为一种测定蛋白质相对分子质量的方法,尽管对于大部分蛋白质来说,在比较广泛的相对分子质量范围内,蛋白质的迁移率与其相对分子质量的对数确实存在着线性关系,但是有许多蛋白质是由亚基或两条以上肽链组成的(如血红蛋白、胰凝乳蛋白酶等),它们在变性剂和强还原剂的作用下,解离成亚基或单条肽链。因此,对于这一类的蛋白质,SDS-PAGE 测定的只是它们的亚基或单条肽链的相对分子质量,而不是完整蛋白质的相对分子质量。为此,对这类样品相对分子质量的测定,还必须采用其他测定方法作参照。当然这也使得 SDS-PAGE 特别适用于寡聚蛋白及其亚基的分析鉴定和相对分子质量的测定。

SDS-PAGE 由于具有设备简单、快速,分辨率和灵敏度高等优点,所以广泛应用于生物化学、分子生物学、基因工程、医学及免疫学等方面。

三、实验材料、器材和试剂

1. 实验材料

固体蛋白质或蛋白质溶液。

2. 实验器材

垂直板状电泳槽；电泳仪；移液管；移液器；移液枪头；烧杯；滴管；洗耳球；滤纸；移液管

架;培养皿;直尺;离心机等。

3. 实验试剂

(1)低相对分子质量标准蛋白质:常用来作为低相对分子质量的标准蛋白质包括马心细胞色素 C(M_r=12 500)、牛胰凝乳蛋白酶 A(M_r=25 000)、猪胃蛋白酶(M_r=35 000)、鸡卵清蛋白(M_r=43 000)、牛血清白蛋白(M_r=68 000)等。可将上述 5 种配制成混合蛋白质标准液。

(2)30%胶母液:称取 30 g 丙烯酰胺,0.8 g N,N′-甲叉双丙烯酰胺,加少量蒸馏水溶解后定容至 100 mL,于棕色瓶 4 ℃下保存可用 2～3 个月。

(3)pH=8.8 的分离胶缓冲液:取 27.2 g Tris,加少量蒸馏水溶解。用浓盐酸调节 pH 值至 8.8 后,定容至 150 mL,于 4 ℃下保存。

(4)pH=6.8 的浓缩胶缓冲液:取 9.08 g Tris,加少量蒸馏水溶解。用浓盐酸调节 pH 值至 6.8 后,定容至 150 mL,于 4 ℃下保存。

(5)10% SDS 溶液:称取 5 g SDS 放入烧杯中,加蒸馏水至 50 mL,微热使其溶解,置于试剂瓶中,于室温下保存。

(6)10×电极缓冲液(pH=8.3):称取 Tris 30.2 g、甘氨酸 144.2 g、10% SDS 溶液 100 mL,溶于蒸馏水并定容至 1000 mL,使用时稀释 10 倍。

(7)10%过硫酸铵溶液(AP),临用前配制。

(8)样品缓冲液:称取 SDS 0.5 g、β-巯基乙醇 1 mL、甘油 3 mL、溴酚蓝 4 mg、浓缩胶缓冲液(pH=6.8)2 mL,加蒸馏水溶解并定容至 10 mL。此溶液可用来溶解标准蛋白质及待测蛋白质样品。样品若为液体,则加入与样品等体积的原液混合即可。

(9)染色液:称取 2.5 g 考马斯亮蓝 R-250,加入 450 mL 甲醇和 100 mL 冰醋酸,加 450 mL 蒸馏水溶解后过滤使用。

(10)脱色液:70 mL 冰醋酸,300 mL 甲醇,加蒸馏水至 1000 mL,混匀备用。

(11)TEMED(四甲基乙二胺)。

四、实验步骤

1. 凝胶的制备

(1)装板。先将玻璃板洗净、晾干,然后把两块长短不等的玻璃板放入电泳槽内芯中,用塑料卡子卡紧,再放入原位制胶器中。

(2)配胶。根据所测蛋白质相对分子质量范围,选择 12%分离胶浓度,按照表 3-15 所列的试剂用量和加样顺序配制凝胶。

(3)凝胶液的注入和聚合。

① 分离胶胶液的注入和聚合:用滴管将所配制的凝胶液加至长、短玻璃板的缝隙内,沿着长玻璃板的内面慢慢地加入,不要产生气泡。将胶液加到距短玻璃板上沿 1～2 cm 处为止。然后用滴管沿玻璃管内壁缓慢注适量的蒸馏水进行水封。约 30 min 后,凝胶与水封层间出现折射率不同的界线,则表示凝胶完全聚合。

② 浓缩胶胶液的注入和聚合:倒去水封层的蒸馏水,再用滤纸条吸去残留的水分。按

表 3-15 配制 10 mL 5%浓缩胶,混合均匀后用滴管将凝胶液加到已聚合的分离胶上方,当浓缩胶液面距短玻璃板上缘 0.5 cm 时,把样品梳轻轻地插入胶液顶部,两边平直。静置聚合,待出现明显界面后表示聚合完成。

表 3-15 凝胶配制表   单位:mL

试剂	配制不同浓度的分离胶所需试剂量		配制 5%浓缩胶所需试剂量
	10%	12%	
30%胶母液	6.70	8.00	1.67
蒸馏水	7.9	6.6	6.6
分离胶缓冲液(pH=8.8)	5.0	5.0	—
浓缩胶缓冲液(pH=6.8)	—	—	1.6
10%SDS 溶液	0.2	0.2	0.1
10%过硫酸铵	0.05	0.05	0.02
TEMED	0.02	0.02	0.01

2. 样品的制备

若标准或样品蛋白质是固体,称取 1 mg 的样品溶解于浓缩胶缓冲液或蒸馏水中;若样品是液体,取蛋白质样品液至小离心管中,再加入等体积的样品缓冲液,混匀后,置于沸水浴中 3 min,冷却后备用。如处理好的样品暂时不用,可放在 −20 ℃冰箱中保存,使用前在沸水浴中加热 3 min,以除去亚稳态聚合物。

3. 加样

每个样品槽内,只加一个样品或已知相对分子质量的混合标准蛋白质,一般加样体积为 20~30 μL。由于样品缓冲液中含有适量的甘油,因此样品混合液会自动沉降到样品槽的底部。

4. 电泳

电泳槽连接电泳仪,打开电源,将电流调至 20 mA,电压开始用 100 V 恒压,待样品中的溴酚蓝指示剂进入分离胶后,将电压调至 150 V,待指示剂迁移至下沿约 1 cm 处停止电泳,需 2~3 h。

5. 染色与脱色

电泳结束后,将两块玻璃板剥开,把凝胶取出放入大培养皿中,加入考马斯亮蓝染色液,染色 40 min。取出凝胶用蒸馏水漂洗数次,再加入脱色液脱色,一天换 2~3 次脱色液,直至凝胶的蓝色背景褪去,蛋白质条带清晰为止。脱色时间一般需 24~48 h。

6. 计算

脱色完成后,用蒸馏水漂洗凝胶几次,然后再将凝胶小心放在一块玻璃板上,用直尺测量各蛋白质条带中心与加样端的距离(cm)(蛋白质样品迁移距离)和溴酚蓝指示剂的迁移距离(cm)，计算蛋白质相对迁移率 R_m（relative mobility）。

$$相对迁移率 R_m = \frac{蛋白质样品迁移距离(cm)}{指示剂迁移距离(cm)}$$

以标准蛋白质的相对分子质量为纵坐标，对应的相对迁移率为横坐标作图，可得到一条标准曲线（图 3-6），根据待测蛋白质样品的相对迁移率可直接在标准曲线上查出其对应的相对分子质量。

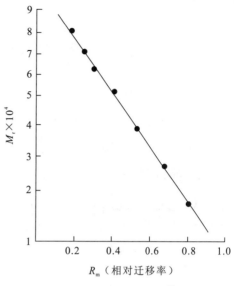

图 3-6 标准曲线示意图

注意事项

(1) 每次测定未知蛋白质相对分子质量时，应同时用标准蛋白质制作标准曲线，而不能使用过去的标准曲线。

(2) SDS-PAGE 测定的相对分子质量只是待测蛋白质亚基或单条肽链的相对分子质量，而不是完整的相对分子质量。

(3) 应根据未知蛋白质样品的估计相对分子质量选择合适的凝胶浓度。只有在合适的范围内，样品相对分子质量的对数与迁移率呈直线关系，才能准确地反映未知蛋白样品的相对分子质量。

思考题

(1) SDS 在本实验中有什么作用？

(2) 用 SDS-PAGE 法测定蛋白质相对分子质量时需要注意哪些问题？

(3) 为什么每次测定蛋白质相对分子质量时都要制作标准曲线？

实验十六 醋酸纤维素薄膜电泳分离血清蛋白质

一、实验目的

(1)了解醋酸纤维薄膜电泳分离蛋白质的原理。
(2)熟悉和掌握醋酸纤维薄膜电泳的操作方法。

二、实验原理

带电颗粒在电场作用下,向着与其电性相反的电极移动,称为电泳。各种蛋白质都有特有的等电点,当处于不同pH值的缓冲液中时,其所带电荷不同,在电场中的移动方向就有所不同,又因其本身大小及所带电荷数量的差异,在电场中的移动速度也有所差别。蛋白质相对分子质量小而带电多者,移动较快;相对分子质量大而带电少者,移动较慢。血清中一些蛋白质的等电点(pI)均低于7.5,在pH值为8.6的缓冲液中,使这些蛋白质都带有负电荷,在电场中,均会向阳极移动,等电点离8.6越远者,移动越快。各种血清蛋白因等电点不同,其电离程度或带电数量也就不同,所以在电场中的泳动速度也有差异。

血清中所含的各种蛋白质在电场中按其移动快慢可分为清蛋白、α_1、α_2、β、γ-球蛋白等5条区带。正常人血清蛋白质中各蛋白质组分的含量百分比为:清蛋白57%~72%,β-球蛋白6.2%~12%,α_1-球蛋白2%~5%,γ-球蛋白12%~20%,α_2-球蛋白4%~9%。

醋酸纤维素(二乙酸纤维素)薄膜具有均一的泡状结构,渗透性强,对分子移动无阻力,目前已广泛用于血清蛋白、脂蛋白、血红蛋白、糖蛋白、酶的分离和免疫电泳等方面。将薄膜置于染色液中,蛋白质固定并染色后,不仅可看到清晰的色带,而且可将色带染料分别溶于碱溶液中进行定量测定,从而可计算出血清中各种蛋白质的含量。

三、实验材料、器材和试剂

1. 实验材料

新鲜动物血清。

2. 实验器材

电泳仪;电泳槽;试管;烧杯;醋酸纤维素薄膜;722型分光光度计;移液器;培养皿;脱色摇床。

3. 实验试剂

(1)0.07 mol/L 巴比妥-巴比妥钠缓冲液(pH=8.6):称取2.76 g巴比妥和15.45 g巴比妥钠,置于烧杯中,加蒸馏水约600 mL,稍加热溶解,冷却后用蒸馏水定容至1000 mL。在4 ℃下保存备用。

(2)染色液(0.5%氨基黑10B染色液):称取0.5 g氨基黑10B,加甲醇50 mL,冰醋酸10 mL,用蒸馏水稀释至100 mL,混匀溶解后置于具塞试剂瓶内贮存。

(3)漂洗液:95%乙醇45 mL、冰醋酸5 mL和蒸馏水50 mL,用蒸馏水稀释至100 mL,

混匀后置于具塞试剂瓶内储存。

(4)0.4 mol/L NaOH 溶液:取 NaOH 16.0 g,加蒸馏水定容至 1000 mL。

四、实验步骤

1. 点样

取预先剪好的醋酸纤维素薄膜一条(2 cm×8 cm),在薄膜的无光泽面距一端 2 cm 处,预先用铅笔画一条线作为点样线,然后将光泽面向下,放入缓冲液中,浸泡约 10 min,待薄膜完全浸透后,取出,轻轻夹于滤纸中,吸去多余的缓冲液,用点样器的边缘蘸上血清后,在点样线上迅速地压一下,使血清通过点样器印吸在薄膜上,点样力求均匀。待血清渗入薄膜后,以无光泽面向下,加血清的一端朝向电泳槽的阴极,两端紧贴在四层的滤纸桥上,加盖,平衡 5~10 min,然后通电。

2. 电泳

在电泳槽内加入缓冲液,使两个电极槽内的液面等高,将膜条平悬于电泳槽支架滤纸桥上。(先剪尺寸合适的滤纸条,取双层滤纸条附着在电泳槽的支架上,使它的一端与支架的前沿对齐,另一端浸入电极槽的缓冲液内。用缓冲液将滤纸全部浸润并驱除气泡,使滤纸位于支架上,即为滤纸桥。它是联系醋酸纤维薄膜和两电极缓冲液之间的"桥"。)通电(通电前先检查薄膜上血清样品是否处在阴极一侧),调节电压至 110~130 V,每厘米膜宽电流为 0.4~0.5 mA,通电 45~60 min。

3. 染色

通电完毕,关闭电源。将薄膜从电泳槽中取出,直接浸于 0.5% 氨基黑 10B 染色液中 10 min。

4. 漂洗

将染色后的薄膜取出,浸入漂洗液中漂洗 3~4 次,直至薄膜的底色洗净为止,最后用蒸馏水漂洗一遍,用滤纸吸干薄膜表面水分。

5. 脱色

取 6 支试管,编号,将电泳薄膜按蛋白质区剪开,分别置于试管中。另于空白部位剪一条平均大小的薄膜条,放入空白管中。向各管中加 0.4 mol/L NaOH 溶液 5 mL,反复振荡,使其充分洗脱。

6. 测定吸光度值

选用波长为 620 nm 的单色光,以空白管中液体作为对照,测定清蛋白和 α_1、α_2、β、γ -球蛋白各管的吸光度值。

7. 计算

计算吸光度总和,以及清蛋白和 α_1、α_2、β、γ -球蛋白的质量分数。

(1)$A = A_{清} + A_{\alpha_1} + A_{\alpha_2} + A_{\beta} + A_{\gamma}$。

(2)$\omega_{清} = A_{清}/A \times 100\%$。

(3) $\omega_{a1} = A_{a1}/A \times 100\%$。
(4) $\omega_{a2} = A_{a2}/A \times 100\%$。
(5) $\omega_{\beta} = A_{\beta}/A \times 100\%$。
(6) $\omega_{\gamma} = A_{\gamma}/A \times 100\%$。

思考题

(1) 在电泳时影响蛋白质泳动速度的因素有哪些？哪种起决定性作用？
(2) 简述醋酸纤维素薄膜电泳的原理和优点。

实验十七　蔗糖酶与淀粉酶的专一性

一、实验目的

(1)掌握酶的专一性。
(2)了解还原糖的鉴定方法。

二、实验原理

酶具有高度专一性,一种酶只作用于一种或一类化合物特定的化学键,催化特定的化学反应,产生特定的产物。

蔗糖是一种二糖,分子组成为 α-D-吡喃葡萄糖基-β-D-呋喃果糖苷;棉子糖是一种三糖,其分子组成为 α-D-吡喃半乳糖基-(1→6)-α-D-吡喃葡萄糖基-(1→2)-β-D-呋喃果糖苷;淀粉是一种多糖,分子只含有 α-1,4 和 α-1,6 葡萄糖苷键。

蔗糖酶专一水解 β-D-呋喃果糖苷键。因此,蔗糖酶能催化蔗糖和棉子糖的水解,不能催化淀粉水解;α-淀粉酶专一水解 α-1,4 葡萄糖苷键,故淀粉酶只能催化淀粉水解。

蔗糖、棉子糖和淀粉均无还原性,对 Benedict 试剂呈阴性反应,而它们的水解产物则为还原性糖,与 Benedict 试剂共热产生红棕色氧化亚铜沉淀,据此可检查蔗糖、棉子糖、淀粉有无水解,判断酶反应的专一性。

三、实验器材

恒温水浴箱;漏斗;量筒;试管及试管架;吸量管;滴管;电炉;水浴锅。

四、实验试剂

(1)1%蔗糖溶液。
(2)1%棉子糖溶液。
(3)1%淀粉溶液。
(4)Benediction 试剂:柠檬酸钠 173 g 和无水碳酸钠 100 g 溶于约 700 mL 蒸馏水中(可加热促溶),冷却后慢慢倾入 17.3%硫酸铜溶液 100 mL,边加边摇,然后加蒸馏水定容至 1000 mL,混匀备用。
(5)鲜酵母。
(6)甲苯。
(7)硅藻土。
(8)5%氨水。

五、操作步骤

1. 酵母蔗糖酶提取液制备

取鲜酵母(面包酵母)1.2 g,放于小试管内,倾入甲苯 1~2 mL,用玻璃棒搅拌 30~

45 min 使酵母液化,然后加蒸馏水 3～5 mL,充分混匀。3000 r/min 离心 10 min,弃去上清液,保留沉淀于小试管中,加蒸馏水 1.5 mL、甲苯 0.2 mL,混匀,在 30 ℃水浴中过夜。次日取出,用玻璃棒搅匀,一边搅拌一边加 3%～5%稀醋酸,调节 pH 值至 3.5～4.0,3000 r/min 离心 10 min。将上清液倾入洁净的烧杯内,加入少量硅藻土,混匀,过滤。滤液用氨水中和至 pH＝5 左右,于 4 ℃冰箱中保存备用。使用前可根据实验需要的活性大小适当稀释。

2. 准备稀释唾液(淀粉酶的来源)

实验者先用水漱口,然后含一口蒸馏水于口中轻漱 1～2 min,吐入小烧杯中。

3. 取大试管 6 支按表 3-16 加入试剂

表 3-16 蔗糖酶与淀粉酶专一性实验操作表

试剂	不同管号加入试剂量					
	1	2	3	4	5	6
1%蔗糖溶液	10 滴	—	—	10 滴	—	—
1%棉子糖溶液	—	10 滴	—	—	10 滴	—
1%淀粉溶液	—	—	10 滴	—	—	10 滴
蔗糖酶液	5 滴	5 滴	5 滴	—	—	—
稀释唾液	—	—	—	5 滴	5 滴	5 滴

每管混匀后置于 38 ℃恒温水浴中保温 30 min。另取大试管 6 支,每支试管中加 Benedict 试剂 1 mL,加热煮沸后,分别将保温后的试管中的液体加入其中,继续煮沸 2 min,放试管架上冷却。

观察并记录实验结果,最后进行分析和解释。

注意事项

水解液加入 Benedict 试剂中后,切勿摇动。

思考题

(1)什么叫糖的还原性?
(2)酵母蔗糖酶制备中,加入 0.2 mL 甲苯过夜起何作用?

实验十八 胰蛋白酶和胃蛋白酶活力测定

一、实验目的

(1) 掌握胰蛋白酶和胃蛋白酶活力测定的方法。
(2) 了解酶的活力及比活力的概念。

二、实验原理

1. 胰蛋白酶活力的测定

胰蛋白酶能催化蛋白质的水解,专一作用于由精氨酸、赖氨酸等碱性氨基酸的羧基参与形成的肽键,其高度专一性表现为对碱性氨基酸一端的选择。胰蛋白酶不仅能够水解肽键,还能水解酯键和酰胺键。胰蛋白酶对这些化学键的敏感性依次为:酯键＞酰胺键＞肽键。因此可以用蛋白质和人工合成的酯类或酰胺类化合物作为底物来测定胰蛋白酶的活力。目前常用苯甲酰-L-精氨酸乙酯(benzoyl-arginine ethyl ester,BAEE)和 N-对甲苯磺酰基-L-精氨酸甲酯(N-tosyl-L-arginine methyl ester,TAME)测定酯酶活力。用苯甲酰-L-精氨酸-对硝基苯胺(benzoyl-L-arginine p-nitroanilide,BAPA)和苯甲酰-L-精氨酸-β-萘酰胺(benzoyl-arginine naphthylamide,BANA)测定酰胺酶活性。

本实验以 BAEE 为底物,用紫外吸收法测定胰蛋白酶活力。BAEE 在波长 253 nm 下的紫外吸收远远弱于苯甲酰-L-精氨酸(benzoyl-L-arginine,BA)的紫外吸收。在胰蛋白酶的催化下,随着酯键被水解,水解产物 BA 逐渐增多,反应体系的紫外吸收亦随之相应增加,反应式如下:

2. 胃蛋白酶活力的测定

一定条件下,胃蛋白酶可以催化血红蛋白生成不被三氯醋酸沉淀的小肽及氨基酸,其中芳香族氨基酸酪氨酸和色氨酸在波长 275 nm 处有较强的吸收。以酪氨酸为对照品,在 275 nm 处测定吸收值,以确定胃蛋白酶的活力单位。

三、实验仪器

酶标仪;酶标板(96孔);微量移液器;1.5 mL 离心管;离心机;恒温水浴箱。

四、实验试剂

(1) BAEE 溶液:称取 0.34 mg BAEE 和 2.22 mg 的氯化钙,溶于 1 mL 0.05 mol/L pH 值为 8.0 的 Tris‑HCl 缓冲液中。

(2) 0.001 mol/L 盐酸。

(3) 胰蛋白酶溶液:称取适量的胰蛋白酶(结晶胰蛋白酶 25～50 μg,粗制品则应该增加用量),溶于 1 mL 0.001 mol/L 盐酸中。

(4) 牛血红蛋白溶液:称取牛血红蛋白 100 mg,溶于 10 mL 0.065 mol/L 盐酸溶液中。

(5) 酪氨酸溶液(对照品):称取酪氨酸 500 μg,溶于 1 mL 0.065 mol/L 盐酸溶液中。

(6) 胃蛋白酶溶液:称取适量的胃蛋白酶(0.2～0.4 U),溶于 1 mL 0.065 mol/L 盐酸溶液中。

五、操作步骤

1. 胰蛋白酶活力的测定

(1) 在酶标板样品孔和空白孔中分别加入 140 μL BAEE 溶液,25 ℃预热 5 min,样品孔中加入 10 μL 胰蛋白酶溶液,空白孔中用相同体积 0.001 mol/L 盐酸溶液代替酶液,混匀,开始测定,每 0.5 min 读数一次,共读 3～4 min。A 值为样品孔吸光度减去空白所得的数值,控制 $\Delta A_{253}/\min$ 在 0.05～1 为宜。

(2) 绘制酶促反应动力学曲线,从曲线上求出反应起始点吸光度随时间的变化率(即初速度)$\Delta A_{253}/\min$。

(3) 胰蛋白酶活力单位的定义:以 BAEE 为底物反应液,在一定条件下,每分钟使 ΔA_{253} 增加 0.001,反应液中所加入的酶量为 1 BAEE 单位。

(4) 结果与计算。

$$\text{胰蛋白酶的活力单位(BAEE 单位)} = \frac{\Delta A_{253}/\min}{0.001}$$

$$\text{胰蛋白酶的比活力(BAEE 单位/mg)} = \frac{(\Delta A_{253}/\min) \times 1000}{W \times 0.001}$$

式中:$\Delta A_{253}/\min$ 为每分钟增加的吸光度;W 为测定时胰蛋白酶用量(μg)。

2. 胃蛋白酶活力的测定

(1) 取 6 个 1.5 mL 离心管,其中 3 个标记为测定管,分别加入胃蛋白酶溶液 40 μL,另外 3 个标记为对照管,分别加入酪氨酸溶液 40 μL,37 ℃保温 5 min 后分别加入 37 ℃预热的血红蛋白溶液 200 μL,混匀,37 ℃反应 10 min,立即加入 5% 三氯醋酸溶液 200 μL,混匀,8000×g 离心 1 min,收集各管上清液备用。

(2) 取 6 个 1.5 mL 离心管,分别加入血红蛋白溶液 200 μL,37 ℃保温 10 min 后加入 5% 三氯醋酸溶液 200 μL,之后,其中 3 个离心管中分别加入 40 μL 胃蛋白酶溶液,另 3 个离心管中分别加入 40 μL 0.065 mol/L 盐酸溶液,8000×g 离心 1 min,收集上清液,分别作为测定管和对照管的空白对照。

(3)分别从上述各管中吸取 150 μL 上清液加入酶标板各孔中,在波长 275 nm 处测定吸光度。

(4)胃蛋白酶活力单位的定义:在上述条件下,每分钟能催化水解血红蛋白生成 1 μmol 酪氨酸的酶量,为 1 个酶活力单位。

(5)结果与计算。

$$胃蛋白酶的比活力 = \frac{\Delta \overline{A} \times W_s \times n}{\Delta \overline{A}_s \times W \times 10 \times 181.19}$$

式中:$\Delta \overline{A}_s$ 为对照孔的平均吸光度(相对空白对照孔的平均吸光度);$\Delta \overline{A}$ 为测定孔的平均吸光度(相对空白对照孔的平均吸光度);W_s 为测定时酪氨酸的用量(μg);W 为胃蛋白酶取样量(mg);n 为胃蛋白酶稀释倍数。

注意事项

蛋白酶浓度事先要摸索好,使得反应速度适中,得到有效的数据。

思考题

(1)什么是酶的比活力?
(2)测定酶的比活力的意义是什么?

实验十九　枯草杆菌蛋白酶活力测定

一、实验目的

(1)掌握测定枯草杆菌蛋白酶活力的原理和酶活力的计算方法。
(2)学习测定酶促反应速度的方法和基本操作。

二、实验原理

酶活力,即酶催化某一特定反应的能力。酶活力的大小通常以该酶在适宜的温度、pH和缓冲液条件下,酶催化一定时间后,反应体系中底物的减少量或产物的增加量来表示。

酶活力单位数是表示酶活力大小的重要指标。本实验规定酶活力单位(用 U 表示)定义为一定条件下每分钟内分解出 1 μg 酪氨酸所需的酶量。本实验以酪蛋白为底物,以枯草杆菌蛋白酶水解酪蛋白产生酪氨酸,在碱性条件下酪氨酸与 Folin-酚试剂反应生成蓝色化合物,该化合物在 680 nm 处有最大光吸收。酪氨酸含量与颜色深浅成正比,因而可测定酪氨酸含量并计算酶活力。

三、实验仪器和试剂

1. 实验仪器

试管;试管架;吸量管;恒温水浴箱;721 分光光度计。

2. 实验试剂

酚试剂;0.2 mol/L 盐酸溶液;0.04 mol/L 氢氧化钠溶液;0.55 mol/L 碳酸钠溶液;10%三氯乙酸溶液。

0.2 mol/L pH=7.5 磷酸缓冲液,临用时稀释 10 倍即为 0.02 mol/L pH=7.5 磷酸缓冲液。

标准酪氨酸溶液(50 μg/mL):称取 12.5 mg 已烘干至恒重的酪氨酸,用 0.2 mol/L 盐酸约 30 mL 溶解后,用蒸馏水定容至 250 mL。

酪蛋白溶液(0.5%):称取 1.25 g 酪蛋白,用 0.04 mol/L 氢氧化钠溶液(约 20 mL)溶解,然后用 0.02 mol/L pH=7.5 的磷酸缓冲液定容到 250 mL,该试剂最好用时现配。

枯草杆菌蛋白酶:称取 1 g 枯草杆菌蛋白酶粉,用少量 0.02 mol/L pH=7.5 的磷酸缓冲液溶解并定容至 100 mL,振荡 15 min,充分溶解,用干纱布过滤,取滤液,放冰箱备用。使用时用缓冲液适当稀释。

四、操作方法

1. 酪氨酸标准曲线制作

取 6 支试管(标号 0、1、2、3、4、5),按顺序分别加入 0、0.20 mL、0.40 mL、0.60 mL、

0.80 mL 和 1.00 mL 标准酪氨酸溶液,再用水补足到 1.00 mL,摇匀后加入 0.55 mol/L 碳酸钠溶液 5.0 mL,摇匀。依次加入 Folin-酚试剂 1.00 mL,摇匀并计时,于 30 ℃ 恒温水浴中保温 15 min。然后于 680 nm 波长处测吸光度(以 0 号管作对照)。以酪氨酸含量(μg)为横坐标,以吸光度 A 为纵坐标绘制标准曲线。

2. 酶活力测定

(1)酶反应过程:在一支试管中,加入 2.0 mL 0.5% 酪蛋白溶液,于 30 ℃ 水浴中预热 5 min 后,再加入 1.0 mL 枯草杆菌蛋白酶液(已预热 5 min)立即计时,准确保温 10 min 后,由水浴中取出,并立即加入 2.0 mL 10% 三氯乙酸溶液,摇匀后静止数分钟,用干滤纸过滤,用干净试管收集滤液(A 液)。

另取一支试管,加入 1.0 mL 蛋白酶后再加入 2.0 mL 10% 三氯乙酸溶液,摇匀,旋转数分钟后再加入 2.0 mL 0.5% 酪蛋白溶液,然后于 30 ℃ 水浴保温 10 min,同样过滤收集滤液(B 液)。

以上两个过程,应各做一次平行实验。

(2)滤液中酪氨酸含量测定:取 3 支试管,分别加入 1.0 mL 水、A 液、B 液,然后各加入 5.0 mL 0.55 mol/L 碳酸钠溶液和 1.0 mL Folin-酚试剂,按标准曲线制作方法保温并测吸光度。由标准曲线查出 A 液、B 液中酪氨酸含量差值,即可计算出酶的活力单位。

3. 结果计算

$$酶活力单位数(U/g) = (样品 A_{680} - 对照 A_{680}) \times K \times V \times N / T$$

式中:样品 A_{680} 为样品液在 680 nm 波长测定的吸光度值;对照 A_{680} 为对照液在 680 nm 波长测定的吸光度值;K 为标准曲线上 $A=1$ 时对应的酪氨酸微克数(μg);T 为酶促反应时间,本实验 $T=10$ min;V 为酶促反应液体积,本实验 $V=5$ mL;N 为酶溶液稀释倍数。

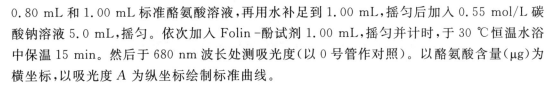

(1)本实验所用的 Folin-酚试剂只是测蛋白质含量时的 Folin-酚试剂 B。

(2)酶反应滤液中因加放三氯乙酸使 pH 值降低,测酪氨酸含量时若显色异常,应检查显色液 pH 值是否大于 8。必要时,应适当增加碳酸钠溶液用量。

(3)试液中其他酚类化合物、柠檬酸或铜离子对酪氨酸显色有干扰作用。

实验二十　亲和层析法从鸡蛋清中分离溶菌酶

一、实验目的

(1) 了解溶菌酶制备的方法和原理。
(2) 了解和掌握溶菌酶活性测定的方法。

二、实验原理

亲和层析(affinity chromatography)是在一种特制的具有专一吸附能力的吸附剂上进行层析，又称为功能层析、选择层析和生物专一吸附。生物大分子具有与其相应的专一分子可逆结合的特性，如酶与底物、酶与竞争性抑制剂、酶与辅酶、抗原与抗体、RNA 与其互补的 DNA、激素与受体等，并且结合后可在不丧失生物活性的情况下用物理或化学的方法解离，这种生物大分子和配基之间形成专一的可解离的络合物的能力称为亲和力。亲和层析的方法就是根据这种具有亲和力的生物分子间可逆地结合和解离的原理而建立和发展起来的。首先是层析柱的准备，如将酶的底物或抑制剂(称为配体)与固体支持物(称为载体)，通过化学方法连接起来，制成专一吸附剂，然后将其装入柱中，再将含酶的样品溶液通过该层析柱，在合适的条件下该酶便被吸附在层析柱上，而其他蛋白质则不被吸附，全部通过层析柱流出。然后，再用适当的缓冲液洗脱，该酶又被解离而淋洗下来，收集流出液便可得到欲分离酶的纯品。

亲和层析的吸附剂制备应注意以下问题：①选择合适的配基，这是实验成败的关键。②载体的选择，目前有琼脂糖凝胶、交联琼脂糖凝胶、聚丙烯酰胺凝胶、葡聚糖凝胶、聚丙烯酰胺-琼脂糖凝胶(GCA)、纤维素和多孔玻璃等多种，其中较为理想和广泛使用的是珠状琼脂糖凝胶。③将载体活化。④配基和活化载体进行偶联形成共价键，从而将配基接到载体上。由于载体性质不同，活化和偶联的方式也不同。多糖类载体亲和吸附剂的制备方法有：溴化氢活化及偶联法、双环氧活化及偶联法和高碘酸盐活化及偶联法。聚丙烯酰胺载体的酰胺键活化的方式有：羧基衍生物、酰肼衍生物和氨乙基衍生物的产生，然后再连接配基。

溶菌酶(EC.3.2.1.17)是糖苷水解酶，由 129 个氨基酸残基组成，在鸡蛋清中含量丰富。此外，它还广泛存在于哺乳动物的唾液、泪液、血浆、乳汁、白细胞及其他组织、体液的分泌液中。从一个鸡蛋中可获得 20 mg 左右的冻干酶，其是商品酶的主要来源。在鸡蛋清中除溶菌酶以外，还有其他许多蛋白质，但溶菌酶有两个显著特点：一是具有很高的等电点，pI=11.0；二是其相对分子质量低，$M_r=14.6×10^3$。溶菌酶能够溶解革兰氏阳性菌，对革兰氏阴性菌不起作用。溶菌酶之所以溶菌，是因为它能催化革兰氏阳性细菌的细胞壁肽聚糖水解，溶菌酶催化水解细菌细胞壁的 N-乙酰胞壁酸和 N-乙酰葡萄糖胺之间的 β-1,4 糖苷键，溶菌酶也能水解甲壳素的 N-乙酰葡萄糖胺之间的 β-1,4 糖苷键，因此可以利用溶菌酶与甲壳素的亲和性来提纯溶菌酶。

溶菌酶的活性测定过去常用细胞溶菌法，即用对溶菌酶敏感的溶性微球菌(*Micrococcus lysodeikticus*)作为底物进行比浊测定，但是此法往往不能得到重复的结果。也有用寡聚和多聚 N-乙酰葡萄糖胺的衍生物为底物,通过黏度法或还原糖分析法进行测定的,但操作比较复杂。本实验采用比色测定法,本法是以活性染料艳红 K-2BP 所标记的溶性微球菌为底物,由于活性染料的标记部位并不是酶的作用点,因此当溶菌酶将这种底物水解以后即产生染料标记的水溶性碎片,除去未经酶作用的多余底物,溶液颜色的深浅就能代表酶活性的相对大小,在 540 nm 波长处可直接进行比色测定。

三、实验材料、仪器和试剂

1. 实验材料

鸡蛋清;壳聚糖。

2. 实验仪器

捣碎机;层析柱(1 cm×15 cm);蠕动泵;核酸蛋白质检测仪;自动部分收集器;记录仪;紫外-可见分光光度计;恒温水浴锅;烧杯;真空泵;量筒。

3. 实验试剂

(1) 6% HAc 溶液:取 60 mL 冰乙酸加入 940 mL 水中。

(2) 甲醇。

(3) 乙酸酐。

(4) 10% NaOH 溶液:取 10 g NaOH 溶于 80 mL 水中,定容至 100 mL。

(5) 2% $NaNO_2$ 溶液:取 1 g $NaNO_2$ 溶于 40 mL 水中,定容至 50 mL。

(6) 5 mmol/L $NaHCO_3$ 溶液(含 0.2 mol/L NaCl 溶液):取 0.4 g $NaHCO_3$、11.69 g NaCl 溶于 900 mL 水中,定容至 1000 mL。

(7) 溶壁微球菌(*M. lysodeiktcus*)。

(8) 0.1 mol/L 磷酸缓冲液(pH=6.2):取 13.6 g KH_2PO_4 溶于 800 mL 水中,加入 0.1 mol/L NaOH 溶液 162 mL,定容至 1000 mL。

(9) 考马斯亮蓝测蛋白质试剂。

(10) 溶菌酶标准品。

(11) 溶菌酶底物:取 1 g 艳红 K-2BP 标记溶性微球菌悬于 100 mL 0.5 mol/L pH 值为 6.5 的磷酸缓冲液内,置冰箱中保存备用。

四、操作步骤

1. 鸡蛋清准备

取 2~3 枚新鲜鸡蛋,洗净擦干,取一枚鸡蛋在其一端用镊子轻轻捣一直径为 4 mm 的小孔,下面用烧杯或量筒接好,再在鸡蛋另一端打一个小孔用于进气,此时蛋清缓缓自动流出。取蛋清的操作应很细致,避免蛋黄破裂混入蛋清而影响实验结果。将所得 80 mL 左右鸡蛋清用电磁搅拌器充分混匀(约 15 min)。然后用纱布滤去杂质,测量体积,记录 pH 值,置于冰箱冷藏。

2. 亲和层析柱的制备

(1) 称取乙酰甲壳素(壳聚糖)5 g,用 300 mL 6% HAc 溶液溶解,不断搅拌,呈胶状。

(2)加入甲醇稀释后,搅拌均匀,边搅拌边加入乙酸酐,形成透明胶状甲壳素。

(3)将胶状甲壳素用捣碎机打碎成细颗粒,倒入烧杯内,加入少量10% NaOH溶液于60 ℃水浴中保温3 h,用真空泵抽滤,水洗至中性,倒入烧杯中。

(4)向甲壳素中加入6% HAc溶液,搅拌均匀后,边搅拌边加入2% $NaNO_2$溶液进行脱氨反应,再用HAc溶液调节pH值至中性,用真空泵抽滤,反复洗涤,脱去甲壳素分子上的游离氨基,即制得甲壳素凝胶。

3. 鸡蛋清溶菌酶的亲和层析

鸡蛋清溶菌酶的亲和层析步骤如下。

(1)平衡:将上述凝胶倒入5 mmol/L $NaHCO_3$溶液(含0.2 mol/L NaCl)中,搅拌10 min,抽滤,重复操作,进行平衡。

(2)上柱:取新鲜鸡蛋清20 mL,用5 mmol/L $NaHCO_3$溶液(含0.2 mol/L NaCl)稀释至200 mL,作为粗酶液,测定其蛋白质含量和酶活性。取1 mL原酶液加入上述平衡过的甲壳素凝胶中,充分搅拌1 h,装入层析柱。

(3)将层析柱入口与蠕动泵出口连接,层析柱出口连接到核酸蛋白质检测仪与部分收集器。

(4)洗脱:用5 mmol/L $NaHCO_3$溶液(含0.2 mol/L NaCl)洗脱,当洗出液的A_{280}小于0.1时,改用6% HAc溶液洗脱,控制流速为1 mL/min,每管收集4 mL。

(5)检测:测定有蛋白吸收峰的管的酶活性,收集合并活性较高的管内溶液,此液即为纯化酶液,量其体积。

4. 溶菌酶活力的测定

活性单位定义:在pH值为6.5及温度为37 ℃的条件下作用15 min,水解0.1 mg艳红K-2BP标记溶性微球菌的酶量为一个活性单位。

(1)标准曲线的制作。

取试管6支,按表3-17操作。

表3-17 标准曲线制作表

试管号	1	2	3	4	5	6
底物溶液/mL	0	0.1	0.2	0.3	0.4	0.5
0.5mol/L pH=6.5的磷酸缓冲液/mL	0.5	0.4	0.3	0.2	0.1	0
溶菌酶标准品溶液/mL	0.5	0.5	0.5	0.5	0.5	0.5
37 ℃反应 10 min						
乳化剂/mL	2.0	2.0	2.0	2.0	2.0	2.0
3000 r/min 离心后取上清液						
A_{540}						

（2）样品测定。

样品测定按表3-18操作。

表 3-18 样品测定操作表

试管号	1	2	3
底物溶液/mL	0	0.5	0.5
0.5mol/L pH＝6.5 的磷酸缓冲液/mL	0.5	—	—
溶菌酶溶液/mL	0.5	0.5	0.5
37 ℃反应 10 min			
乳化剂/mL	2.0	2.0	2.0
3000 r/min 离心后取上清液			
A_{540}			

五、结果计算

取样品的平均吸收值，由标准曲线查得活性单位数，再由稀释倍数换算出溶菌酶的比活性。

实验二十一 影响酶活性的因素

酶具有高度的专一性。温度和 pH 对酶的活性有显著的影响。能使酶的活性增加的作用称为酶的激活作用,使酶的活性增加的一些物质称为酶的激活剂;能使酶的活性减弱的作用称为酶的抑制作用,使酶的活性减弱的一些物质称为酶的抑制剂。激活剂与抑制剂常表现出某种程度的特异性。

§ 温度对酶活性的影响

一、实验目的

(1)通过检验不同温度下唾液淀粉酶的活性,了解温度对酶活性的影响。
(2)进一步明确最适温度的概念。

二、实验原理

酶的催化作用受温度的影响很大,一方面,与一般化学反应一样,提高温度可以增加酶促反应的速度。通常温度每升高 10 ℃,反应速度就加快一倍左右,通常用温度系数表示,一般情况下的温度系数约等于 2,最后反应速度达到最大值。另一方面,酶是一种蛋白质,温度过高可引起蛋白质变性,导致酶的失活。因此,反应速度达到最大值以后,随着温度的升高,反应速度反而逐渐下降,以至完全停止反应。反应速度达到最大值时的温度称为某种酶的最适温度。高于或低于最适温度时,反应速度逐渐降低。人体内大多数酶的最适温度在 37 ℃左右。

本实验以唾液淀粉酶催化淀粉水解,并用碘液来检查酶促淀粉水解程度,来说明温度与酶活力之间的关系。

唾液淀粉酶可将淀粉逐步水解成各种不同大小分子的糊精及麦芽糖。它们遇碘各呈不同的颜色。直链淀粉(即可溶性淀粉)遇碘呈蓝色;糊精按分子大小从大到小的顺序,遇碘可呈蓝色、紫色、暗褐色和红色。最小的糊精和麦芽糖遇碘不呈颜色,使整个反应系统呈现出加入碘液的颜色。由于在不同的温度下唾液淀粉酶的活性高低不同,则淀粉被水解的程度不同,所以,可由酶反应混合物遇碘所呈现的颜色来判断。

三、实验材料、器材和试剂

1. 实验材料

唾液淀粉酶溶液:每人用自来水漱口 3 次,然后含一口自来水保持 1~2 min,最后将水吐入小烧杯中,摇匀,备用。

2. 实验器材

移液管;试管;试管架;恒温水浴锅;洗耳球;塑料吸管;小烧杯;试管夹。

3. 实验试剂

(1)1%淀粉溶液(含0.3%的NaCl):将1 g可溶性淀粉及0.3 g NaCl,混悬于5 mL蒸馏水中,然后缓慢倒入60 mL沸腾的蒸馏水中,搅动煮沸1 min,凉至室温后加蒸馏水至100 mL,置于冰箱中贮存。

(2)pH=7.0的磷酸缓冲液:取772.5 mL 0.2 mol/L $Na_2HPO_4 \cdot 12H_2O$(称取$Na_2HPO_4 \cdot 12H_2O$ 71.64 g,加蒸馏水定容至1000 mL)和227.5 mL 0.1 mol/L柠檬酸溶液(称取柠檬酸10.505 g,加蒸馏水至500 mL)混匀,即可得到pH=7.0的磷酸缓冲液。

(3)碘液:称取2 g KI溶于5 mL蒸馏水中,随后加1 g碘,待碘溶解后,加蒸馏水至300 mL,混合均匀贮存于棕色试剂瓶中。

四、实验步骤

取3支试管,依次编号,按照表3-19所示的数据,依次加入各种试剂,混匀。

表3-19 温度对酶活性的影响

试管号	1	2	3
淀粉酶液/mL	1	1	1
酶液处理5 min时温度/℃	0	37	100
pH=7.0的磷酸缓冲液/mL	2	2	2
1%淀粉溶液(含0.3%的NaCl)/mL	1	1	1
反应条件10 min时温度/℃	0	37	100
冷却3 min	流动水冷却		
碘液/滴	1	1	1
结果			
现象解释			

§ pH对酶活性的影响

一、实验目的

(1)了解pH对酶活力的影响及最适pH的概念。
(2)学习测定最适pH的方法。

二、实验原理

酶的活力受pH的影响极为显著。通常各种酶只在一定的pH范围内才表现它的活性。一种酶表现其活性最高时的pH,称为该酶的最适pH。酶在最适pH条件下具有最大的活力。低于或高于最适 pH 时,酶的活性逐渐降低。pH 能影响底物和酶分子的解离状态,而酶只能和某种解离状态下的底物形成络合物。在最适 pH 时,酶分子上的活性基团的解离状态最适于与底物结合,此时底物分子本身含有的解离基团也处于最佳解离状态,酶和底物的结合力最大。pH 高于或低于最适 pH 时,酶的活性基团的解离状态发生变化,酶和底物的结合力降低,因而酶反应速度降低。

　　酶处于强酸或强碱的环境下时,会完全变性,完全丧失催化活性。不同的酶的最适 pH 不同,大多数酶的最适 pH 在 4~8 的范围内,动物酶的最适 pH 大多在 6.5~8.0 之间,植物和微生物酶的最适 pH 多在 4.5~6.5 之间,但也有例外,如胃蛋白酶的最适 pH 是 1.5~2.5,胰蛋白酶的最适 pH 是 8,精氨酸酶的最适 pH 是 10。

　　本实验以唾液淀粉酶催化淀粉水解为例,观察在不同 pH 条件下淀粉的水解程度来判断 pH 对酶活性的影响。检查淀粉水解的方法如前所述。

三、实验材料、器材和试剂

1. 实验材料

唾液淀粉酶溶液(自制)。

2. 实验器材

移液管;洗耳球;试管;试管架;恒温水浴锅;白瓷反应盘;塑料滴管;试管夹。

3. 实验试剂

(1) 1% 淀粉溶液(含 0.3% 的 NaCl)。

(2) 唾液淀粉酶溶液。

(3) 碘液。

(4) 缓冲系统。

(a) 0.2 mol/L $Na_2HPO_4 \cdot 12H_2O$:称取 $Na_2HPO_4 \cdot 12H_2O$ 71.64 g,加蒸馏水定容到 1000 mL。

(b) 0.1 mol/L 柠檬酸溶液:称取柠檬酸 10.505 g,加蒸馏水至 500 mL。

按照表 3-20 所示数据配制 pH 缓冲系统。

表 3-20　缓冲溶液配制

pH 值	溶液体积/mL	
	0.2 mol/L $Na_2HPO_4 \cdot 12H_2O$	0.1 mol/L 柠檬酸溶液
5.0	257.50	242.50
7.0	411.75	88.25
8.0	486.25	13.75

四、实验步骤

取 3 支试管,依次编号,按照表 3-21 所示的数据,依次加入各种试剂,混匀。

表 3-21 pH 对酶活性的影响

试管号	1	2	3
pH＝5.0 的缓冲液/mL	3	—	—
pH＝7.0 的缓冲液/mL	—	3	—
pH＝8.0 的缓冲液/mL	—	—	3
1%淀粉溶液(含 0.3%的 NaCl)/mL	1	1	1
唾液淀粉酶溶液/mL	1	1	1
保温	将上述各管混匀后于 37 ℃水浴中保温		
检查水解程度	保温约 2 min 后,从第 2 号试管中取出 1 滴溶液置于白瓷盘上,用碘液检查淀粉的水解程度		
碘液/滴	1	1	1
结果			
现象解释			

§ 激活剂、抑制剂对酶活性的影响

一、实验目的

(1)了解酶促反应的激活和抑制。
(2)学习测定激活剂和抑制剂影响酶促反应的方法及原理。

二、实验原理

酶的活性常受某些物质的影响,有些物质能使酶的活性增加,称为酶的激活剂,使酶的活性增加的作用称为酶的激活作用;而有些物质能使酶的活性降低,称为酶的抑制剂,使酶的活性降低的作用称为酶的抑制作用。例如,NaCl 为唾液淀粉酶的激活剂,$CuSO_4$ 为其抑制剂。

很少量的激活剂或抑制剂就会影响酶的活性,而且常具有特异性。值得注意的是激活剂和抑制剂不是绝对的,有些物质在低浓度时是某种酶的激活剂,而在高浓度时则为该酶的抑制剂。例如,NaCl 达到 1/3 饱和度时就可抑制唾液淀粉酶的活性。

本实验以唾液淀粉酶催化淀粉水解为例,观察在激活剂与抑制剂存在的条件下淀粉水解程度。检查淀粉水解的方法如前所述。

三、实验材料、器材和试剂

1. 实验材料

唾液淀粉酶溶液:每人用自来水漱口 3 次,然后取 20 mL 蒸馏水置于一小烧杯中,向烧

杯中吐入一口唾液,摇匀,备用。

2. 实验器材

移液管;洗耳球;试管;试管架;恒温水浴锅;白瓷反应盘;塑料吸管;试管夹。

3. 实验试剂

(1)1% NaCl 溶液。

(2)1% $CuSO_4$ 溶液。

(3)1%淀粉溶液:称取淀粉 1 g 溶于 100 mL 沸水中,搅动煮沸 1 min,凉至室温后,于冰箱中贮存备用。

(4)蒸馏水。

(5)唾液淀粉酶溶液。

(6)碘液。

四、实验步骤

取 3 支试管,依次编号,按照表 3-22 所示的数据,依次加入各种试剂,混匀。

表 3-22 激活剂与抑制剂对酶活性的影响

试管号	1	2	3
1% NaCl 溶液/mL	1	—	—
1% $CuSO_4$ 溶液/mL	—	1	—
蒸馏水/mL	—	—	1
唾液淀粉酶溶液/mL	1	1	1
将上述各管试剂混匀			
1%淀粉溶液/mL	3	3	3
保温	各管混匀后于 37 ℃水浴中保温		
检查淀粉水解程度	保温 1 min 左右,即可检查 1 号管中淀粉的水解程度,方法同 pH 实验。待 1 号试管的溶液不再变色时取出所有的试管,各加 2 滴碘液,摇匀后观察现象		
结果			
现象解释			

思考题

(1)如果想获得好的实验结果,应在实验过程中注意哪些方面?

(2)为什么每个人提供的唾液淀粉酶的活性存在一定的差异?

实验二十二 胰蛋白酶米氏常数的测定

一、实验目的

(1) 掌握胰蛋白酶米氏常数的测定方法。
(2) 进一步熟悉酶促动力学的相关内容。

二、实验原理

胰蛋白酶为蛋白酶的一种,在脊椎动物中作为消化酶起作用。它能选择性地水解蛋白质中由赖氨酸或精氨酸的羧基所构成的肽链,能消化溶解变性蛋白质,对未变性的蛋白质无作用。本实验以胰蛋白酶消化酪蛋白为例,采用 Lineweave-Burk 双倒数作图法测定 K_m 值。胰蛋白酶催化酪蛋白中碱性氨基酸(L-精氨酸和 L-赖氨酸)的羧基所形成的肽键水解。水解时生成自由氨基,因此可以用甲醛滴定法判断自由氨基增加的数量来追踪反应。

三、实验材料、器材和试剂

1. 实验材料

胰蛋白酶的粗制品。

2. 实验器材

锥形瓶;碱式滴定管;铁架台;蝴蝶夹;移液管;洗耳球;量筒;恒温水浴锅。

3. 实验试剂

(1) 1 mol/L NaOH 溶液。
(2) 40 g/L 酪蛋白溶液(pH=8.5):将 40 g 酪蛋白溶解在大约 900 mL 水中,再加 20 mL 1 mol/L NaOH 溶液,连续振荡此悬浮液,微热直至溶解,最后用 1 mol/L 盐酸或 1 mol/L NaOH 溶液调至 pH=8.5,并用水稀释至 1000 mL。
(3) 40 g/L 胰蛋白酶溶液:用胰蛋白酶的粗制品配制并放在冰箱内保存。
(4) 400 g/L 甲醛溶液。
(5) 2.5 g/L 酚酞-乙醇溶液。
(6) 0.1 mol/L 标准 NaOH 溶液。

四、实验步骤

(1) 取 6 个小锥形瓶,分别编号 0、1、2、3、4、5,各加入 5 mL 400 g/L 甲醛溶液和 1 滴酚酞,并滴加 0.1 mol/L 标准 NaOH 溶液,直至混合物呈微粉红色(所有锥形瓶中的颜色一致)。
(2) 量取 100 mL 40 g/L 酪蛋白溶液(pH=8.5),加入另一锥形瓶中,于 37 ℃ 水浴中保温 10 min。同时将 40 g/L 胰蛋白酶溶液也于 37 ℃ 水浴中保温 10 min。然后精确量取 10 mL 酶液,加入酪蛋白溶液中充分混合并计时。

(3)充分混合后,随即取出 10 mL 混合液移至 0 号锥形瓶中,向该瓶中加入酚酞(每毫升混合物加入 1 滴酚酞),用 0.1 mol/L 标准 NaOH 溶液滴定直至呈微弱但持续的粉红色,在接近终点之前,再加入指示剂(每毫升标准 NaOH 溶液加入 1 滴酚酞)。然后继续滴至终点,记下所用 0.1 mol/L 标准 NaOH 溶液的量。

(4)分别于混合 2 min、4 min、6 min、8 min、10 min 时,各精确量取 10 mL 样品混合液,准确按步骤(3)操作。每个样品滴定终点的颜色应当保持一致。用增加的滴定量对时间作图,测定初速度。

(5)配制不同浓度的酪蛋白溶液(7.5 g/L、10 g/L、15 g/L、20 g/L、30 g/L),测定不同底物浓度时的活力。将实验测得的结果,按 Lineweave – Burk 双倒数作图法,求出 V_{max} 和 K_m 的数值。

思考题

(1)实验操作过程中有哪些地方需要注意?

(2)哪些因素会影响实验结果的准确性?

实验二十三　丙二酸对琥珀酸脱氢酶的竞争性抑制作用

一、实验目的

(1) 掌握竞争性抑制概念及作用机理。
(2) 了解在无氧情况下观察脱氢酶作用的简单方法。

二、实验原理

动物组织中含有琥珀酸脱氢酶,此酶能催化琥珀酸脱氢转变成延胡索酸,反应中生成的 $FADH_2$ 可使蓝色还原为无色的甲烯白(还原型亚甲蓝)。丙二酸是琥珀酸脱氢酶的竞争性抑制剂,它与琥珀酸的分子结构相似,故能与琥珀酸竞争酶的活性中心。丙二酸与酶结合后,酶活性受到抑制,则不能再催化琥珀酸的脱氢反应。抑制程度的大小,随抑制剂与底物两者浓度的比例而定。本实验以亚甲蓝作为受氢体,在隔绝空气的条件下,琥珀酸脱氢酶活性改变可以通过甲烯蓝的褪色程度来判断,并以此观察丙二酸对琥珀酸脱氢酶活性的抑制作用。

三、实验器材和试剂

1. 实验器材

恒温水浴箱;离心机;研钵;电子天平;剪刀;试管;吸管;滴管;离心管等。

2. 实验试剂

0.2 mol/L 琥珀酸溶液;0.2 mol/L 丙二酸溶液;0.02 mol/L 丙二酸溶液;(以上3种溶液可用 1 mol/L NaOH 调至 pH=7.4,直接用其钠盐配制也可以。)0.02% 亚甲蓝;1/15 mol/L 磷酸氢二钠-磷酸二氢钾缓冲液(pH=7.4);液体石蜡。

四、操作方法

1. 鸡心脏提取液的制备

取新鲜鸡心约 3 g,用蒸馏水清洗后剪成碎块,置于研钵中,加入适量净砂,及 pH=7.4 的磷酸盐缓冲液 5 mL,研磨成浆,再加入缓冲液 6~7 mL 搅匀,旋转 30 min,不时地搅拌,过滤或离心后取上清液备用。

2. 具体操作

取 4 支试管,编号后按表 3-23 操作。

表 3 - 23　具体操作中试剂加入量

试管号	1	2	3	4
鸡心脏提取液/滴	20	—	20	20
0.2 mol/L 琥珀酸/滴	4	4	4	4
0.2 mol/L 丙二酸/滴	—	—	4	4
0.02 mol/L 丙二酸/滴	—	—	—	4
蒸馏水/滴	4	24	—	—
0.02%亚甲蓝/滴	2	2	2	2

3. 摇匀并观察

于各管滴加液体石蜡 10 滴以隔绝空气,置于 37 ℃水浴中保温,随时观察各管亚甲蓝褪色情况,并记录时间,解释结果。第一管褪色后用力摇动观察有何变化?请解释。

(1)加液体石蜡时要斜执试管,沿管壁缓慢加入,不要产生气泡。
(2)加完液体石蜡后,不要振摇试管,以免溶液与空气接触使甲烯白重新氧化变蓝。

实验二十四 聚丙烯酰胺凝胶电泳分离过氧化物同工酶

一、实验目的

(1)学习过氧化物同工酶的提取方法。
(2)掌握聚丙烯酰胺凝胶电泳分离过氧化物同工酶的原理与操作方法。

二、实验原理

同工酶是指催化同一化学反应,但其酶蛋白本身的分子结构组成却有所不同的一组酶。它们是DNA编码的遗传信息表达的结果。研究表明,同工酶与生物的遗传、生长发育、代谢调节及抗性等有一定关系,测定同工酶在理论上和实践上都有重要的意义。过氧化物酶是植物体内普遍存在的、活性较高的一种酶,过氧化物酶能催化以下反应:$2H_2O_2 \Longrightarrow O_2 + 2H_2O$。这一类酶以铁卟啉为辅基,属血红素蛋白类。过氧化物同工酶在细胞代谢的氧化还原过程中起重要的作用,它与呼吸作用、光合作用及生长素的氧化都有关系。在植物生长发育过程中,它的活性不断发生变化。因此,测定这种酶的活性或其同工酶,可以反映某一时期植物体内代谢的变化。

聚丙烯酰胺凝胶电泳是以聚丙烯酰胺凝胶作为载体的一种区带电泳。这种凝胶是由丙烯酰胺单体(acrylamide,简称Acr)和交联剂N', N'-甲叉双丙烯酰胺(N', N'- methylena bisacrylamide,简称Bis)在催化剂的作用下聚合而成的。聚丙烯酰胺凝胶电泳(polyacryamide gel electrophoresis,简称PAGE)根据其有无浓缩效应分为连续的和不连续的两种。前者电泳体系中缓冲液pH值与凝胶浓度相同,带电颗粒在电场作用下主要有电荷及分子筛效应;后者电泳体系中由于缓冲液离子成分、pH值、凝胶浓度及电位梯度的不连续性,带电颗粒在电场中的泳动不仅具有电荷效应、分子筛效应,还具有浓缩效应。

本实验利用聚丙烯酰胺凝胶电泳来对植物中的过氧化物同工酶进行分离,染色后,对同工酶条带进行计数,并测量每一个条带的迁移率。

三、实验材料、器材和试剂

1. 实验材料

黄豆芽、绿豆芽或幼嫩植物的根、茎、叶。

2. 实验器材

电泳仪;垂直板式电泳槽;高速离心机;离心管;量筒;烧杯;移液管;洗耳球;移液器;移液器枪头;研钵;塑料吸管。

3. 实验试剂

(1)A液:30%胶母液。

称取30 g丙烯酰胺,0.8 g N, N'-甲叉双丙烯酰胺,加少量蒸馏水溶解后定容至100 mL,于4 ℃保存。

(2) B液：pH=8.8的分离胶缓冲液。

取27.2 g Tris，加少量蒸馏水溶解。用浓盐酸调节pH值至8.8后，定容至150 mL。

(3) C液：pH=6.8浓缩胶缓冲液。

取9.08 g Tris，加少量蒸馏水溶解。用浓盐酸调节pH值至6.8后，定容至150 mL。

(4) TEMED溶液(N,N,N',N'-四甲基乙二胺)，避光保存。

(5) 10%过硫酸铵(AP)溶液：称取1 g过硫酸铵，溶于10 mL蒸馏水中，临用前配制。

(6) 电泳缓冲液(pH=8.3)：取6 g Tris、28.8 g甘氨酸，加少量蒸馏水溶解，调节pH值至8.3，定容至1000 mL。

(7) 40%蔗糖溶液：取20 g蔗糖用水溶解，定容至50 mL。

(8) 0.5%溴酚蓝指示剂：取0.5 g溴酚蓝溶于100 mL蒸馏水中。

(9) 样品提取液(pH=8.0)：取1.21 g Tris，加水至80 mL，调节pH值至8.0后，定容至100 mL。

(10) 乙酸缓冲液(pH=4.7)：取70.52 g乙酸钠，溶于500 mL水中，再加36 mL冰醋酸，定容至1000 mL。

(11) 7%乙酸溶液：取19.4 mL 36%乙酸溶液稀释至100 mL。

(12) 抗坏血酸-联苯胺染色液：取抗坏血酸70.4 mg、联苯胺贮存液20 mL(2 g联苯胺溶于18 mL加热的冰醋酸中再加入72 mL水)、水50 mL，使用前加0.6%过氧化氢20 mL。

四、实验步骤

1. 凝胶的制备

(1) 装板。先将玻璃板洗净、晾干，然后把两块长短不等的玻璃板放入电泳槽内芯中，用塑料卡子卡紧，再放入原位制胶器中。

(2) 配胶。根据所测蛋白质相对分子质量范围，选择某一合适的分离胶浓度，按照表3-14(参照实验十三)所列的试剂用量和加样顺序配制某一合适浓度的凝胶。

(3) 凝胶液的注入和聚合。

① 分离胶胶液的注入和聚合：将所配制的凝胶液沿着凝胶腔的长玻璃板的内面用滴管滴入，小心不要产生气泡。将胶液加到距短玻璃板上沿1~2 cm处为止。然后用滴管沿玻璃管内壁缓慢注入0.5~1 cm高度的蒸馏水进行水封。水封的目的是隔绝空气中的氧，并消除凝胶柱表面的弯月面，使凝胶柱顶部的表面平坦。静置凝胶液进行聚合反应，在30 min左右聚合完成。

② 浓缩胶胶液的注入和聚合：倒去分离胶胶面顶端的水封层，再用滤纸条吸去残留的水液。按比例混合浓缩胶，混合均匀后用滴管将凝胶液加到分离胶上方，当浓缩胶液面距短玻璃板上缘0.2 cm时，把样品梳轻轻地插入胶液顶部。静置聚合，待出现明显界面表示聚合完成。

2. 样品的制备

称取黄豆芽、绿豆芽或幼嫩植物的根、茎、叶1 g，放入研钵中，加pH=8.0的提取液2 mL，于冰水浴中研成匀浆，然后以2 mL提取液分2次洗入离心管，在高速离心机上以

8000 r/min 离心 10 min,倒出上清液,加入等量的 40% 蔗糖溶液,再加 1~2 滴 0.5% 溴酚蓝溶液,混匀,备用。

3. 加样

用移液器向每个凝胶样品槽中加样,每个样品槽加样体积为 20 μL。

4. 电泳

加样完毕,上槽接负极,下槽接正极,打开直流稳压电源,开始可先低压(100~120 V)电泳 30 min,然后再升压至 150~180 V 进行电泳。待指示剂迁移至距凝胶下端约 1 cm 处,停止电泳。

5. 染色

电泳完毕,移去玻璃板,取出凝胶,将其浸没于 pH=4.7 的乙酸缓冲液中,活化 10 min。倒去乙酸缓冲液,加入抗坏血酸-联苯胺染色液,使其淹没整个凝胶板,于室温下显色 20 min,即得到过氧化物同工酶的红褐色酶谱。倒掉染色液,重新加入 7% 的乙酸溶液固定。

五、结果分析

记录酶谱,绘图或照相,并计算每一个酶谱条带的迁移率。

注意事项

(1) Acr 和 Bis 在单独存在时具有神经毒性,操作时应避免接触皮肤。

(2) 加样量不宜过多,以免条带分辨不清或拖尾。

(3) 如室温过高,可适当减小电流,延长电泳时间,有条件的最好将电泳温度控制在 4 ℃左右,以免酶的活性降低。

思考题

(1) 过氧化物同工酶的提取为什么要在冰水浴中进行?

(2) 过氧化物同工酶的分析能否用于科学研究?是如何进行的?

实验二十五 凝胶层析法分离纯化脲酶

一、实验目的

掌握脲酶凝胶过滤分离纯化的方法和原理。

二、实验原理

脲酶的相对分子质量较大,达 483 000 u。本实验采用凝胶层析法,使用交联葡聚糖 Sephadex G-150 作支持物,层析时大分子的脲酶不能进入凝胶颗粒内部,从凝胶颗粒间隙流下,所受阻力小,移动速度快,先流出层析柱;而其他小分子物质及相对分子质量较小的蛋白质可扩散进入凝胶颗粒,所受阻力大,移动速度慢,后流出层析柱,从而达到使脲酶与其他物质分离的目的。定时或定量收集洗脱液,分别在紫外分光光度计 280 nm 波长处测定其吸光度,以收集管号为横坐标,280 nm 的吸光度为纵坐标,绘出脲酶粗制品蛋白质分离的洗脱曲线;再分别测定洗脱峰内各管的脲酶活性,以管号为横坐标,酶活性为纵坐标,绘出酶活性曲线。酶活性与蛋白质洗脱曲线中峰值重叠的部位即为分离所得到的脲酶所在部位。脲酶催化尿素水解释放出氨和 CO_2,加入的奈氏试剂与氨反应,产生黄色化合物(碘代双汞铵),且颜色的深浅与脲酶催化尿素释出的氨量成正比,故可用比色法测定脲酶的活性。

三、实验材料、仪器和试剂

1. 实验材料

大豆粉(用粉碎机将大豆磨成粉,以 100 目钢筛筛出豆粉,放置于冰箱中备用)。

2. 实验仪器

层析柱;紫外分光光度计;恒温水箱;锥形瓶;收集管;试管;试管架;吸量管。

3. 实验试剂

(1) 3% 尿素溶液。

(2) 1 mol/L 盐酸。

(3) 32% 丙酮溶液。

(4) 0.1 mol/L 磷酸缓冲液(pH=6.8):称取 11.18 g $K_2HPO_4 \cdot 3H_2O$ 和 6.94 g KH_2PO_4,溶于 100 mL 蒸馏水中。

(5) 奈氏试剂:取 35 g 碘化钾和 1.3 g 氯化汞,溶解于 70 mL 水中,然后加入 30 mL 4 mol/L KOH 溶液,必要时过滤,并保存于密闭的玻璃瓶中。

(6) 0.01 mol/L 硫酸铵标准溶液:取硫酸铵置于 10 ℃ 烘箱内烘 3 h,取出后置于干燥器内冷却,精确称取干燥的硫酸铵 132 mg,溶解后置于 100 mL 容量瓶中,用蒸馏水稀释至刻度,即为 0.01 mol/L 硫酸铵标准溶液。

(7) 3% 阿拉伯胶:称取 3 g 阿拉伯胶,先加 50 mL 蒸馏水,加热溶解,最后加蒸馏水定容至 100 mL。

(8)0.001 mol/L 硫酸铵标准溶液:取 0.01 mol/L 硫酸铵标准溶液 10 mL 至 100 mL 容量瓶中,用蒸馏水稀释至刻度,即为 0.001 mol/L 硫酸铵应用液。

四、实验步骤

1. 凝胶的活化

称取 4.0 g Sephadex G-150,置于锥形瓶中,加蒸馏水 200 mL,置于沸水浴中溶胀 2 h,然后用蒸馏水漂洗几次,去除漂浮的细小颗粒。

2. 装柱

将直径为 1~1.5 cm、长度为 20~25 cm 的层析柱在支架上垂直固定好,关闭层析柱底部的出口。在溶胀好的凝胶中加入 2 倍体积的蒸馏水,用玻璃棒搅成悬液,顺玻璃棒缓慢倒入层析柱中,当底部凝胶沉积到约 2 cm 时,再打开出口,使溶剂缓慢流出,同时继续倒入凝胶悬液,使凝胶沉积至离层析玻璃管顶端 2~3 cm 为宜,最后用蒸馏水平衡凝胶柱。在加入凝胶时速度应均匀,以免层析床分层,同时凝胶床表面应始终保持约 1 cm 高溶液,防止空气进入柱内产生气泡。如层析床表面不平整,可在凝胶表面用玻璃棒轻轻搅动,再让凝胶自然沉降,使床面平整。

3. 样品的制备

称取 2.0 g 大豆粉,置于锥形瓶中,加入 32% 丙酮溶液 6 mL,振摇 10 min,然后倒入离心管中,用 32% 丙酮溶液 2 mL 洗锥形瓶,洗液也倒入离心管中,3500 r/min 离心 10 min,取上清液,加入等体积的冷丙酮溶液,使蛋白质沉淀。再以 3500r/min 离心 10 min,弃去上清液。待沉淀中的丙酮蒸发后,加 2.5 mL 蒸馏水,使沉淀完全溶解,得脲酶粗提液,待凝胶分离纯化。留取 0.1 mL 粗提液,用蒸馏水稀释 10 倍作为样品稀释液,用于检测酶活性。

4. 加样

先将层析柱出口打开,使蒸馏水缓慢流出,当蒸馏水液面接近凝胶床面时,关闭出口。用吸管吸取 0.5 mL 脲酶粗提液,在接近凝胶床表面处沿层析柱内壁缓缓加入。然后打开出口,使样品进入床内,液面接近凝胶床表面时关闭出口。再用滴管小心加入蒸馏水至 2~3 cm 高。接上贮液瓶,进行洗脱。

5. 洗脱与收集

洗脱液的流速直接影响层析分离的效果,流速控制在每分钟 7~8 滴为宜(流速慢分离效果好,但太慢则形成的峰形过宽,反而影响分离效果)。流出的液体分别收集在刻度离心管中,收集量为每管 3 mL,共约收集 9 管。

6. 检测与制图

(1)蛋白质检测:将所有的收集管分别在紫外分光光度计 280 nm 波长处测定吸光度,并以吸光度为纵坐标,管数为横坐标,在坐标纸上绘制出蛋白质洗脱曲线。

(2)脲酶活性的检测:取试管若干,1 支为空白,其他对应编号,制备酶促反应液,按表 3-24 操作。

表 3-24 脲酶活性检测

试管	空白	洗脱液（各管）	样品稀释液
3%尿素/mL	0.5	0.5	0.5
pH=6.8 的 0.1 mol/L 磷酸缓冲液/mL	1.0	1.0	1.0
对应收集管酶液/mL	0	0.5	0.5
去离子水/mL	0.5	0	0

立即混匀，置于 37 ℃恒温水箱中保温 10 min。准确计时，时间到后立即向各管中加入 1 mol/L 盐酸 0.5 mL 以终止反应。另取若干支试管同上编号，按表 3-25 操作，进行显色反应。

表 3-25 显色反应试剂用量

试管	空白	洗脱液（各管）	样品稀释液
酶促反应液/mL	0.1	0.1	0.1
去离子水/mL	2.9	2.9	2.9
3%阿拉伯胶/滴	2	2	2
奈氏试剂/mL	0.75	0.75	0.75

立即混匀，用分光光度计在 480 nm 波长处比色，测定各管的吸光度值。

硫酸铵标准曲线的制备：取 7 支试管，编号，按表 3-26 操作。

加入奈氏试剂后，立即混匀，在 480 nm 波长处比色。以所含 NH_3 的量为横坐标，测定得到的吸光度值为纵坐标，绘制标准曲线。

表 3-26 硫酸铵标准曲线制备试剂用量

试管号	1	2	3	4	5	6	7
0.001 mol/L 硫酸铵溶液/mL	0	0.1	0.2	0.3	0.4	0.5	0.6
双蒸水/mL	3.0	2.9	2.8	2.7	2.6	2.5	2.4
3%阿拉伯胶/滴	2	2	2	2	2	2	2
奈氏试剂/mL	0.75	0.75	0.75	0.75	0.75	0.75	0.75
含 NH_3 的量/μmol	0	0.2	0.4	0.6	0.8	1.0	1.2

7. 计算

根据测得的吸光度值对照标准曲线查得氨的含量，计算各管中洗脱液的酶活性，活力单位为 U/mL，计算公式如下：

洗脱液的酶活性(U/mL) = $\dfrac{NH_3 含量(\mu mol) \times 酶促反应液总量(mL) \times 60\ min}{酶促反应液体积(mL) \times 洗脱液体积(mL) \times 15\ min}$

各管洗脱液的酶活性＝每毫升洗脱液的酶活性×3

各管脲酶比活性＝每毫升洗脱液的酶活性/每毫升洗脱液的蛋白质含量

思考题

除了本实验用来测定脲酶活性的方法之外，还有哪些方法也能够测定脲酶的活性？

实验二十六 胰蛋白酶抑制剂的制备与抑制活性的测定

一、实验目的

(1)了解胰蛋白酶抑制剂的制备方法。
(2)熟悉和掌握胰蛋白酶抑制剂抑制活性测定的原理和方法。

二、实验原理

胰蛋白酶抑制剂(trypsin inhibitor)在许多动植物中都存在,在动植物体内起保护、防御和调整作用。生物体内高含量的胰蛋白酶抑制剂能专一性地强烈抑制外源的蛋白水解酶,而对自身来源的蛋白水解酶的作用不大。植物体内胰蛋白酶抑制剂的生理功能可能与植物对病虫害的抗性有关,是植物抵抗昆虫侵袭的天然防御体系。昆虫吃了蛋白酶抑制剂后,体内的胰蛋白酶、胰凝乳蛋白酶等因活性受到抑制而死亡。在临床治疗上,胰蛋白酶抑制剂的应用也非常广泛。因此对胰蛋白酶抑制剂的深入研究将具有极高的理论意义和实用价值。

胰蛋白酶抑制剂是对胰蛋白酶有抑制活性的蛋白质。利用蛋白质可溶于水或提取液的性质,可用水或提取液从富含胰蛋白酶抑制剂的材料中抽提胰蛋白酶抑制剂,利用盐析使胰蛋白酶抑制剂沉淀出来,得到含有胰蛋白酶抑制剂的蛋白质制品;再用凝胶层析或离子交换柱层析的方法对其进行纯化,制得较纯的胰蛋白酶抑制剂。在纯化过程中通过测定对胰蛋白酶的抑制活性进行跟踪。

胰蛋白酶抑制剂的抑制活性可利用它与胰蛋白酶竞争底物的性质来测定。胰蛋白酶可用于其底物甲酰-L-精氨酰-β-萘酰胺(BANA),使BANA发生水解,在水解产物中加入N-萘基-乙二胺二盐酸乙醇溶液后,可使溶液变成蓝色。如果在此活性测定系统中加入过量的胰蛋白酶抑制剂,过量的抑制剂与胰蛋白酶竞争底物,抑制了胰蛋白酶的水解活性,不能使底物水解,在反应体系中加入N-萘基-乙二胺二盐酸乙醇溶液后,不能使溶液变成蓝色,而呈现无色,从而表现出胰蛋白酶的抑制活性。

此外胰蛋白酶可作用于底物苯甲酰-L-精氨酰-对硝基苯胺(BAPNA),使BAPNA发生水解,水解产物中生成淡茶色的对硝基苯胺(PNA),加入过量抑制剂,过量的抑制剂与胰蛋白酶竞争底物,抑制了胰蛋白酶的水解活性,不能使底物水解,溶液最终呈现无色,从而表现出胰蛋白酶的抑制活性。

本实验以大豆为主要原料,制备胰蛋白酶抑制剂,并测定其抑制活性。

三、实验试剂

(1)2 mol/L 的盐酸溶液。
(2)0.2 mol/L pH=8.0 的磷酸缓冲液:用 0.2 mol/L NaH_2PO_4 5.3 mL 与 0.2 mol/L Na_2HPO_4 94.7 mL 配制。
(3)0.2 mol/L $NaHPO_3$ 溶液。

(4)0.2 mol/L NaH_2PO_3 溶液。

(5)固体硫酸铵。

(6)10 mol/L NaOH 溶液。

(7)0.25% BANA 乙醇溶液:取 0.012 5 g BANA 溶于 5 mL 无水乙醇中,贮于冰箱可用 2 周。

(8) 0.1% $NaNO_2$ 溶液:取 0.05 g $NaNO_2$ 溶于 50 mL 水中,用前配制。

(9)0.5%氨基磺酸铵溶液:取 0.25 g 溶于 50 mL 水中,贮于冰箱中可用 4 周。

(10) 0.05%的 N-1-萘基乙二胺二盐酸(NEDA)的乙醇溶液:用 75%的乙醇配制,于 4 ℃可稳定 4 周。

四、实验材料和器材

1. 实验材料

新鲜大豆、豇豆等;活草鱼或鲫鱼;葡聚糖凝胶(G-25、G-50、G-75、G-100 等,根据实验要求选择适当的层析介质)。

2. 实验器材

绞碎机;台式低速离心机;台式高速离心机;pH 仪;试管;离心管;纱布;烧杯;分析天平;玻璃棒;量筒;恒温水浴锅;紫外-可见分光光度计。

五、操作步骤

1. 蛋白酶抑制剂的提取

(1)选取富含胰蛋白酶抑制剂的组织或个体,如大豆、豇豆等材料。

(2)将实验材料大豆 50 g 充分绞碎,并加蒸馏水 350 mL,用 HCl 调节 pH 值至 5.0,静置,于 4 ℃环境中过夜。

(3)用纱布对提取液过滤后,2000 r/min 离心 20 min。

(4)上清液倒入烧杯用 10 mol/L NaOH 调节 pH 值至 7.0。

(5)在上清液中加入$(NH_4)_2SO_4$ 至 60%饱和度静置 40~60 min。

(6)将得到悬浮沉淀的溶液分装于 2 mL 离心管中,10 000 r/min 离心 10 min,弃上清液,留沉淀。

(7)向沉淀中加 1 mL 蒸馏水溶解即得胰蛋白酶抑制剂粗品。

2. 胰蛋白酶的制备

活草鱼或鲫鱼的肝脏,称重后,按 1 g 组织加 4 mL 缓冲液的比例加入适量的 0.2 mol/L pH=8.0 的磷酸缓冲液,于 4 ℃下搅拌提取 2 h,再 6000 r/min 离心 20 min,上清液即为胰蛋白酶提取液,量其总体积。

3. 胰蛋白酶抑制剂活性的测定

(1)取 3 支试管,编号后按表 3-27 加入试剂。

表 3-27 胰蛋白酶抑制剂活性的测定

试管号	1	2	3
0.25% 的 BANA/mL	0.1	0.1	0.1
pH=8.0 的磷酸缓冲液/mL	0.4	0.4	0.4
胰蛋白酶提取液/mL	1	1	1
2 mol/L 盐酸/mL	0.5	0	0
胰蛋白酶抑制剂提取液/mL	0	0	0.5
37 ℃反应 15 min			
2 mol/L 盐酸/mL	0	0.5	0.5
0.1% 的亚硝酸钠/mL	1	1	1
静置 3 min			
0.5% 的氨基磺酸铵/mL	1	1	1
混合除去过量的亚硝酸钠,静置 2 min			
N-1-萘基-乙二胺二盐酸(0.05%)/mL	2	2	2
OD_{560}			

(2)溶液逐渐呈蓝色,25 ℃以下放置 30 min 使反应完全后,测定各管的 OD_{560}。

$$酶活力单位数(BANA) = OD_{560}(2 号管)/t \times 0.01$$

式中:0.01 为在上述条件下,每分钟光密度值增加 0.01 时所需酶量定为 1 个 BANA 单位;t 为保温时间。

$$胰蛋白酶抑制剂活力 = OD_{560}(2 号管)/t \times 0.01 - OD_{560}(3 号管)/t \times 0.01$$

也可以根据提取液的体积,换算成每克或每毫克样品中所含胰蛋白酶抑制剂的单位数。

实验二十七 水果或蔬菜中抗坏血酸的测定(2,6-二氯酚靛酚法)

一、实验目的

(1)学习维生素C的性质和生理功能。
(2)掌握用2,6-二氯酚靛酚滴定法测定植物材料中维生素C含量的原理和方法。

二、实验原理

维生素C是一种水溶性维生素,是人类营养中最重要的维生素之一,人体缺乏维生素C时会出现坏血病,因此它又被称为抗坏血酸。维生素C广泛分布于动物界和植物界,但在人类和灵长类动物中不能合成,需从食物中获得。水果和蔬菜是人体维生素C的主要来源。不同的水果和蔬菜,其栽培条件、成熟度和加工、储存方法的差异都可能影响到维生素C的含量,因此,测定维生素C的含量是了解果蔬品质、加工工艺优劣等方面的重要参考指标。维生素C广泛存在于植物中,尤其在水果(如猕猴桃、橘子、柠檬、山楂、柚子、草莓等)和蔬菜(苋菜、芹菜、菠菜、黄瓜、番茄等)中的含量更为丰富。

维生素C具有强还原性,能被染料2,6-二氯酚靛酚氧化成脱氢抗坏血酸。2,6-二氯酚靛酚在碱性溶液中呈蓝色,在酸性溶液中呈红色,被还原后为无色。因此,用2,6-二氯酚靛酚滴定含有维生素C的酸性溶液时,滴入的2,6-二氯酚靛酚呈现粉红色并立即被还原成无色,当滴入的染料使溶液变成红色而该红色不立即褪去时,即为终点。在没有其他杂质干扰的情况下,可根据染料消耗量计算出样品中还原型抗坏血酸的含量。

三、实验材料、仪器和试剂

1. 实验材料

新鲜水果或蔬菜。

2. 实验仪器

分析天平;锥形瓶;容量瓶;离心管;量筒;移液管;洗耳球;离心机;研钵;滴定管;铁架台;烧杯。

3. 实验试剂

(1)1%草酸溶液:草酸1 g溶于100 mL蒸馏水中。
(2)2%草酸溶液:草酸2 g溶于100 mL蒸馏水中。
(3)0.1 mg/mL标准维生素C溶液:准确称取维生素C 10 mg,用1%草酸溶液定容至100 mL。临用时配制,冰箱中贮存。
(4)0.005% 2,6-二氯酚靛酚溶液:称取50 mg 2,6-二氯酚靛酚溶于300 mL含10.4 mg碳酸氢钠的热水中,冷却后用蒸馏水稀释至1000 mL,滤去不溶物,贮存于棕色瓶中,4 ℃冷藏可稳定一周,临用前以抗坏血酸标准溶液标定。

四、实验步骤

1. 抗坏血酸的提取

取 2 g 蔬菜或水果样品,加 5 mL 2%草酸溶液,于研钵中研磨成浆状,将提取液及渣子一起转移到离心管中,用 5 mL 2%草酸溶液分 2 次冲洗研钵,洗液一并转入离心管中。然后以 3000 r/min 离心 15~20 min,上清液转移到 50 mL 容量瓶中,用 2%草酸溶液定容至刻度,摇匀,备用。

2. 标准液的滴定

准确吸取 0.1 mg/mL 标准维生素 C 溶液 4 mL,放入 50 mL 锥形瓶中,加 16 mL 1%草酸溶液,用 2,6-二氯酚靛酚滴定至淡红色(15 s 内不褪色即为终点)。记录所用 2,6-二氯酚靛酚溶液的体积,计算出 1 mL 2,6-二氯酚靛酚溶液所能氧化抗坏血酸(维生素 C)的量。

3. 样品的滴定

准确吸取样液两份,每份 20 mL,分别放入两个 50 mL 的锥形瓶中,用 2,6-二氯酚靛酚滴定至淡红色(15 s 内不褪色即为终点)。另取 20 mL 1%草酸溶液作空白对照滴定。

五、结果计算

取两份样品滴定所耗用染料体积的平均值,代入下式计算 100 g 样品中还原型抗坏血酸(维生素 C)的含量。

$$抗坏血酸含量(mg/100\ g\ 样品) = \frac{(V_1 - V_2) \times V \times M \times 100}{V_3 \times W}$$

式中:V_1 为滴定样品所耗用的染料的平均毫升数(mL);V_2 为滴定空白对照所耗用的染料毫升数(mL);V 为样品提取液的总体积(mL);V_3 为滴定时所取的样品提取液体积(mL);M 为 1 mL 染料所能氧化抗坏血酸的量(mg/mL);W 为待测样品的质量(g)。

思考题

用该法测定抗坏血酸有什么不足之处?

实验二十八　碱性SDS法提取大肠杆菌质粒

一、实验目的

(1)学习使用碱性SDS法制备和纯化质粒的方法。
(2)熟悉琼脂糖凝胶电泳的原理与操作方法。

二、实验原理

细菌质粒是细菌染色体外的遗传因子,常使细菌带有某些特性和生理功能,如抗药性、产生细菌毒素等。绝大部分质粒为环状双链DNA分子。经过人工改造后的质粒是基因工程中重要的基因载体之一。

基因工程是利用工具酶通过体外操作实现DNA分子在寄主细胞间的稳定转移。这就要求被转移的DNA片段在新的寄主细胞可以复制繁殖。多数DNA片段不能自我复制,这就必须将这些DNA片段与一个可以自我复制的DNA片段在寄主间转移的DNA片段相连,再转入新的寄主细胞中。这些能自我复制并可携带其他DNA片段在寄主间转移的DNA分子即克隆载体,其中一大类便是质粒载体。

从大肠杆菌中提取质粒DNA的方法很多,其中碱性SDS法被认为是比较好的方法,收得率较高,提取到的质粒可用于酶切、连接、转化,是常用的方法。

碱性SDS法提取大肠杆菌质粒是基于染色体DNA和质粒DNA的变性与复性的差异而分离的。用溶菌酶处理大肠杆菌使染色体DNA和质粒DNA都释放出来。在强碱性条件下,染色体DNA双链结构解开而变性,质粒DNA也变性,但由于共价闭合环状超螺旋的结构,两条互补链不会完全分开。当溶液pH调节到中性时,质粒DNA易复性而存在于溶液中,染色体DNA不易复性,互相缠绕,通过离心而与蛋白质-SDS复合物等一起沉淀下来。再用乙醇沉淀出上清液中的质粒DNA,核糖核酸酶作用除去RNA,用苯酚除去残余蛋白质,就得到较纯的质粒DNA。

三、实验材料、器材和试剂

1. 实验材料

含质粒的大肠杆菌菌株。

2. 实验器材

恒温培养箱;振荡培养箱;超净工作台;高速离心机;旋涡混合仪;移液器;移液枪头;-20 ℃冰箱;锥形瓶;烧杯;量筒;移液管;洗耳球;水平电泳槽;电泳仪;微波炉;分析天平;紫外观察仪。

3. 实验试剂

(1)LB培养基:取10 g胰蛋白胨、5 g酵母提取物、10 g氯化钠加入950 mL双蒸水,摇动容器直至溶质完全溶解,用5 mol/L NaOH(0.2 mL)调节pH值至7.0,加入双蒸水至总体积为 1000 mL,高温湿热灭菌 25 min。

(2) STE 溶液:0.5 mmol/L NaCl,10 mmol/L Tris-HCl(pH=8.0),1 mmol/L EDTA(pH=8.0)。

(3) 溶液Ⅰ:50 mmol/L 葡萄糖(G),25 mmol/L Tris-HCl(pH=8.0),10 mmol/L EDTA(pH=8.0)高压灭菌。

(4) 溶液Ⅱ:0.2 mol/L NaOH,1% SDS。

(5) 溶液Ⅲ:每 100 mL 含 5 mol/L 乙酸钾 60 mL、冰乙酸 11.5 mL、水 28.5 mL。

(6) 无水乙醇。

(7) Tris-Na_2EDTA(TE)缓冲液(含有 50 mmol/L Tris、20 mmol/L Na_2EDTA,pH=8.0)。

(8) 10×TBE 缓冲液:称取 Tris 108 g,硼酸 55 g,加入 40 mL 500 mmol/L EDTA,pH=8.0,先加 800 mL 双蒸水,加热溶解后,再加双蒸水定容至 1000 mL。

(9) 10 mg/mL 溴化乙锭(EB)溶液。

(10) 琼脂糖。

(11) 0.5%溴酚蓝溶液。

(12) 40%蔗糖溶液。

(13) RNase A。

四、实验步骤

1. 细菌的收获

(1) 挑取一环大肠杆菌(含质粒)冷冻保存的菌种。

(2) 转接在含有 100 μg/mL 氨苄青霉素的 LB 固体培养基斜面上,37 ℃培养过夜。

(3) 挑取一环,转接在含有 100 μg/mL 氨苄青霉素的 LB 液体培养基中,37 ℃振荡培养过夜。

(4) 将 1.5 mL 培养菌液倒入离心管中,用高速离心机 10 000 r/min 离心 30 s,将剩余的培养物贮存于 4 ℃。

(5) 倒去培养液,使细菌沉淀尽可能干燥。

2. 质粒 DNA 的提取(碱裂解法)

(1) 将细菌沉淀重悬于 500 μL 用冰预冷的 STE 溶液中,剧烈振荡。10 000 r/min 离心 30 s 后倒去上清液。

(2) 离心沉淀中加入 100 μL 溶液Ⅰ与适量的 RNase A,轻微振荡。

(3) 加 200 μL 溶液Ⅱ。盖紧管口,快速颠倒离心管 5 次,以混合内容物。室温静置 5 min。

(4) 再加入 150 μL 溶液Ⅲ。盖紧管口,温和振荡,使溶液Ⅲ在黏稠的细菌裂解物中分散均匀,之后室温静置 3～5 min。

(5) 用高速离心机 10 000 r/min 离心 2 min,将上清液转移到另一离心管中。

(6) 用 2 倍体积的预冷无水乙醇于室温沉淀双链 DNA。振荡混合,于室温静置 5 min。

然后 10 000 r/min 离心 2 min。

(7)小心倒去上清液,将离心管倒置于一张滤纸上,以使所有液体流出。

(8)用 50 μL TE 溶解核酸(或再加 RNA 酶降解 RNA),贮存于 −20 ℃。

3. 电泳分析质粒 DNA

(1)配制 0.8% 琼脂糖凝胶(0.16 g 琼脂糖,20 mL 1×TBE),在微波炉内溶化,然后制胶。

(2)上样,加 15～20 μL 质粒 DNA 样品和 2 μL 上样缓冲液(0.5 溴酚蓝和 40% 蔗糖按一定比例制成的混合液)。

(3)100V 电泳,以溴酚蓝为指示剂。

(4)电泳完毕,将凝胶浸没于溴化乙锭(EB)溶液中 20 min。

(5)染色完毕后,取出凝胶在紫外观察仪中观察。

五、结果分析

绘制琼脂糖凝胶电泳分离质粒 DNA 结果示意图,对实验结果进行分析。

注意事项

(1)溴化乙锭(EB)是强诱变剂,并有中度毒性,取用含有这一物质的溶液时,务必戴手套。

(2)碱裂解的时间不宜过长,否则易使质粒 DNA 变性。变性的质粒 DNA 不能被限制性核酸内切酶切割,与溴化乙锭(EB)的结合能力也明显下降。

思考题

(1)质粒 DNA 提取的方法有哪些?比较它们的优缺点。

(2)影响质粒 DNA 提取效果的因素有哪些?

实验二十九 植物 DNA 的提取与测定

一、实验目的

(1) 学习从植物材料中提取和测定 DNA 的原理。
(2) 掌握 CTAB 法提取 DNA 的实验方法。

二、实验原理

细胞中的 DNA 绝大多数以 DNA-蛋白复合物(DNP)的形式存在于细胞核内。提取 DNA 时,一般先破碎细胞释放出 DNP,再用含少量异戊醇的氯仿除去蛋白质,最后用乙醇把 DNA 从抽提液中沉淀出来。DNP 与核糖核蛋白(RNP)在不同浓度的电解质溶液中的溶解度差别很大,利用这一特性可将二者分离。

CTAB(十六烷基三甲基溴化铵,hexadecyl trimethyl ammonium bromide,简称 CTAB)是一种阳离子去污剂,可溶解细胞膜,能与核酸形成复合物,在高盐溶液(0.7 mol/L NaCl)中是可溶的,当降低溶液盐的浓度到一定程度(0.3 mol/L NaCl)时从溶液中沉淀,通过离心就可将 CTAB 与核酸的复合物同蛋白、多糖类物质分开,然后将 CTAB 与核酸的复合物沉淀溶解于高盐溶液中,再加入乙醇使核酸沉淀,CTAB 能溶解于乙醇中。

本实验采用 CTAB 法提取 DNA 并通过紫外吸收法鉴定。

三、实验材料、器材和试剂

1. 实验材料

新鲜菠菜幼嫩组织、花椰菜花冠或小麦黄化苗等。

2. 实验器材

高速冷冻离心机;紫外-可见分光光度计;恒温水浴锅;液氮罐;锥形瓶;电泳仪;水平电泳槽;烧杯;移液器;移液枪头;量筒;细玻璃棒。

3. 试剂

(1) CTAB 提取缓冲液:100 mmol/L Tris-HCl (pH=8.0),20 mmol/L Na_2 EDTA,1.4 mol/L NaCl(表 3-28),2% CTAB,使用前加入 0.1%(体积分数)的 β-巯基乙醇。

表 3-28 CTAB 提取缓冲液配制

试剂	相对分子质量	配制 1000 mL 所需量/g	配制 500 mL 所需量/g
Tris	121.14	12.11	6.06
Na_2 EDTA	372.24	7.44	3.72
NaCl	58.44	81.82	40.91

Tris 用 HCl 调节 pH 值至 8.0,此时的溶液为 Tris-HCl 溶液。

(2)TE 缓冲液:10 mmol/L Tris-HCl,1mmol/L EDTA(pH=8.0)。

(3)DNase-free RNase A:溶解 RNase A 于 TE 缓冲液中,浓度为 10 mg/mL,煮沸 10~30 min,除去 DNase 活性,-20 ℃贮存(DNase 为 DNA 酶,RNase 为 RNA 酶)。

(4)氯仿-异戊醇混合液[V(氯仿):V(异戊醇)=24:1]:240 mL 氯仿加 10 mL 异戊醇混匀。

(5)95%乙醇。

注:TE 缓冲液、Tris-HCl(pH=8.0)溶液均需要高压灭菌。

四、实验步骤

(1)称取 2~5 g 新鲜菠菜幼嫩组织或小麦黄化苗等植物材料,用自来水、蒸馏水先后冲洗叶面,用滤纸吸干水分备用。叶片称重后剪成 1 cm 长,置研钵中,经液氮冷冻后研磨成粉末。待液氮蒸发完后,加入 15 mL 预热(60~65 ℃)的 CTAB 提取缓冲液,转入一磨口锥形瓶中,置于 65 ℃水浴保温,0.5~1 h,不时地轻轻摇动混匀。

(2)加等体积的氯仿/异戊醇[V(氯仿):V(异戊醇)=24:1],盖上瓶塞,温和摇动,使成乳状液。

(3)将锥形瓶中的液体倒入离心管中,在室温下 4000 r/min 离心 5 min,静置,离心管中出现 3 层,小心地吸取含有核酸的上层清液于量筒中,弃去中间层的细胞碎片和变性蛋白以及下层的氯仿。

(4)将收集到量筒中的上层清液,倒入小烧杯。沿烧杯壁慢慢加入 1~2 倍体积预冷的 95%乙醇,边加边用细玻璃棒沿同一方向搅动,可看到纤维状的沉淀(主要为 DNA)迅速缠绕在玻璃棒上。小心取下这些纤维状沉淀,加 1~2 mL 70%乙醇冲洗沉淀,轻摇几分钟,除去乙醇,即为 DNA 粗制品。

(5)上述 DNA 粗制品含有一定量的 RNA 和其他杂质。若要制取较纯的 DNA,可将粗制品溶于 TE 缓冲液中,加入 10 mg/mL 的 RNase 溶液,使其终浓度达到 50 μg/mL,混合物于 37 ℃水浴中保温 30 min 除去 RNA。

(6)将 DNA 制品溶于 250 μL 的 TE 缓冲液中,完全溶解 DNA 样品。

(7)在紫外-可见分光光度计上测定该溶液在 260 nm 紫外光波长下的光密度值。代入下式计算 DNA 的含量。

$$\text{DNA 浓度}(\mu g/mL) = \frac{OD_{260}}{0.020 \times L} \times \text{稀释倍数}$$

式中:OD_{260} 为 260 nm 处的光密度;L 为比色杯内径(cm);0.020 为 1 μg/mL DNA 钠盐的光密度。

五、结果计算

DNA 的紫外吸收高峰为 260 nm,吸收低峰为 230 nm,而蛋白质的紫外吸收高峰为 280 nm。上述 DNA 溶液适当稀释后,在紫外-可见分光光度计上测定其 OD_{260}、OD_{230} 和 OD_{280}。如 $OD_{260}/OD_{230} \geq 2$,$OD_{260}/OD_{280} \geq 1.8$,表示 RNA 已经除净,蛋白质含量不超过

0.3%。

(1) 制备的 DNA 在什么溶液中较稳定？

(2) 为了保证植物 DNA 的完整性，在吸取样品、抽提过程中应注意什么？

实验三十　植物总 RNA 的提取与分析

一、实验目的

(1) 掌握 RNA 制备的技术与方法。
(2) 熟悉琼脂糖凝胶电泳分离 RNA 的原理与方法。

二、实验原理

在研究基因表达、基因克隆及 cDNA 文库建立时,基础工作即分离得到无污染的完整的 RNA。制备总 RNA 的策略是破碎细胞,除去蛋白质、DNA 及多糖等杂质。几种制备方法各有特点,视不同生物材料及设备条件许可,分别采用某种方法或结合使用这些方法,一般都能得到较好的分离效果。制备得到的总 RNA 中包括 rRNA、tRNA、mRNA。许多技术需要进一步提纯 mRNA。

在提取 RNA 的实验中,失败的主要原因是受到核糖核酸酶的污染,RNA 酶很稳定,一般而言反应不需要辅助因子,因而 RNA 制剂中只要存在少量 RNA 酶就会产生严重后果。为避免 RNA 酶的污染,实验中所用到的全部溶液、玻璃器皿、塑料制品都需特别处理。实验要求戴手套严格操作,实验用的溶液均需用焦碳酸二乙酯(DEPC)处理以使 RNA 酶失活,玻璃器皿需 200 ℃干烘 24 h,不耐高温的可以用氯仿处理。

分离提取 RNA 的方案第一步操作都是在能导致 RNA 酶变性的化学环境中裂解细胞,然后再将 RNA 从各种生物大分子中分离出来。本实验采用异硫氰酸胍-苯酚-氯仿一步抽提法。

RNA 的检测主要用琼脂糖凝胶电泳,分为非变性电泳和变性电泳。一般变性电泳用得最多的是甲醛变性电泳(如在 Northern blot 实验过程中),由于 RNA 分子是单链核酸分子,它不同于 DNA 的双链分子结构,其自身可以回折形成发卡式二级结构及更复杂的分子状态,以致通过一般传统的琼脂糖凝胶电泳难以得到依赖于相对分子质量的电泳分离条带,为此电泳上样前应将样品在 65 ℃下加热变性 5 min,使 RNA 分子的二级结构充分打开,并且在琼脂糖凝胶中加入适量的甲醛,可保证 RNA 分子在电泳过程中持续保持单链状态,因此,总 RNA 样品便在统一构象下得到了琼脂糖凝胶上的依赖于相对分子质量的逐级分离条带。

三、实验材料、器材和试剂

1. 实验材料

无菌种子萌发的新鲜幼芽。

2. 实验器材

研钵;匀浆器;台式高速离心机;超净工作台;紫外-可见分光光度计;电泳仪;水平电泳槽;液氮罐;离心管;玻璃棒;移液器;移液器枪头;凝胶成像仪。

3. 实验试剂

(1)焦碳酸二乙酯(DEPC)。

(2)4 mol/L 异硫氰酸胍。

(3)0.025 mol/L 柠檬酸钠。

(4)异丙醇。

(5)0.5% 十二烷基肌酸钠。

(6)0.1 mmol/L 巯基乙醇。

(7)2 mol/L 乙酸钠(pH=4.0)。

(8)氯仿-酚-异戊醇溶液[V(氯仿)∶V(酚)∶V(异戊醇)=25∶24∶1]。

(9)75% 乙醇。

(10)琼脂糖。

(11)10×电泳缓冲液:吗啉代丙磺酸(MOPS)(pH=7.0)200 mmol/L;NaAc 50 mmol/L;EDTA(pH=8.0)10 mmol/L[用 DEPC(焦炭酸乙二酯)水配制],用 NaOH 调节 pH 值至7.0,过滤除菌后避光保存。

(12)10×电泳上样缓冲液:50%(体积分数)甘油(用 DEPC 处理的水稀释);10 mmol/L EDTA(pH=8.0);0.25%(体积质量)溴酚蓝;0.25%(体积质量)二甲苯腈 FF。

(13)0.5 μg/mL 溴化乙锭(EB)溶液。

四、实验步骤

1. RNA 的提取

(1)将无菌种子发芽,待芽伸出 1 cm 左右时,称 0.5 g 芽,用 DEPC 处理的水冲洗几次,放入 −20 ℃ 预冷的研钵中。

(2)加液氮迅速将芽研磨成细粉后,放入预冷的匀浆器中,加入 5 mL 预冷的变性液(4 mol 异硫氰酸胍、0.025 mol 柠檬酸钠、0.5% 十二烷基肌酸钠、0.1 mmol/L 巯基乙醇),低温充分匀浆。

(3)转入处理过的离心管中,加入 500 μL 2 mol/L 乙酸钠(pH=4.0),混匀后加入等体积的氯仿-酚-异戊醇溶液[V(氯仿)∶V(酚)∶V(异戊醇)=25∶24∶1],混匀。

(4)冰浴 15 min,4 ℃,12 000 r/min 离心 20 min。

(5)小心吸取上清液,加入等体积的异丙醇,混匀,−20 ℃ 放置超过 1 h。

(6)4 ℃,12 000 r/min 离心 10 min,弃上清液。沉淀用 3 mL 预冷变性液溶解。加入等体积的异丙醇以沉淀 RNA,−20 ℃ 放置过夜。

(7)4 ℃,12 000 r/min 离心 20 min。

(8)沉淀用 75% 冰乙醇漂洗,4 ℃,12 000 r/min 离心 10 min,弃上清液。

(9)倒置离心管,让沉淀在超净工作台中空气干燥 10 min。沉淀用 200 μL DEPC 处理过的水溶解后,进行电泳分析和紫外检测。

2. RNA 制品的纯度检测

纯 RNA 的 $OD_{260}/OD_{280}=2.0$,由于材料和方法的不同,一般纯化的 RNA OD_{260}/OD_{280}

的值为1.7~2.0,若低于此值,则样品中可能污染有蛋白质。RNA样品的OD_{260}/OD_{230}应大于2.0,若小于此值,则说明样品中还混有异硫氰酸胍。

(1) 取2个0.5 cm的石英比色皿。

(2) 两比色皿中均加入1.5 mL灭菌水,一个比色皿作为空白对照,另一个加入7.5 μL RNA样品液,用于检测。

(3) 分别测其OD_{280}、OD_{260}、OD_{230}值,计算OD_{260}/OD_{280}和OD_{260}/OD_{230}的值。

3. 总RNA的电泳

(1) 琼脂糖凝胶非变性电泳。

① 1.2%琼脂糖凝胶:用1×电泳缓冲液配制1.2%的凝胶,至少使其凝固30 min后进行上样。

② 制备样品:在离心管中,将RNA样品溶液与10×上样缓冲液以9:1的体积比例混匀。

③ 将样品加入样品槽,以5 V/cm的电场强度电泳1~1.5 h。

④ 待溴酚蓝迁移至凝胶长度的1 cm处结束电泳。将凝胶置于0.5 μg/mL 溴化乙锭溶液中染色25 min。

⑤ 在凝胶成像仪上观察结果。

(2) 琼脂糖凝胶甲醛变性电泳。

① 1.2%琼脂糖甲醛变性胶:称取1.2 g琼脂糖,加72 mL DEPC处理的水,加热溶化。冷却至60 ℃,在通风橱内加入10×电泳缓冲液10 mL、甲醛(37%)18 mL,混匀后倒入凝胶模具中。

② 样品制备:在离心管内,将RNA样品与10×上样缓冲液以9:1的体积比例混合。65 ℃温浴5~10 min。

③ 将样品加入样品槽,以5 V/cm的电场强度电泳1.5~2 h。

④ 待溴酚蓝迁移至凝胶长度1 cm处停止电泳,将凝胶置于溴化乙锭溶液中染色25 min。

⑤ 在凝胶成像仪上观察结果。

五、实验结果

根据在凝胶成像仪上观察的结果作图,记录实验结果并进行相关分析。

注意事项

(1) 焦碳酸二乙酯(DEPC)、异硫氰酸胍都具有毒性,在实验操作时要做好防护。

(2) 进行提取RNA实验时,为了避免实验出现污染,实验者必须穿实验服、戴口罩和手套,实验器皿都要经高温或焦碳酸二乙酯(DEPC)处理,要规范实验操作,严格按照实验流程进行。

思考题

(1)RNA 提取实验为什么要比 DNA 提取实验更容易出现污染？

(2)为什么提取 RNA 后要测定它的纯度？

实验三十一 酵母核糖核酸的分离及组分鉴定

一、实验目的

了解核酸的组分,并掌握鉴定核酸组分的方法。

二、实验原理

由于 RNA 的来源和种类很多,因而提取制备方法也各异,一般有苯酚法、稀碱法、浓盐法。酵母细胞富含核酸,且核酸主要是 RNA,含量为干菌体的 2.67%~10.0%,而 DNA 含量较少,仅为 0.03%~0.516%。因此,提取 RNA 多以酵母为原料。工业上制备 RNA 多选用低成本、适于大规模操作的稀碱法或浓盐法。这两种方法所提取的核酸均为变性的 RNA,主要用作制备单核苷酸的原料,其工艺比较简单。

稀碱法使用氢氧化钠使酵母细胞壁变性、裂解,然后用酸中和、除去蛋白质和菌体后的上清液,用乙醇沉淀 RNA 或调整 pH 值至 2.5,利用等电点沉淀,提取的 RNA 有不同程度的降解。浓盐法是用高浓度盐溶液处理样品,同时加热,以改变细胞壁的通透性,使核酸从细胞内释放出来。苯酚法是实验室最常用的。组织匀浆用苯酚处理并离心后,RNA 即溶于上层水相中,DNA 和蛋白质则留在苯酚层中,向水层加入乙醇后,RNA 即以白色絮状沉淀析出。苯酚法能较好地除去 DNA 和蛋白质,提取的 RNA 具有生物活性。

RNA 含有核糖、嘌呤碱/嘧啶碱和磷酸各组分。加硫酸煮可使 RNA 水解,其水解液中可用定糖法、加钼酸铵沉淀(或用定磷法)和加银沉淀等方法测出上述组分的存在。嘌呤碱与硝酸银作用产生白色的嘌呤银化物沉淀。核糖核酸与浓盐酸共热时,即发生降解,形成的核糖继而转变为糠醛,后者与地衣酚(3,5-二羟基甲苯)反应呈墨绿色,该反应需用三氯化铁或氯化铜做催化剂。磷酸与钼酸铵试剂作用会产生黄色的磷钼酸铵沉淀[$(NH_4)_3PO_4 \cdot 12MoO_3 \cdot 6H_2O$]。嘧啶碱在硫酸作用下被水解,因此无法进行鉴定。

三、实验材料、器材和试剂

1. 实验材料

酵母片或酵母粉。

2. 实验器材

研钵;刻度试管;普通试管;试管夹;烧杯;离心管;玻璃棒;恒温水浴锅;量筒;移液管;洗耳球;塑料吸管;台式低速离心机;分析天平;试管架。

3. 实验试剂

(1) 0.04 mol/L NaOH:称取 1.6 g NaOH,溶于 1000 mL 蒸馏水中。
(2) 1.5 mol/L H_2SO_4:将 42 mL 浓硫酸缓慢注入 458 mL 蒸馏水中。
(3) 冰乙酸。
(4) 95% 乙醇。

(5)0.1 mol/L $AgNO_3$：称取 $AgNO_3$ 4.25 g，溶于 250 mL 蒸馏水中。

(6)浓盐酸。

(7)10% $FeCl_3 \cdot 6H_2O$：称取 $FeCl_3$ 1 g，溶于 10 mL 蒸馏水中。

(8)三氯化铁($FeCl_3$)-浓盐酸溶液：将 1.25 mL 10% $FeCl_3 \cdot 6H_2O$ 加入 250 mL 浓盐酸中。

(9)苔黑酚乙醇溶液：称取苔黑酚 3 g 溶于 100 mL 95% 乙醇中（冰箱中可保存一个月）。

(10)定磷试剂。

(a)17% H_2SO_4 50 mL：将 8.5 mL 浓 H_2SO_4（相对密度 1.84）缓缓加入 41.5 mL 蒸馏水中。

(b)2.5% 钼酸铵溶液 50 mL：称取 1.25 g 钼酸铵溶于 50 mL 蒸馏水中。

(c)10% 抗坏血酸(维生素 C)溶液 50 mL：称取 5 g 维生素 C 溶于 50 mL 蒸馏水中，贮存在棕色瓶中。溶液呈淡黄色时可用，如呈深黄色或棕色则失效，需纯化抗坏血酸。

临用时将上述 A、B、C 3 种溶液与蒸馏水按以下体积比例混合：17% H_2SO_4：2.5% 钼酸铵：10% 抗坏血酸：水＝1：1：1：2。

四、实验步骤

1. RNA 的提取

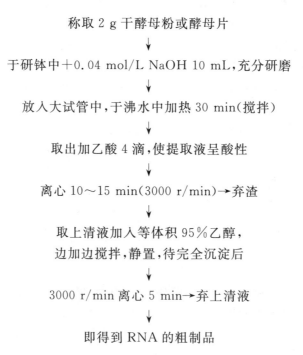

将得到的 RNA 粗制品烘干后称重。

2. 鉴定

将上述所提取的 RNA 粗制品＋1.5 mol/L H_2SO_4 5 mL，在沸水浴中加热 10 min，将

RNA溶解,制成水解液,并进行组分鉴定。

(1)嘌呤碱:取水解液 2 mL+1 mL 0.1 mol/L AgNO$_3$ 溶液,观察有无出现絮状嘌呤银化物沉淀。

(2)核糖:取一支试管,加入水解液 2 mL + FeCl$_3$ - HCl 溶液 2 mL + 苔黑酚乙醇溶液 0.2 mL,放入沸水浴中 3 min,观察溶液颜色变化。

(3)磷酸:取一支试管加入水解液 1 mL,然后再加入定磷试剂 1 mL,于沸水浴中加热 3 min,观察溶液颜色变化。

五、结果计算

根据酵母片与所得 RNA 的粗制品质量,计算 RNA 的提取率。

$$RNA\ 提取率 = \frac{RNA\ 粗制品质量(g)}{酵母片质量(g)} \times 100\%$$

六、注意事项

(1)离心时,离心管要以两个为一组进行平衡,并对称放置于离心机中,以免损伤离心机的转轴。

(2)配制与使用浓硫酸时,要小心谨慎,以免灼伤皮肤及腐蚀衣物。

思考题

硫酸水解酵母核糖核酸的化学原理是什么?

实验三十二　动物肝脏 DNA 的提取

一、实验目的

(1) 掌握从动物组织中提取、分离、纯化 DNA 的基本原理及操作方法。
(2) 学习鉴定 DNA 样品的方法。

二、实验原理

核酸是一类磷酸基团的重要生物大分子，所有生物体内均含有核酸（除少数亚病毒类之外）。按其化学组成分为两大类：脱氧核糖核酸（DNA）和核糖核酸（RNA）。在真核生物中，DNA 主要存在于细胞核中，核外（如线粒体、叶绿体）也有少量存在。RNA 主要存在于细胞质中，以核糖体中含量最多，核内 RNA 主要存在于核仁中。对于病毒来说，要么只有 DNA，要么只有 RNA，所以可将病毒分为 RNA 病毒和 DNA 病毒。

在细胞核内，核酸通常是与某些组织蛋白质结合成复合物——核糖核蛋白（RNP）和脱氧核糖核蛋白（DNP）形式存在的。因此，在制备核酸时，需先将组织（或细胞）匀浆或破碎，使之释放出核蛋白（RNP 和 DNP），再设法将这两大类核蛋白分开，最后用蛋白质变性剂如苯酚、氯仿等，去垢剂如十二烷基磺酸钠（SDS）或用蛋白酶处理，除去蛋白质，使核酸与蛋白质分离，从而将核酸提取出来。

RNP 和 DNP 在不同浓度的电解质溶液中的溶解度有很大差别。如在高浓度氯化钠（1~2 mol/L）溶液中，脱氧核糖核蛋白（DNP）的溶解度很大，核酸核蛋白（RNP）溶解度很小。在低浓度氯化钠（0.14 mol/L）溶液中，DNP 的溶解度很小，RNP 的溶解度很大。因此，可利用不同浓度的氯化钠溶液，将脱氧核糖核蛋白和核糖核蛋白从样品中分别抽提出来。将抽提得到的核蛋白用 SDS 或苯酚处理使核蛋白解聚，DNA（或 RNA）即与蛋白质分开；用氯仿-异戊醇将蛋白质沉淀除去，DNA 则溶解于溶液中。

经上述分离、纯化处理后的核酸盐溶液，再利用其不溶于有机溶剂的性质，而使其在适当浓度的亲水有机溶剂（如乙醇）中呈絮状沉淀析出。重复进行上述处理，即可制成所要求纯度的脱氧核糖核酸制品。提纯的 DNA（或 DNA 钠盐）为白色纤维状固体。

为了防止 DNA（RNA）酶解，提取时加入 EDTA（乙二胺四乙酸）。因为 EDTA 是抑制 DNA 酶活性最好的抑制剂之一，由于 DNA 酶的酶解作用必须有 Ca^{2+} 和 Mg^{2+} 的存在，故只要在提取液中加入少量金属螯合剂 EDTA，就可使 DNA 酶完全失活。

本实验采用动物新鲜肝脏为提取 DNA 的材料，通过组织匀浆，使细胞破碎；利用 RNP 和 DNP 在一定浓度的 NaCl 溶液中溶解度不同的特点，提取 DNP；用 SDS 使蛋白质变性和核蛋白解聚，释放出 DNA；用氯仿使蛋白质变性沉淀，离心除去；用乙醇作沉淀剂，得到较纯的 DNA；用 RNase A 除去 RNA，再用氯仿使酶蛋白变性沉淀，离心除去；最后用乙醇作沉淀剂，得到更纯的 DNA。由于 DNA 可与二苯胺试剂反应生成蓝色化合物，其最大光吸收峰在 595 nm，可用比色法测定，因此提取的 DNA 样品可采用二苯胺法进行定性或定量测定；也可用分光光度法检测 DNA 样品的含量和纯度，高纯度 DNA 样品的 260 nm 与 280 nm 的吸收比值在 1.8 左右,当比值高时表明样品中混杂有 RNA,当比值低时表明样品中可能有蛋白质或酚的污染。因此,可利用 A_{260}/A_{280} 值的大小来鉴定 DNA 样品的纯度。

三、实验材料、器材和试剂

1. 实验材料

动物新鲜肝脏。

2. 实验器材

匀浆器;离心机;离心管;恒温水浴锅;量筒;吸量管;真空干燥箱;紫外-可见分光光度计;电泳仪;水平电泳槽;移液器;移液枪头;烧杯;紫外观察仪。

3. 实验试剂

(1) 4 mol/L NaCl 溶液:将 233.84 g NaCl 溶于水,稀释至 1000 mL。

(2) 0.14 mol/L NaCl – 0.15 mol/L Na_2EDTA 溶液:溶解 8.18 g NaCl 及 37.2 g Na_2EDTA 于蒸馏水,稀释至 1000 mL。

(3) 25% SDS 溶液:溶解 25 g 十二烷基磺酸钠于 100 mL 灭菌双蒸水中。

(4) 0.015 mol/L NaCl – 0.001 5 mol/L 柠檬酸三钠溶液:称取 0.88 g NaCl 及 0.44 g 柠檬酸三钠溶于蒸馏水,稀释至 1000 mL。

(5) 氯仿-异戊醇混合液:V(氯仿):V(异戊醇)= 24:1。

(6) 1.5 mol/L NaCl – 0.15 mol/L 柠檬酸三钠溶液:称取 87.66 g NaCl 及 44.12 g 柠檬酸三钠溶于蒸馏水中,稀释至 1000 mL。

(7) TE 缓冲液(10 mmol/L Tris – HCl,1 mmol/L EDTA,pH = 8.0):称取 0.12 g Tris,加适量蒸馏水溶解,用 1 mol/L HCl 溶液调至 pH = 8.0 并定容至 100 mL,加入 0.037 g ETDA 溶解。

(8) RNase A 溶液(10 g/L):将 RNase A 10 mg 溶解于 1 mL TE 缓冲液中。

(9) 95% 乙醇。

(10) 二苯胺试剂:使用前称取 1 g 重结晶的二苯胺,溶于 100 mL 冰乙酸中,再加入 10 mL 过氯酸,混匀备用,临用前加入 1 mL 1.6% 乙醛溶液,配成的溶液为无色。

(11) 电泳缓冲液(5×TBE):称取 10.88 g Tris、5.52 g 硼酸、0.74 g EDTANa·$2H_2O$,用蒸馏水溶解后定容至 200 mL。使用时,用蒸馏水稀释 10 倍(0.5×TBE)。

(12) 琼脂糖。

(13) 6×上样缓冲液:称取 0.25 g 溴酚蓝、40 g 蔗糖,溶于 100 mL 蒸馏水中。

(14) 10 mg/mL 溴化乙锭(EB)溶液。

(15) DNA Marker。

四、实验步骤

1. DNA 提取

(1) 取动物新鲜肝脏(约 2 g),用 0.14 mol/L NaCl – 0.15 mol/L EDTA 溶液洗去血液,

剪碎,加入 5 mL 0.14 mol/L NaCl-0.15 mol/L EDTA 溶液,置匀浆器中研磨。待研成糊状后,将糊状物 3000 r/min 离心 5 min,弃去上清液,沉淀用 0.14 mol/L NaCl-0.15 mol/L EDTA 溶液洗 2～3 次。

(2)向上述沉淀物加入 0.14 mol/L NaCl-0.15 mol/L EDTA 溶液,使总体积为 2 mL,然后滴加 25% SDS 溶液 0.2 mL,边加边搅拌。然后置于 60 ℃ 水浴保温 10 min,等溶液变得黏稠时,取出冷至室温。

(3)加入 4 mol/L NaCl 溶液 0.7 mL,使 NaCl 最终浓度达到 1 mol/L,搅拌 10 min,加入约 1 倍体积的氯仿-异戊醇混合液,振摇 20 min,10 000 r/min 离心 5 min。收集上层水相,然后再向上层水相加入 1.5～2 倍体积预冷的 95% 乙醇,DNA 沉淀即析出,10 000 r/min 离心 5 min,弃去上清液,收集沉淀,即得到 DNA 粗品。

(4)将 DNA 粗品置于 2.7 mL 0.015 mol/L NaCl-0.001 5 mol/L 柠檬酸三钠溶液中溶解,再加入 0.3 mL 1.5 mol/L NaCl-0.15 mol/L 柠檬酸三钠溶液,搅匀,加入 1 倍体积的氯仿-异戊醇混合液,振摇 10 min,10 000 r/min 离心 5 min,小心地吸取上层水相,弃中层变性蛋白。向收集的上层水相加入 2 倍体积预冷的 95% 乙醇,DNA 即沉淀析出。10 000 r/min 离心 5 min,弃去上清液,沉淀为较纯的 DNA。

(5)将上步所得沉淀溶于 2 mL TE 缓冲液中,加入 RNase A 溶液至终浓度为 20 mg/mL,混匀,在 37 ℃ 恒温水浴中保温 30 min。

(6)向已用 RNase A 消解后的 DNA 溶液中加入 1 倍体积的氯仿-异戊醇混合液,振摇 5 min,10 000 r/min 离心 5 min,小心地吸取上层水相(含 DNA),弃中层变性蛋白质,重复抽提 1～2 次。向收集的水相中加入 2 倍体积预冷的 95% 乙醇,DNA 即沉淀析出,10 000 r/min 离心 5 min,弃去上清液,将离心管室温下倒置干燥。

(7)将所得更纯的 DNA 沉淀溶于 2 mL 0.015 mol/L NaCl-0.001 5 mol/L 柠檬酸三钠溶液中备用。

2. DNA 样品的鉴定

(1)二苯胺法 DNA 定性鉴定,按表 3-29 操作。

表 3-29 二苯胺定性鉴定 DNA

试管号	1	2
DNA 样品溶液/mL	—	1
0.015 mol/L NaCl-0.001 5 mol/L 柠檬酸三钠溶液/mL	2	1
混匀,置 100 ℃ 恒温水浴保温 5min		
二苯胺试剂/mL	4	4
观察现象		

(2)紫外吸收法鉴定 DNA 纯度。将 DNA 样品液适当稀释,移入光径为 1 cm 的石英比色皿,并以 0.015 mol/L NaCl-0.001 5 mol/L 柠檬酸三钠溶液作为空白对照。在紫外-可

见分光光度计上分别于 260 nm 和 280 nm 波长处进行测定,记录测定数据 A_{260} 和 A_{280},计算 A_{260}/A_{280} 值,确定 DNA 样品的纯度。

(3)琼脂糖凝胶电泳检测 DNA。①制备 0.8% 琼脂糖凝胶(含终浓度 0.5 mg/L 溴化乙锭)。②取 10 μL DNA 样品,加入 6× 上样缓冲液 2 μL,混匀后上样,同时取相应的 DNA Markers 上样。③80 V 电泳 1 h。④用紫外观察仪查看样品 DNA 的均一性,相对分子质量大小以及是否存在 RNA 杂质等。

注意事项

(1)做好防护,避免污染。
(2)严格按照实验步骤进行操作,保证获得高质量的 DNA。
(3)选取合适的 DNA Marker、适宜的电泳条件,确保获得较好的电泳结果。

思考题

(1)本实验所用来提取动物肝脏 DNA 的方法有什么优缺点?
(2)有无其他可用来提取动物肝脏 DNA 的方法?如有请简述其操作步骤。

实验三十三 核酸的定量测定——分光光度法（Nanodrop 法）

一、实验目的

掌握用分光光度法（Nanodrop 法）测定 DNA 或 RNA 纯度和浓度的方法。

二、实验原理

组成核酸分子的碱基含有共轭双键，具有一定的吸收紫外光特性。这些碱基与戊糖、磷酸形成核苷酸后，其最大吸收峰不会改变。核酸的最大吸收波长为 260 nm。另外，核酸分子在双链向单链形式转化过程中紫外光吸收增加（称为增色效应），故单链 DNA 及 RNA 分子具有较双链 DNA 分子更高的紫外光吸收能力。这些物理特性为测定核酸溶液浓度提供了基础。分光光度法不但能确定核酸浓度，还可通过测定在 260 nm 和 280 nm 的紫外光吸收值吸光度的比值（OD_{260}/OD_{280}）估计核酸的纯度。纯净的 DNA 制品的 OD_{260}/OD_{280} 为 1.8，纯净的 RNA 制品的 OD_{260}/OD_{280} 为 2.0。DNA 样品中存在 RNA 将导致比值升高，而比值降低表明 DNA 或 RNA 样品中可能有蛋白质或酚等污染。

三、实验仪器

Nanodrop ND-2000 超微量核酸蛋白测定仪；微量移液器。

四、实验试剂

(1) 分离纯化的 DNA 或 RNA 样品。
(2) TE 缓冲液。
(3) 灭菌双蒸水。

五、操作步骤

(1) 打开电脑中 ND-2000 软件，以测量核酸为例，点击"Nucleic Acid"。
(2) 打开取样臂，吸取 2~5 μL 纯水放在下面测量基座的表面（冲洗润滑作用），放下取样臂，点击"OK"。
(3) 待界面刷新后，打开取样臂，用滤纸吸干纯水，吸取 2~5 μL 空白样本（对照缓冲液/溶剂/纯水）放在下面测量基座的表面，放下样品臂，点击"Blank"。
(4) 待界面刷新后，打开取样臂，用拭镜纸擦干空白样本，吸取待测样本放在下面测量基座的表面，关闭取样臂，点击"Measure"，液滴会自动在上下基座之间形成液柱。
(5) 测量结果在右下角方框中显示，界面显示曲线图和各种参数值。
(6) 重复测量样品，需用滤纸吸干已测样品。
(7) 测量结束时，打开样本测量臂，使用拭镜纸擦去上下基座表面上的样本液，放下测量臂。

(8) 结果判断。样品的浓度（μg/mL）：每种核酸的分子构成不一，其换算系数不同。双链 DNA 浓度 $=OD_{260} \times N \times 50$；RNA 浓度 $=OD_{260} \times N \times 40$；单链 DNA 浓度 $=OD_{260} \times N \times 33$。DNA 样品的纯度：$OD_{260}/OD_{280}$ 大于 2.0，说明仍存在 RNA，可以考虑用 RNA 酶处理样品；OD_{260}/OD_{280} 小于 1.8，说明样品中可能存在蛋白质或酚，应再用酚/氯仿抽提后，以无水乙醇沉淀纯化 DNA；OD_{260}/OD_{280} 介于 1.8～2.0 之间，说明 DNA 样品纯度好，不存在蛋白质或酚等杂质。

注意事项

(1) 核酸样品一般用 1～2 μL 检测，不超过 2 μL。但蛋白质样品因呈色剂与蛋白质本身特性，需用 2 μL 进行检测。

(2) 不可使用含有氢氟酸等腐蚀性液体的样品，其他无腐蚀性的液体皆可使用。同一滴液体只能做一次检测，如果需要重复定量同一样品，请重新取一滴再进行检测。

(3) 当软件出现错误信息时，请详细阅读并依指示进行障碍排除。最常见错误是在检测过程中液柱未形成，可先用肉眼观察液柱是否完整连接上下台面，或样品内是否有气泡，如出现情况可擦掉该滴样品，再重新进行检测，必要时可将样品体积加大至 2 μL。

(4) 若提取的 DNA 是用灭菌双蒸水溶解的，则实验中用灭菌双蒸水来调零。

思考题

如何通过分光光度法判断 DNA 或 RNA 的浓度和纯度？

实验三十四 动物肝脏 RNA 的制备

一、实验目的

熟悉与掌握从动物组织中提取 RNA 的原理和方法。

二、实验原理

一个典型的哺乳动物细胞约含 10pg RNA,其中 80%～85% 是 rRNA,15%～20% 为相对分子质量小的 RNA(tRNA 和 snRNA),mRNA 占总 RNA 的 1%～5%。从组织细胞提取总 RNA 的方法很多,如热酚法、氯化锂沉淀法、盐酸胍法、SDS-苯酚联合抽提法和异硫氰酸胍法等。酸性异硫氰酸胍/酚/氯仿一步抽提法具有分离提取 RNA 产率高、纯度好,且不易降解等特点,是目前最常用的 RNA 提取方法。其基本原理是:组织细胞在匀浆过程中被变性剂破膜溶解,变性剂有抑制 RNase 活性的作用,并使蛋白质与核酸分离,经苯酚氯仿将 RNA 抽提至水相,在乙醇溶液中沉淀回收总 RNA。

三、实验材料、器材和试剂

1. 实验材料

新鲜动物肝脏。

2. 实验器材

剪刀;镊子;组织匀浆器;离心机;移液器;移液器枪头;试管;离心管;冰箱;液氮罐。

3. 实验试剂

(1)无 RNase 水的制备:以玻璃蒸馏器蒸出的双蒸水,按 1∶1000 体积比将焦碳酸二乙酯(diethyl pyrocarbonale,DEPC)加入到双蒸水中,室温放置 12 h 以上,然后高压灭菌 30 min。以此 DEPC 水,用于配制以下试剂。

(2)0.75 mol/L 柠檬酸钠($Na_3C_6H_5O_7 \cdot 2H_2O$)(pH=7.0):称柠檬酸钠 22 g,溶于 70 mL 水中以浓 HCl 调节 pH 值至 7.0,加水至 100 mL,高压灭菌。

(3)变性缓冲液(异硫氰酸胍 4 mol/L,柠檬酸钠 25 mmol/L,十二烷基磺酸钠(Sarkosyl)0.5%,0.1 mol/L β-巯基乙醇):称异硫氰酸胍 250 g 溶于 293 mL 水中,加入 0.75 mol/L 柠檬酸钠(pH=7.0)17.6 mL 及 10% 的十二烷基磺酸钠(SDS)26.4 mL。于 65 ℃ 溶解后总体积为 528 mL。用 0.22 μm 的微孔滤膜过滤,此滤液作为贮存液,在室温可保存 3 个月。用前取 100 mL,加入 0.7 mL β-巯基乙醇。此液即为变性缓冲液,可在室温保存 1 个月。

(4)2mol/L NaAc 液(pH=4.0):称无水乙酸钠 32.8 g,加水 80 mL,加热溶解后,以冰乙酸调节 pH 值至 4.0,补水至 200 mL,高压灭菌。

(5)水饱和酚液:取重蒸酚 200 mL,于 65～70 ℃ 水浴溶解后,加入等体积的 0.2%(体积分数)β-巯基乙醇水溶液,充分振荡混匀,待分层后,去除大部分水相,保存在棕色广口瓶中于 4 ℃存放待用。

(6)75% 乙醇,于 4 ℃存放。

(7)0.5% SDS:称十二烷基硫酸钠(SDS)1.0 g,水溶后加水至 200 mL。

(8)异丙醇。

四、实验步骤

1. 组织匀浆

新鲜的动物肝脏,称量后剪碎放入组织匀浆器中,按 100 mg 组织/1 mL 的比例加入变性缓冲液,在组织匀浆器中缓慢匀浆 15～20 次。

2. RNA 抽提

将匀浆液移至 50 mL 塑料离心管中,加入 1/10 体积的 2 mol/L NaAc,等体积的水饱和酚及 2/10 的氯仿/异戊醇(体积比为 49∶1)。每加一种试剂后均应充分振荡混匀。于水浴中静置 15 min,以 5000 r/min 4 ℃离心 20 min。离心后 RNA 在水相,DNA 和蛋白质留在有机相及两相界面。

3. 沉淀 RNA

取出离心后的水相,加入等体积的异丙醇,混匀,于 -20 ℃放置 1 h 以上,5000 r/min 4 ℃再次离心 20 min。弃去上清液,沉淀的 RNA 溶于 1/10 体积的变性缓冲液,再加等体积的异丙醇,轻轻混匀,-20 ℃放置 1 h,离心沉淀出 RNA,弃去上清液,沉淀用 75% 冷乙醇洗 2 次(不必悬浮),抽空干燥 15 min 后,将沉淀物溶于少量 0.5% SDS 中,于 65 ℃保温 10 min,分装存放在液氮罐中备用。

注意事项

(1)整个实验过程中,为防止手接触带来 RNase 的污染,实验操作者必须戴手套进行,并经常更换。在配制试剂和提取 RNA 过程中应随时注意避免来自实验操作者和空气的 RNase 污染源。

(2)经 DEPC 处理的器皿,必须高压灭菌,使 DEPC 分解为 CO_2 和乙醇,否则残留的 DEPC 会影响 RNA 的活性。

(3)整个操作过程应在冰浴中进行。

思考题

(1)本实验用来提取动物肝脏 RNA 的效果如何?有需要改进的地方吗?

(2)获得的动物组织 RNA 为什么要放到液氮中保存?有更好的保存方法吗?

实验三十五 mRNA 的分离纯化

一、实验目的

(1) 学习 mRNA 分离纯化的原理。
(2) 熟悉和掌握 mRNA 分离纯化的实验操作。

二、实验原理

真核生物的 mRNA 分子是单顺反子,是编码蛋白质的基因转录产物。真核生物的所有蛋白质归根到底都是 mRNA 的翻译产物,因此,高质量 mRNA 的分离纯化是克隆基因、提高 cDNA 文库构建效率的决定性因素。真核生物 mRNA 分子最显著的结构特点是具有 5′端帽子结构(m7G)和 3′端的 Poly(A)尾巴。绝大多数哺乳动物细胞的 3′端存在 20~300 个腺苷酸组成的 Poly(A)尾,这种结构为真核 mRNA 分子的提取、纯化提供了极为方便的选择性标志,寡聚(dT)纤维素或寡聚(U)琼脂糖亲和层析分离纯化 mRNA 的理论基础就在于此。

mRNA 的分离方法较多,其中以寡聚(dT)纤维素柱层析法最为有效,已成为分离纯化 mRNA 的常用方法。此法利用 mRNA 3′末端含有 Poly(A)+的特点,在 RNA 流经寡聚(dT)纤维素柱时,在高盐缓冲液的作用下,mRNA 被特异的吸附在寡聚(dT)纤维素上,然后逐渐降低盐的浓度进行洗脱,mRNA 被洗脱下来。经过两次寡聚(dT)纤维素柱后,可得到较高纯度的 mRNA。纯化的 mRNA 在 70% 乙醇中 −70 ℃ 可保存一年以上。

三、实验材料、器材和试剂

1. 实验材料

已分离得到的真核生物总 RNA。

2. 实验器材

高速冷冻离心机;高压灭菌锅;剪刀;试管;橡胶手套;−20 ℃ 冰箱;−70 ℃ 冰箱;层析柱;紫外分光光度计。

3. 实验试剂

(1) 3 mol/L 醋酸钠(pH=5.2)。
(2) 0.1 mol/L NaOH。
(3) DEPC−H_2O。
(4) 1× 上样缓冲液:20 mmol/L Tris−HCl(pH=7.6),0.5 mol/L NaCl,1 mol/L EDTA(pH=8.0),0.1% SDS。先配制 Tris−HCl(pH=7.6)NaCl、EDTA(pH=8.0)的母液,经高压灭菌后按各成分准确量取,混合后再高压灭菌,冷却至 65 ℃ 时,加入在 65 ℃ 预热的 10% SDS 至其终浓度达到 0.1%。
(5) 洗脱缓冲液:10 mmol/L Tris−HCl(pH=7.6),1 mmol/L EDTA(pH=8.0),

0.05% SDS。

(6)70%乙醇:用 DEPC-H_2O 配制 70%乙醇(用高温灭菌的器皿配制),然后装入高温烘烤过的玻璃瓶中,存放于低温冰箱。

(7)无 RNA 酶灭菌水:用高温烘烤过的玻璃瓶(180 ℃,2 h)盛装蒸馏水,然后加入体积分数 0.1% DEPC,处理过夜后高压灭菌。

(8)寡聚(dT)纤维素。

(9)无水乙醇。

四、实验步骤

(1)将 0.5~1.0 g 寡聚(dT)纤维素悬浮于 0.1 mol/L NaOH 溶液中。

(2)将悬浮液装入已用 DEPC 处理的灭菌层析柱中,用 3 倍柱床体积的 DEPC-H_2O 洗柱。

(3)使用 1×上样缓冲液洗柱,直至洗出液 pH 值小于 8.0。

(4)将真核生物的总 RNA 溶解于 DEPC-H_2O 中,在 65 ℃中保温 10 min,冷却至室温后加入等体积 1×上样缓冲液,混匀后上样,用灭菌试管收集流出液。当 RNA 样品液全部进入柱床后,再用 1×上样缓冲液洗柱,继续收集流出液。

(5)用 5~10 倍柱床体积的 1×上样缓冲液洗柱,每个试管 1 mL 进行收集洗脱液,OD_{260} 测定 RNA 含量。前部分收集管中流出液的 OD_{260} 值很高,其内含物为无 Poly(A)尾的 RNA;后部分收集管中流出液的 OD_{260} 值很低或无吸收。

(6)用 2~3 倍柱体积的洗脱缓冲液洗脱 Poly(A)+RNA,分部收集,每部分为 1/3~1/2 柱体积。

(7)OD_{260} 测定 Poly(A)+RNA 分布,合并含 Poly(A)+RNA 收集管中的液体,加入 1/10 体积 3 mol/L NaAc(pH=5.2)、2 倍体积的预冷无水乙醇,混匀,-20 ℃放置 30 min。

(8)在 4 ℃,10 000 r/min 离心 15 min,弃去上清液。用 70%乙醇洗涤沉淀。4 ℃,10 000 r/min 离心 5 min。

(9)弃去上清液,在室温放置 10 min。

(10)用少量无 RNA 酶灭菌水溶解沉淀,即得到 mRNA 溶液,可用于 cDNA 合成。也可用 DEPC-H_2O 配制 70%乙醇悬浮溶解沉淀。贮存于-70 ℃。

注意事项

(1)整个实验过程中必须防止 RNase 的污染。

(2)层析结束后,寡聚(dT)纤维素可用 0.3 mol/L NaOH 漂洗,然后用 1×上样缓冲液平衡,并加入 0.02%叠氮钠(NaN_3),在 4~10 ℃冰箱中保存,可重复使用。

思考题

(1)实验过程中如何控制 RNase 的污染?

(2)得到的 mRNA 可以用来开展哪些生物化学与分子生物学的实验?

实验三十六　分光光度法测定丙酮酸的含量

一、实验目的

(1)了解植物组织中丙酮酸含量测定的原理。
(2)熟悉利用分光光度法测定丙酮酸的操作方法。

二、实验原理

植物样品的组织液用三氯乙酸去除蛋白质后,其中所含的丙酮酸可与2,4-二硝基苯肼作用,生成丙酮酸-2,4-二硝基苯腙,后者在碱性溶液中呈樱红色,其颜色深度可用分光光度计测量。与已知丙酮酸标准曲线进行比较,即可求得样品中丙酮酸的含量。

三、实验材料、器材和试剂

1. 实验材料

大蒜、大葱或洋葱;石英砂。

2. 实验器材

分光光度计;具塞刻度试管;研钵;容量瓶;吸量管;量筒;分析天平;离心机;剪刀;离心管。

3. 实验试剂

(1)8%三氯乙酸溶液。
(2)1.5 mol/L NaOH 溶液。
(3)0.1% 2,4-二硝基苯肼(用 2 mol/L 盐酸配制)溶液。
(4)丙酮酸钠。

四、实验步骤

1. 丙酮酸标准曲线的制作

称取丙酮酸钠 7.5 mg 于烧杯中,用 8%三氯乙酸溶液溶解后转移至 100 mL 容量瓶,并用 8%三氯乙酸溶液定容,此溶液为 60 μg/mL 的丙酮酸原液。取 6 支试管,按表 3-30 数据配制不同浓度的丙酮酸标准溶液。

表 3-30　不同浓度丙酮酸标准溶液的配制

试管号	1	2	3	4	5	6
丙酮酸原液/mL	0	0.6	1.2	1.8	2.4	3.0
8%三氯乙酸溶液/mL	3.0	2.4	1.8	1.2	0.6	0
丙酮酸浓度/(μg·mL^{-1})	0	12	24	36	48	60

在上述各管中分别加入 1.0 mL 0.1% 2,4-二硝基苯肼溶液,摇匀,再加入 5 mL 1.5 mol/L NaOH 溶液,摇匀显色,在 520 nm 波长下测定吸光度值,绘制标准曲线。

2. 植物样品组织液的提取

称取植物样品(大蒜、大葱或洋葱)5 g,于研钵中加少许石英砂及少量 8% 三氯乙酸溶液,研磨成匀浆,再用 8% 三氯乙酸溶液洗涤后转移至 100 mL 容量瓶中,定容至刻度,塞紧瓶塞,振荡混匀,取约 10 mL 匀浆液 4000 r/min 离心 10 min,取上清液备用。

3. 组织液中丙酮酸的测定

取 3 mL 上清液加入一个刻度试管中,加入 1.0 mL 0.1% 2,4-二硝基苯肼溶液,摇匀,再加入 5 mL 1.5 mol/L NaOH 溶液,摇匀显色,在 520 nm 波长下测定吸光度值,记录数值,在标准曲线上查得溶液中丙酮酸的含量。

$$样品中丙酮酸含量(mg/g 鲜重) = \frac{A \times f}{m \times 1000}$$

式中:A 为在标准曲线上查得的丙酮酸质量(μg);f 为稀释倍数;m 为样品质量(g)。

思考题

(1) 测定丙酮酸含量的基本原理是什么?
(2) 本实验出现的误差如何分析?

实验三十七 糖酵解中间产物的鉴定

一、实验目的

(1) 熟悉糖酵解的过程。
(2) 掌握鉴定糖酵解中间产物的方法。

二、实验原理

利用碘乙酸对糖酵解过程中 3-磷酸甘油醛脱氢酶的抑制作用,使 3-磷酸甘油醛不再继续反应而积累。硫酸肼作为稳定剂,用来保护 3-磷酸甘油醛使其不能自发分解。然后用 2,4-二硝基苯肼与 3-磷酸甘油醛在碱性条件下形成 2,4-二硝基苯肼-丙糖的棕色复合物,其棕色程度与 3-磷酸甘油醛的含量成正比。

三、实验材料、器材和试剂

1. 实验材料

新鲜酵母。

2. 实验器材

试管;吸量管;恒温水浴锅;烧杯;分析天平;移液管;洗耳球。

3. 实验试剂

(1) 2,4-二硝基苯肼溶液:取 0.1 g 2,4-二硝基苯肼,溶于 100 mL 2 mol/L 盐酸中,贮于棕色瓶中备用。
(2) 0.56 mol/L 硫酸肼溶液:称取 7.28 g 硫酸肼,溶于 50 mL 水中,这时不会全部溶解,当加入 NaOH 使 pH 值达 7.4 时则完全溶解。
(3) 5% 葡萄糖溶液。
(4) 10% 三氯乙酸溶液。
(5) 0.75 mol/L NaOH 溶液。
(6) 0.002 mol/L 碘乙酸溶液。

四、实验步骤

(1) 取小烧杯 3 个,分别加入新鲜酵母 0.3 g,并按表 3-31 分别加入各试剂,混匀。
(2) 将各杯混合物分别倒入编号相同的发酵管内,于 37 ℃保温 1.5 h,观察发酵管产生气泡的量有何不同。
(3) 把发酵管中发酵液倒入同号小烧杯中,并在 2 号和 3 号烧杯中按表 3-32 补加各试剂,摇匀,放 10 min 后和 1 号烧杯中内容物一起分别过滤,取滤液进行测定。

(4)取 3 支试管,分别加入上述滤液 0.5 mL,并按表 3-33 加入试剂并处理。观察各管颜色的变化,并对实验结果进行分析。

表 3-31　初始试剂加入量

烧杯号	5%葡萄糖溶液/mL	10%三氯乙酸溶液/mL	0.002 mol/L 碘乙酸溶液/mL	0.56 mol/L 硫酸肼溶液/mL	发酵时起泡多少
1	10	2	1	1	
2	10	—	1	1	
3	10	—	—	—	

表 3-32　试剂补加量

烧杯号	10%三氯乙酸溶液/mL	0.002 mol/L 碘乙酸溶液/mL	0.56 mol/L 硫酸肼溶液/mL
2	2	—	—
3	2	1	1

表 3-33　实验结果记录

试管号	滤液/mL	0.75 mol/L NaOH 溶液/mL	条件 1	2,4-二硝基苯肼溶液/mL	条件 2	0.75 mol/L NaOH 溶液/mL	观察结果
1	0.5	0.5	室温放置 10 min	0.5	38 ℃水浴保温 19 min	3.5	
2	0.5	0.5		0.5		3.5	
3	0.5	0.5		0.5		3.5	

思考题

(1)实验中哪一支发酵管生成的气泡最多?为什么会出现这种现象?

(2)哪一支试管最后生成的颜色最深?为什么?

实验三十八　脂肪酸β-氧化作用

一、实验目的

(1)了解脂肪酸的β-氧化作用。
(2)通过测定和计算反应液内丁酸氧化生成丙酮的量,掌握测定β-氧化作用的方法及其原理。

二、实验原理

在肝脏中,脂肪酸经β-氧化作用生成乙酰辅酶 A,二分子乙酰辅酶 A 可缩合生成乙酰乙酸。乙酰乙酸可脱羧生成丙酮,也可还原生成β-羟丁酸。乙酰乙酸、β-羟丁酸和丙酮总称为酮体。酮体为机体代谢的中间产物。在正常情况下,其产量甚微,患糖尿病或食用高脂肪膳食时,血中酮体浓度增高,尿中也能出现酮体。

本实验用新鲜肝糜与丁酸保温,生成的丙酮在碱性条件下,与碘生成碘仿。反应式如下:

$$2NaOH + I_2 \longrightarrow NaOI + H_2O + NaI$$
$$CH_3COCH_3 + 3NaOI \longrightarrow CHI_3 + CH_3COONa + 2NaOH$$

剩余的碘可用标准硫代硫酸钠溶液滴定:

$$NaOI + NaI + 2HCl \longrightarrow I_2 + 2NaCl + H_2O$$
$$I_2 + 2Na_2S_2O_3 \longrightarrow Na_2S_4O_6 + 2NaI$$

根据滴定样品与滴定对照所消耗的硫代硫酸钠溶液体积之差,可以计算由丁酸氧化生成丙酮的量。

三、实验材料、器材和试剂

1.实验材料

鲜猪肝。

2.实验器材

恒温水浴锅;微量滴定管;吸管;剪刀;50 mL 锥形瓶;漏斗;试管;试管架;研钵;分析天平;滤纸;移液管。

3.实验试剂

(1)0.5%淀粉溶液。
(2)0.9%氯化钠溶液。
(3)15%三氯乙酸溶液。
(4)10%盐酸溶液。
(5)0.5 mol/L 丁酸溶液:取 5 mL 丁酸溶于 100 mL 0.5 mol/L 氢氧化钠溶液中。
(6)10%氢氧化钠溶液。

(7)0.2 mol/L 碘液:25.4 g+50 g KI 定容到 1000 mL,用标准 0.05 mol/L 硫代硫酸钠溶液标定。

(8)标准 0.01 mol/L 硫代硫酸钠溶液:将已标定的 0.05 mol/L 硫代硫酸钠稀释成 0.01 mol/L。

(9)1/15 mol/L pH=7.6 的磷酸缓冲液:1/15 mol/L 磷酸氢二钠 86.8 mL+1/15 mol/L 磷酸二氢钠 13.2 mL。

四、实验步骤

1. 肝糜制备

取肝用 0.9% 氯化钠溶液冲洗,用滤纸吸去表面的水分。称取肝组织 5 g 置研钵中,加少量的 0.9% 氯化钠溶液研成细浆。再加 0.9% 氯化钠溶液到总体积为 10 mL。

2. 保温反应

取 2 个 50 mL 锥形瓶,各加入 3 mL 1/15 mol/L pH=7.6 的磷酸缓冲液。向一个锥形瓶中加入 2 mL 正丁酸,另一个锥形瓶作为对照,不加正丁酸。然后各加入 2 mL 肝糜,混匀于 43 ℃ 恒温水浴内保温。

3. 沉淀蛋白

保温 1.5 h 后,取出锥形瓶,各加入 3 mL 15% 的三氯乙酸,在对照瓶内再加入 2 mL 正丁酸,混匀,静置 15 min,过滤。将滤液收集在 2 支试管中。

4. 酮体的测定

吸取两种滤液各 2 mL 分别放入另 2 个锥形瓶中,再加 3 mL 0.1 mol/L 碘液和 3 mL 10% 氢氧化钠溶液。摇匀后,静置 10 min。加入 3 mL 10% 盐酸中和。然后用 0.01 mol/L 标准硫代硫酸钠溶液滴定剩余的碘。滴至浅黄色时,加入 3 滴 0.1% 淀粉溶液作指示剂。摇匀,滴至蓝色消失为止。记录所消耗的硫代硫酸钠溶液的毫升数。

五、结果计算

$$\text{肝脏的丙酮浓度(mmol/g)} = (A-B) \times C_1/(6 \times m)$$

式中:A 为滴定对照所消耗的 0.01 mol/L 硫代硫酸钠溶液的毫升数(mL);B 为滴定样品所消耗的 0.01 mol/L 硫代硫酸钠溶液的毫升数(mL);C_1 为标准硫代硫酸钠溶液的浓度(mol/L);m 为滴定样品中猪肝的质量(g)。

实验三十九 植物体内的转氨基作用

一、实验目的

(1)了解转氨基作用的特点。
(2)掌握纸层析的操作方法。

二、实验原理

植物体内通过转氨酶的作用，α-氨基酸上氨基可转移到α-酮酸原来酮基的位置上，结果形成一种新的α-酮酸和一种新的α-氨基酸，所生成的氨基酸可用纸层析法检出。

三、实验材料、器材和试剂

1. 实验材料

绿豆芽的子叶及胚轴。

2. 实验器材

研钵；量筒；离心机；试管；移液管；恒温培养箱；漏斗；层析缸；层析滤纸；毛细管；吹风机；离心管；恒温水浴锅；洗耳球。

3. 实验试剂

(1) 0.1 mol/L 丙氨酸溶液。
(2) 0.1 mol/L α-酮戊二酸溶液(用 NaOH 中和至 pH=7.0)。
(3) 含有 0.4 mol/L 蔗糖的 0.1 mol/L 磷酸缓冲液(pH=8.0)，磷酸缓冲液(pH=7.5)。
(4) 0.1 mol/L 谷氨酸溶液。
(5) 30% 三氯乙酸。
(6) 展层溶剂：V(正丁醇)：V(冰醋酸)：V(水) = 4 : 1 : 3。将正丁醇 100 mL 和冰醋酸和醋酸 25 mL 放入 250 mL 分液漏斗中，与 75 mL 水混合，充分振荡，静止后分层，放出下层水层，漏斗内的剩余的液体即为展层试剂。
(7) 显色剂：0.1% 茚三酮-正丁醇溶液 50~100 mL。

四、实验步骤

1. 酶液的提取

取发芽 2~3 天的绿豆芽 5 g，放入研钵中，加 2 mL 磷酸缓冲液(pH=8.0)研磨成匀浆，转入离心管。研钵中再加入 1 mL 该缓冲溶液冲洗，然后倒入离心管中，以 3000 r/min 离心 10 min，取上清液备用。

2. 酶促反应

取 3 支试管编号，按表 3-34 分别加入试剂和酶液。

表 3-34 转氨酶酶促反应中试剂和酶液体积 单位:mL

试管号	0.1 mol/L α-酮戊二酸溶液	0.1 mol/L 丙氨酸溶液	酶液	磷酸缓冲液(pH=7.5)
1	0.5	0.5	0.5	1.5
2	0.5	—	0.5	2.0
3	—	0.5	0.5	2.0

将试管摇匀后置于恒温培养箱中 37 ℃ 保温 30 min。取出后各加 3 滴 30% 三氯乙酸溶液终止酶反应,于沸水浴中加热 10 min,使蛋白质完全沉淀,冷却后离心,取上清液备用。

3. 纸层析

取层析滤纸一张,在距底线 1.5 cm 处用铅笔画一直线,在线上等距离确定 5 个点,作为点样位置,相邻各点间距 1.5 cm。取上述上清液及谷氨酸、丙氨酸标准液分别点样,样品液点 4~5 滴,标准液点 2 滴。每点一次用吹风机吹干后再点下一次。最后沿垂直于基线的方向将滤纸卷成圆筒,以线缝合,注意纸边不能叠在一起或接触(图 3-7)。

在层析缸中放入展层试剂,将滤纸筒垂直放入,进行展层实验,待展层试剂前沿上升高度达到 15cm 后取出,用铅笔标出前沿位置。吹风机吹干,剪断缝线,以 0.1% 茚三酮-正丁醇溶液喷雾,用吹风机烘干后显色。

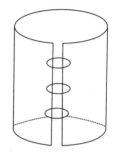

图 3-7 纸层析时滤纸的圆筒状示意图

五、结果观察与分析

观察实验结果,比较参与转氨基反应的氨基酸和标准氨基酸迁移率的差异,确定氨基酸的种类,绘制纸层析结果示意图。

(1)在实验过程中转氨酶的活性是否会受到影响?为什么?
(2)转氨基作用在植物和动物组织中哪一个更显著?为什么?

第二节　分子生物学实验

实验四十　PCR(聚合酶链式反应)技术扩增目的基因片段

一、实验目的

(1)学习 PCR 反应的基本原理。
(2)了解引物设计的要求。
(3)熟悉 PCR 热循环仪的操作方法。

二、实验原理

聚合酶链式反应(polymerase chain reaction,PCR)是一种体外酶促合成特异 DNA 片段的方法,其原理与 DNA 的变性和复制过程相似。在微量模板 DNA、引物、4 种脱氧核苷酸(dNTP)、耐热 DNA 聚合酶(Taq)和 Mg^{2+} 等反应物质的组成下,经高温变性、低温退火和适温延伸等 3 步反应组成一个循环周期,通过多次循环过程使目的 DNA 迅速扩增。

具体为在高温(93～95 ℃)下,待扩增的靶 DNA 双链受热变性成为两条单链 DNA 模板。然后在低温(37～65 ℃)下,两条人工合成的寡核苷酸引物与互补的单链 DNA 模板结合,形成部分双链。然后在 Taq 酶的最适温度(72 ℃)下,以引物 3′端为合成的起点,以单核苷酸为原料,沿模板以 5′→3′方向延伸,复制互补合成 DNA 新链。这样,每一个双链的 DNA 模板,经过一次循环后就成了两条双链 DNA 分子。每一次循环所产生的 DNA 均能成为下一次循环的模板,使两条人工合成的引物间的 DNA 特异区拷贝数扩增一倍,PCR 产物以 2^n 的指数形式迅速扩增,经过 25～30 个循环后,DNA 可以扩增 10^6～10^7 倍。

本实验利用已设计的特异引物对提取的植物、动物或微生物的基因组 DNA 进行 PCR 扩增。

三、实验材料、器材和试剂

1. 实验材料

已提取得到的植物、动物或微生物的基因组 DNA。

2. 实验器材

PCR 热循环仪;高压灭菌锅;0.2 mL 离心管;移液器;移液枪头;超净工作台;微量离心机;冰箱。

3. 实验试剂

(1)10×PCR 缓冲液。
(2)25 mmol/L Mg^{2+}。

(3)10 mmol/L dNTPs。
(4)*Taq* DNA 聚合酶。
(5)5 μmol/L 引物 1。
(6)5 μmol/L 引物 2。

四、实验步骤

1. 配制 PCR 反应体系

PCR 反应体系包括 DNA 模板、引物、*Taq* DNA 聚合酶、dNTPs、Mg^{2+} 和含有必需离子的反应缓冲液。

取 2 个 0.2 mL 离心管,在管 1(对照管)中按表 3-35 所示顺序加入试剂,配制无模板 DNA 混合反应液,体积不足部分以灭菌双蒸水补足;管 2(反应管)中所加试剂除了 DNA 模板外,其余均与管 1 中的试剂相同,总体积为 25 μL(表 3-35)。手指轻弹管底混匀溶液,在离心机中快速离心数秒,使溶液集中于底部后进行 PCR 反应。这个 PCR 反应体系可以根据实验结果进行调整和优化。

表 3-35 PCR 反应体系中各反应物体积　　　　　　　　单位:μL

试管号	管 1(对照管)	管 2(反应管)
10×PCR 缓冲液	2.5	2.5
25 mmol/L Mg^{2+}	2.5	2.5
10 mmol/L dNTPs	1.0	1.0
5 μmol/L 引物 1	1.5	1.5
5 μmol/L 引物 2	1.5	1.5
Taq 聚合酶(5 U/μL)	0.2	0.2
DNA 模板	—	2.0
双蒸水	15.8	13.8

2. 设置 PCR 扩增程序

(1)94 ℃预变性 5 min。
(2)94 ℃变性 45 s。
(3)52 ℃退火 45 s。
(4)72 ℃延伸 1 min。
(5)重复步骤(2)—(4)30 次。
(6)72 ℃延伸 10 min。

把装有 PCR 反应体系的 0.2 mL 离心管(PCR 管)放入 PCR 仪中,设置 PCR 扩增程序,然后保存这个程序并运行。一般完成一次 PCR 反应需要 2~3 h,PCR 完成后取出 PCR 管,放入冰箱-20 ℃保存。

PCR 程序也可以根据实验结果进行优化,如调整变性时间、改变退火温度等。

(1)PCR 的反应体系需要哪些物质,各有何作用?

(2)PCR 程序每一步的作用是什么?

实验四十一　DNA 琼脂糖凝胶电泳

一、实验目的

(1) 熟悉琼脂糖凝胶的制备方法。
(2) 掌握琼脂糖凝胶电泳分离 DNA 的原理与操作方法。

二、实验原理

凝胶电泳是分离与测定生物大分子的一项重要技术,琼脂糖凝胶电泳或聚丙烯酰胺凝胶电泳是分离鉴定及纯化 DNA 片段的标准方法。该技术操作简单、快速,可以分辨出其他方法不能分辨的 DNA 片段。DNA 溶液在 pH 值为 8.0 时带负电,在电泳电场中向正极移动,用聚丙烯酰胺分离小片段 DNA(5~1000 bp)效果最好,其分辨力极高,相差 1 bp 的 DNA 片段都能分开。琼脂糖凝胶的分辨能力虽低,但其分离的范围较广,可以分离长度为 200~50 000 bp 的 DNA。本实验采用的是琼脂糖凝胶电泳,它常用于按相对分子质量大小分离 DNA 片段的情况,小片段比大片段迁移快,在不同浓度的凝胶上,DNA 片段迁移的速度也不相同,凝胶浓度越大,凝胶的纤维网孔越密,就越能有效地分离不同相对分子质量的分子,尤其是分离相对分子质量小的分子。利用溴酚蓝指示剂可以判断电泳迁移距离,电泳时间不能过长,否则迁移速度快的相对分子质量小的 DNA 片段会进入缓冲液中。

观察琼脂糖凝胶中的 DNA 片段最简便的方法是利用荧光染料溴化乙锭进行染色,溴化乙锭可以嵌入 DNA 的堆积碱基上,从而与 DNA 结合,并呈现荧光,显示出不同相对分子质量的 DNA 带图谱,用已知相对分子质量大小的标准样品(DNA marker)与未知片段的迁移距离相比较,就可以确定未知 DNA 相对分子质量的大小。

三、实验材料、器材和试剂

1. 实验材料

真核生物总 DNA 或 PCR 扩增的 DNA 片段。

2. 实验器材

电泳仪;水平电泳槽;移液器;烧杯;凝胶成像系统;移液枪头;微波炉;分析天平。

3. 实验试剂

(1) 5×TBE 缓冲液(5 倍的 Tris-硼酸-EDTA 缓冲液):称取 27 g Tris 和 13.75 g 硼酸置于盛有适量蒸馏水的烧杯中,再加入 10 mL 0.5 mol/L EDTA 缓冲液(pH=8.0),转移至 500 mL 的容量瓶中,洗涤烧杯 2~3 次,也转移至容量瓶,加水定容至刻度,摇匀即可,使用时,要用蒸馏水稀释 10 倍(0.5×TBE)。

(2) 琼脂糖。

(3) 10 mg/mL 溴化乙锭(EB)。

(4) DNA Marker。

(5)上样缓冲液:0.25%溴酚蓝与40%(体积质量)蔗糖溶液按照体积比1∶5混合。

四、实验步骤

1. 琼脂糖凝胶板的制备

(1)琼脂糖凝胶的制备。称取0.3 g琼脂糖于100 mL烧杯中,加入30 mL 0.5×TBE缓冲液,在微波炉中加热,待完全融化后放置室温冷却至60 ℃左右。加入3 μL 溴化乙锭(10 mg/mL),混匀。

(2)凝胶板的制备。将上述冷却至60 ℃左右的琼脂糖凝胶溶液倒入水平放置的制胶模具(图3-8)中,控制灌胶速度,使胶缓慢地展开,直到整个有机玻璃板表面形成均匀的凝胶层,凝胶厚度一般为0.3~0.5 cm,放上样品梳。待胶凝固后取出样品梳,将胶板放入电泳槽中,胶面应浸没在TBE电泳缓冲液液面以下2~3 mm。

2. 加样

取5 μL真核生物总DNA或PCR扩增的DNA片段溶液于点样板上,再加入2 μL上样缓

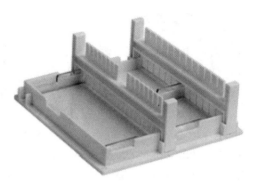

图3-8 琼脂糖凝胶制胶模具

冲液,混匀后,加入到样品槽中,并做好记录,另选一个样品槽加入DNA Marker(已加入上样缓冲液)5 μL。

3. 电泳

加样完毕后将靠近样品槽一端连接负极,另一端连接正极,接通电源,开始电泳,电场强度不高于5 V/cm。当溴酚蓝指示剂条带移动到距离凝胶前沿1 cm时,停止电泳。

4. 结果观察与保存

将凝胶放入凝胶成像系统中,在波长为254 nm的紫外灯下进行观察并拍照保存结果。估算样品DNA的相对分子质量,并对电泳结果进行分析。

注意事项

溴化乙锭(EB)是强诱变剂并有中等毒性,配制和使用时都应戴手套,并且不要把EB洒到桌面或地面上。凡是沾污了EB的容器或物品必须经专门处理后才能清洗或丢弃。

思考题

(1)琼脂糖凝胶电泳中DNA分子迁移率受哪些因素的影响?
(2)除了溴化乙锭外,还有哪些替代的荧光染料?

实验四十二 大肠杆菌感受态细胞的制备

一、实验目的

(1) 了解大肠杆菌感受态细胞制备的原理。
(2) 掌握制备大肠杆菌感受态细胞的方法。

二、实验原理

所谓的感受态,即指受体(或者宿主)最易接受外源DNA片段并实现其转化的一种生理状态,它是由受体菌的遗传性状所决定的,同时也受菌龄、外界环境因子的影响。细胞的感受态一般出现在对数生长期,新鲜幼嫩的细胞是制备感受态细胞和进行成功转化的关键。

受体细胞经过氯化钙($CaCl_2$)的处理后,细胞膜的通透性发生变化,可使外源DNA载体分子进入,称为感受态细胞。感受态细胞通过热休克处理可将载体DNA分子导入受体细胞。

除了氯化钙方法外,制备感受态细胞还有Hanahan方法、Inoue方法和电转化方法等多种。可根据实验需要及不同的菌种来选择合适的方法。

本实验是采用氯化钙方法来制备大肠杆菌感受态细胞。

三、实验材料、器材和试剂

1. 实验材料

大肠杆菌 DH5α。

2. 实验器材

锥形瓶;接种环;培养皿;生化培养箱;振荡培养箱;紫外-可见分光光度计;离心机;离心管;−70 ℃冰箱;移液器;超净工作台;灭菌牙签;酒精灯;移液枪头。

3. 实验试剂

(1) 250 mmol/L KCl 溶液:在100 mL 双蒸水中溶解1.86 g KCl 配制成250 mmol/L KCl 溶液。

(2) 5 mol/L NaOH 溶液。

(3) 2 mol/L $MgCl_2$ 溶液。称取19 g $MgCl_2$ 加入到90 mL 双蒸水中,搅拌均匀后,再加水至100 mL,然后高压灭菌25 min。

(4) SOB 培养基。称取胰蛋白胨20 g、酵母抽提物5 g、NaCl 0.5 g,加入800 mL 蒸馏水。然后加入250 mmol/L KCl 溶液10 mL,用5 mol/L NaOH(约0.2 mL)调节溶液的pH值至7.0。最后加入双蒸水至总体积为1000 mL,高压蒸气灭菌25 min。该溶液在使用前加入5 mL 已灭菌的2 mol/L $MgCl_2$ 溶液。

(5) 0.1 mol/L $CaCl_2$ 溶液。

(6) 甘油。

(7) LB 固体培养基。配100 mL LB 固体培养基:称取2.5 g LB Powder(含有酵母抽提物、氯化钠等)、1.5 g 琼脂,加入 100 mL 双蒸水,溶解后,高压灭菌 25 min。

(8)LB 液体培养基。

(9)氨苄青霉素(Amp)。

四、实验步骤

1. 制备感受态细胞

(1)将大肠杆菌 DH5α 菌株在 LB 固体培养基平板上划线,37 ℃培养过夜,获得合适的克隆。

(2)挑单克隆至 2 mL SOB 培养基中,37 ℃振荡过夜培养。

(3)在 250 mL 锥形瓶中加入 25 mL SOB 培养基,随后取过夜培养的菌液 0.5 mL 接种其中,37 ℃振荡培养 2~2.5 h,当 A_{600} 在 0.4~0.6 之间时,停止振荡,取出锥形瓶在冰上放置 10 min。

(4)将菌液转移到 50 mL 离心管中,4000 r/min 离心 10 min,弃去上清液。让沉淀尽可能在空气中干燥。

(5)加入 8 mL 预冷的 0.1 mol/L $CaCl_2$,用移液器吹打重悬沉淀,冰浴中静置 15 min。

(6)在 4 ℃下,4000 r/min 离心 10 min,收集菌体,弃去上清液。

(7)加入 2 mL 预冷的 0.1 mol/L $CaCl_2$ 悬浮菌体,制备好的感受态细胞悬液可在冰上放置 24 h 内直接用于转化实验,也可加等体积 20% 灭菌甘油,混匀后分装于 0.5 mL 离心管中,每管 100~200 μL 感受态细胞悬液,置于 -70 ℃冰箱中,可保存 6~12 个月。

2. 质粒 DNA 的转化

(1)取一个装有感受态细胞的离心管(100 μL),取两个已灭菌的 1.5 mL 离心管,分别标记为样品管与对照管,然后分别加入 20 μL 感受态细胞,样品管中加入质粒 DNA 5 μL,对照管中加入灭菌双蒸水 5 μL,混匀,冰浴中静置 20 min。

(2)42 ℃热激 90 s。

(3)迅速放入冰水中冷却 15 min。

(4)在超净工作台中,每管加入 1 mL LB 液体培养基(不含 Amp),混匀,37 ℃振荡培养 1 h。

(5)4000 r/min 离心 1 min,留 100 μL 液体重悬沉淀。

(6)将菌液用移液器吸取到装有 LB 固体培养基的平板上(含有 Amp),用涂布棒涂均匀。

(7)将平板倒置放在生化培养箱中,37 ℃放置 16~24 h。

3. 感受态细胞效率的检测

观察已转化质粒与未转化质粒(对照)的大肠杆菌在含有 Amp 的 LB 固体培养基平板上的生长情况。对菌体计数后,分析感受态细胞的转化效率。

注意事项

(1)实验中所用的器皿均要灭菌,以防止杂菌的污染。

(2) 实验过程中要注意无菌操作,溶液移取、分装等均应在超净工作台上进行。
(3) 应收获对数生长期的细胞用于制备感受态,OD_{600} 尽量控制在 0.4~0.6。
(4) 热激很关键,温度要准确,时间要合适。
(5) 制备感受态细胞所用试剂如 $CaCl_2$ 等的质量要好。

思考题

(1) 如果感受态细胞的转化效率不高,可能的原因有哪些?
(2) 为什么感受态细胞通常存放到 $-70\ ℃$,而不存放在 $-20\ ℃$?

实验四十三　PCR 产物的纯化

一、实验目的

熟悉和掌握 PCR 产物电泳与纯化的操作方法。

二、实验原理

在 PCR 过程中,部分引物和 dNTPs 在 Taq 酶等因子的作用下以 DNA 模板为指导合成新的 DNA 分子,当然还有一部分的引物和 dNTPs 没有完成所期望的任务,以小分子的形式存在于 PCR 产物混合液中。为了后续分子克隆的工作能够顺利进行,PCR 产物就需要进行纯化,以去除 PCR 产物混合液中残留的 Taq 酶、Mg^{2+}、引物、dNTPs 及缓冲液中的小分子。

通过电泳将所需要的 PCR 产物和其他分子分离开来,经过 EB 染色后,在紫外灯激发显色,把目标条带从凝胶中切出来,然后通过相应的缓冲液将其溶解,经异丙醇(乙醇)作用使得 DNA 分子沉淀,再通过在高速离心让沉淀的 DNA 分子结合(binding)在滤膜上,而后用洗脱缓冲液(elution buffer)将其从滤膜上洗脱下来就得到了纯化的 PCR 产物。

三、实验材料、器材和试剂

1. 实验材料

有目标 DNA 条带的 PCR 扩增产物。

2. 实验器材

离心机;离心管;移液器;移液枪头;恒温水浴锅;手术刀片;紫外凝胶观察仪;防紫外线眼镜;橡胶手套;分析天平;塑料密封盒;离心管架;水平电泳槽;微波炉;烧杯;带有层析滤膜的离心管(QIA quick spin column)。

3. 实验试剂

胶回收试剂盒(QIAGEN);异丙醇;琼脂糖;6×上样缓冲液(Loading buffer);1×TAE 电泳缓冲液;10 mg/mL 溴化乙锭(EB);DNA Marker。

四、实验步骤

1. 琼脂糖凝胶电泳

(1)制胶。准备好制胶模具,称取 1.5 g 琼脂糖,倒入烧杯中,再加入 100 mL 1×TAE 电泳缓冲液,然后把烧杯放入微波炉中,中火 4~5 min,待琼脂糖完全熔化后,取出烧杯(取时要戴微波炉手套,以免被烫伤),室温放置 5 min,将烧杯中的凝胶液缓缓倒入制胶模具中,插上样品梳,室温静置 20~30 min。

(2)点样。将凝固好的琼脂糖凝胶,放入加有电泳缓冲液的水平电泳槽中,取出样品梳。

然后再按 15～20 μL 有目标 DNA 条带的 PCR 扩增产物＋3 μL 6× 上样缓冲液(loading buffer)的比例进行混合后,把混合溶液加入凝胶的样品槽中,在合适的样品槽中加入 5 μL DNA Marker(已加入上样缓冲液)。

(3)电泳。盖好电泳槽盖后,接通电源,100 V 电泳 1.5 h 左右(在凝胶中只有一排样品槽的情况)。

(4)凝胶染色。电泳完毕后,取出凝胶,放入装有 10 mg/mL 溴化乙锭溶液的密封盒中,染色 25 min。

2. PCR 产物纯化

在紫外观测仪上查看电泳结果,找出含有目标 DNA 条带的 PCR 扩增产物进行纯化。以 QIAGEN 公司的胶回收试剂盒为例,具体步骤如下。

(1)在 2.0 mL 的离心管壁写上准备纯化的 PCR 产物的相关信息,并称重。

(2)用刀片切下含目标 DNA 片段的胶块,切得尽可能小一些,把所得胶块放入已称重的 2.0 mL 离心管中。

(3)称量装有胶块的离心管质量,计算出胶块的质量。

(4)加入 3 倍体积的 QG buffer 到离心管中(100 mg 凝胶相当于 100 μL 的 QG buffer)。

(5)将含有胶块的离心管放入 50 ℃水浴中,温育 10 min,至胶块完全融化,为促进融化,每 2～3 min 振荡离心管一次。

(6)胶块完全融化后,从水浴锅中取出离心管,然后向离心管中加入 1 倍凝胶体积的异丙醇,混匀。

(7)将溶液转移入 QIA quick spin column 中,室温放置 2 min,12 000 r/min 离心 1 min。

(8)弃去收集管中的液体,加入 750 μL PE buffer,静置 2～5 min,12 000 r/min 离心 1 min。

(9)弃去收集管中的液体,12 000 r/min 离心 1 min(空载离心,除去乙醇)。

(10)把 QIA quick spin column 置于一个洁净的 1.5 mL 的离心管中。

(11)向硅胶模的中央加入 30 μL 的 elution buffer 或去离子水,室温放置 5 min,12 000 r/min 离心 1 min。(如想提高洗脱效率,可以将此步获得的洗脱液用移液器吸出后加到硅胶模的中央,再离心洗脱一次。)

(12)将洗脱所得溶液置于－20 ℃中保存。

所得到的洗脱液可与克隆载体进行连接,形成重组 DNA 分子后,转化大肠杆菌感受态细胞,经过培养获取克隆子。

注意事项

(1)电泳时最好使用新配制的 TAE 电泳缓冲液,以免影响电泳和回收效果。

(2)切胶时要迅速,避免紫外照射时间太长,否则会对 DNA 造成损伤。

(3)凝胶回收 DNA 的效率与初始 DNA 量和洗脱体积有关,初始量越少、洗脱体积越少,回收率越低。

(1) 胶回收得到的目标 DNA 溶液,是否需要通过琼脂糖凝胶电泳或紫外分光光度法测定其含量? 为什么?

(2) PCR 产物为什么不能直接进行分子克隆实验?

实验四十四　重组 DNA 分子连接及转化

一、实验目的

(1) 学习 DNA 体外重组技术及转化方法。
(2) 了解蓝白斑实验筛选转化子的原理和方法。

二、实验原理

当 PCR 扩增使用的是 Taq DNA 聚合酶时,只要在 PCR 扩增程序中增加一步 72 ℃延伸 5 min,就会使扩增的目标 DNA 片段 3′末端增加一个碱基 A(腺嘌呤),而所选取的 pMD 18 - T 质粒载体两个 3′末端均为 T(胸腺嘧啶),因此在连接酶的作用下可以借助于碱基互补配对的氢键作用有效地将具有互补末端的外源 DNA 分子与载体分子连接起来(图 3 - 9)。

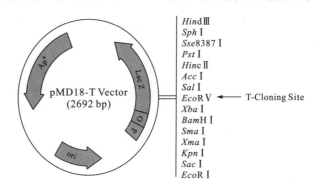

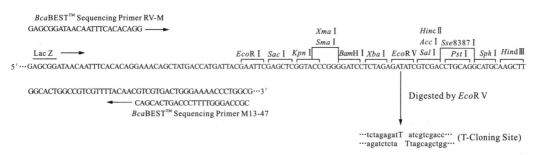

图 3 - 9　pMD18 - T Vector 的结构

通过温度刺激使处于感受态的大肠杆菌细胞捕获重组的 DNA 分子,经一段时间的培养后,使得转入重组 DNA 分子的大肠杆菌细胞能够表达重组载体分子上的 Amp 抗性,然后将菌液涂布在含有氨苄青霉素(Ap)、IPTG 和 X - Gal 的 LB 固体培养基上。由于质粒 DNA 上含编码抗 Ap 的基因,因而在加有 Ap 的培养基上一个转化子细胞可以长成一个单菌落。

通过插入失活 Lac Z 基因,破坏重组子与宿主之间的 α - 互补作用,是许多携带 Lac Z 基因的载体常用的筛选方式。本实验使用的 pMD18 - T 载体上就包含 Lac Z 基因。该 Lac Z 基因编码的 α 肽链(β - 半乳糖苷酶的 N 端)没有活性,当它与宿主细胞所编码的、同样没有活性ω肽链(β-半乳糖苷酶的C端)结合时,二者的结合物却具有完整的β-半乳糖苷酶活性,即受体菌编码的有缺陷的酶片段与质粒上编码的有缺陷的酶片段之间发生了α-互补,可分解生色底物X-gal(5-溴-4-氯-3-吲哚-β-D-半乳糖苷),产生蓝色物质,形成蓝色菌落。如果外源DNA片段插入到位于Lac Z中的多克隆位点后,就破坏了α肽链的阅读框,从而使重组子与宿主细胞之间无法形成α互补,不能产生具有功能活性的β-半乳糖苷酶,无法分解X-gal。因此含有外源DNA片段的重组子的细菌在涂有IPTG(异丙基硫代β-D-半乳糖苷)和X-gal的培养基平板上形成白色菌落。

三、实验材料、器材和试剂

1. 实验材料

Taq DNA聚合酶扩增的PCR产物。

2. 实验器材

冰箱;制冰机;离心机;离心管;振荡培养箱;生化培养箱;超净工作台;培养皿;封口膜;恒温水浴锅;分析天平;涂布棒;移液器;移液器枪头;高压灭菌锅;烧杯;锥形瓶。

3. 实验试剂

大肠杆菌DH5α感受态细胞;PMD18-T vector试剂盒(包括PMD18-T vector,Control insert和Solution Ⅰ);LB powder(含有酵母抽提物、氯化钠等);琼脂粉;100 mg/mL氨苄青霉素(Amp)溶液;500 μmol/L IPTG;20 mg/mL X-gal溶液。

四、实验步骤

1. 培养基的配制

(1)LB固体培养基的配制:称取6.25 g LB粉末、3 g琼脂粉,倒入一个500 mL的锥形瓶中,加双蒸水250 mL,摇匀后,加瓶塞。

(2)LB液体培养基的配制:称取2.5 g LB powder,倒入一个250 mL的锥形瓶中,加双蒸水100 mL,摇匀后,加瓶塞。

2. 实验试剂及器皿的灭菌

将涂布棒、配制的LB固体和液体培养基、移液器枪头、离心管、双蒸水、培养皿等包裹好后,放入灭菌锅中,高压灭菌25 min。

3. 倒培养基平板

待灭菌锅压力表显示为"0"后,打开放气阀,排出剩余的水蒸气,然后打开灭菌锅,取出灭菌的物品。当到合适的温度(60 ℃左右)后,加入100 mg/mL氨苄青霉素125 μL到固体培养基(在此温度下,固体培养基呈液态),使氨苄青霉素的终浓度达到50 μg/mL,摇匀后,将培养基倒入已灭菌的培养皿中,每个平板约15 mL,室温放置,待凝固后,于4 ℃保存。

4. 重组DNA的连接

具体操作见表3-36。

表 3-36 重组 DNA 连接反应体系　　　　　　　单位:μL

试剂	样品管	正对照管	负对照管
PMD18-T vector	0.2	0.2	0.2
Control insert	—	0.2	—
PCR product	2.0	—	—
Solution I	1.0	1.0	1.0
ddH_2O	1.8	3.6	3.8
Total	5.0	5.0	5.0

注:正对照主要是监测载体的连接效率;负对照是用来监测实验的操作过程的污染情况。

把离心管中的溶液用移液器混合均匀,离心管口包裹封口膜,4 ℃静置过夜(16~24 h)。

5. 连接产物的转化

(1)每个培养基平板上分别加入 6.7 μL IPTG 和 40 μL X-gal,用涂布棒涂布均匀后,待用。

(2)取 1 支装有 100 μL 感受态细胞的离心管,与装有连接产物的离心管一起放到冰上,待感受态细胞解冻,混合均匀后,每个连接产物离心管加入 20 μL 感受态细胞,混合均匀,冰上放置 20 min,42 ℃水浴热激 90 s,再冰上放置 15 min,然后每个离心管中加入 1 mL LB 液体培养基(不含氨苄青霉素),37 ℃振荡培养 1~1.5 h,使受体菌恢复到正常的生长状态。

(3)终止培养后,取出离心管,3500 r/min 离心 1 min,吸去 870 μL 上清液,余下的 150 μL 离心管下层溶液,混匀后吸出涂板。

(4)倒置培养皿,于 37 ℃恒温培养 16~24 h。

五、结果观察与计算

观察平板上菌落生长情况,分析结果,具体情况见表 3-37。

表 3-37　各实验组在培养皿内菌落生长状况及结果分析

组	菌落生成情况	结果分析
样品组	白色菌落和少量蓝色菌落	说明有重组质粒导入细胞中(有时还需要酶切进一步鉴定)
正对照	白色菌落和极少量蓝色菌落	说明插入片段比较纯,并且有少量载体自连
负对照	少量蓝色菌落或无菌落	有少量载体自连或无载体自连

样品组在含 Ap 培养基中生长的菌落即为转化体,根据此培养皿中的菌落数可计算出转化体总数和转化率,计算公式如下:

转化体总数=菌落数×(转化反应原液总体积/涂板菌液体积)

插入频率=蓝色菌落数/白色菌落数

转化频率＝转化体总数/加入质粒 DNA 的量(计算出每微克的转化菌落数)

注意事项

(1)实验中凡涉及溶液的移取、分装等需敞开实验器皿的操作,均应在超净工作台中进行,以防污染。

(2)感受态细胞储存时间过长将导致转化率下降。

(3)转化菌不宜培养时间过长,以免使其菌落过多而重叠,妨碍计数和单菌落的挑选。

思考题

(1)如果实验的转化率偏低,应从哪些方面分析原因?

(2)如果在对照组不该长出菌落的培养皿中长出了菌落,该怎样分析这个实验结果?

实验四十五　转化菌落 PCR 检测

一、实验目的

(1)熟悉和掌握 PCR 的原理与操作方法。
(2)掌握琼脂糖凝胶电泳的操作方法。

二、实验原理

克隆的成功与否在一定程度上可以从含 Ap(氨苄青霉素)的培养基上是否长出菌落以及菌落的颜色做初步判断,但在连接过程中有时会出现连接的错误,从而也能在含 Ap(氨苄青霉素)的培养基上长出白色菌斑。因此对克隆后的检测是必要的,可以避免或减少对不需要序列的测序工作,从而减少资源与精力的浪费。

在 pMD 18 - T Vector 质粒载体的插入位点两侧分别有一个 M_{13} - 47 引物结合位点和 RV - M_{13} 引物结合位点,可以根据这两个引物位点对克隆产物进行 M_{13} 引物 PCR 扩增检测,检测是否有片段大小正确的 DNA 序列的插入,进一步筛选正确的克隆产物。

三、实验材料、器材和试剂

1. 实验材料

带有克隆子的菌液。

2. 实验器材

PCR 仪;超净工作台;离心机;移液器;移液枪头;PCR 八联管;离心管架;八联管盒;冰箱;灭菌牙签;电泳仪;水平电泳槽;紫外观察仪。

3. 实验试剂

灭菌双蒸水;10 mmol/L dNTPs;10×PCR buffer;25 mmol/L $MgCl_2$;5 U Taq DNA 聚合酶;10 μmol/L M_{13}F 引物;10 μmol/L M_{13}R 引物;LB 液体培养基;100 mg/mL 氨苄青霉素;琼脂糖;6×Loading buffer;1×TAE 电泳缓冲液;DNA marker;溴化乙锭(EB)。

四、实验步骤

1. 挑白色菌斑进行培养

在平板上可以看到蓝白菌斑,用灭菌牙签从每个平板上挑取 8 个白色单菌落,分别放入含 1 mL LB 液体培养基(含氨苄青霉素)的 8 个 2 mL 离心管中,37 ℃振荡培养过夜。

2. 克隆 PCR 检测

(1)PCR 模板的前处理。取出 5 μL 经过培养的菌液加入 45 μL 灭菌双蒸水,混匀后,在 PCR 仪上,95 ℃,10 min,将其作为 PCR 的扩增模板,待用。

(2)PCR 反应体系配制。克隆检测 PCR 反应体系见表 3-38。

表 3-38 克隆检测 PCR 反应体系　　　　　　　　单位：μL

试剂	1×	9×
10×PCR buffer	2.0	18.0
25 mmol/L MgCl$_2$	2.5	22.5
10 mmol/L dNTPs	0.5	4.5
5 U Taq	0.1	0.9
10 μmol/L M$_{13}$F	0.5	4.5
10 μmol/L M$_{13}$R	0.5	4.5
DNA template	3.0	—
ddH$_2$O	15.9	143.1
总计	25.0	198.0

注：如果准备配制 8 个 PCR 反应，先配制 9×PCR 反应液（不含 DNA 模板），然后再分装，最后再分别加入 DNA 模板溶液到 PCR 管中。这样操作的优点是可以保证每个 PCR 管中的反应体系都是均匀一致的。

(3) 设置 PCR 反应程序。

94 ℃，4 min → 94 ℃，30 s → 55 ℃，30 s → 72 ℃，30 s → 72 ℃，10 min → 10 ℃，2 h → End
　　　　　　　　　　　　　　　30 cycles

(4) PCR 产物的保存。PCR 反应程序结束后，将装有 PCR 扩增产物的八联管保存于 4 ℃冰箱中待用。

3. 电泳检测

(1) 制胶。准备好制胶模具，称取 0.8 g 琼脂糖，倒入烧杯中，然后用量筒量取 100 mL 1×TAE 电泳缓冲液倒入烧杯中。把烧杯放入微波炉中，中火 4~5 min，待琼脂糖完全熔化后，取出烧杯（取时要戴微波炉手套，以免被烫伤），室温放置 5 min，然后再把凝胶液缓缓倒入制胶模具中，插上样品梳，室温静置 20~30 min。

(2) 点样。将凝固好的琼脂糖凝胶，放入加有电泳缓冲液的水平电泳槽中，取出样品梳。然后按 5 μL 克隆 PCR 产物＋1.5 μL 6×上样缓冲液的比例进行混合后，把混合溶液加入到凝胶的样品槽中，在合适的样品槽中加入 5 μL DNA Marker（已加入上样缓冲液）。

(3) 电泳。盖好电泳槽盖后，接通电源，100 V 电泳 45 min 左右。

(4) 凝胶染色。电泳完毕后，取出凝胶，放入装有溴化乙锭的密封盒中，染色 20 min。

(5) 观察电泳结果。将染色后的凝胶置于透明塑料密封袋中，然后在紫外观察仪中观察电泳结果。

五、结果及分析

可能出现的结果及分析见表 3-39。

表 3-39 电泳结果及分析

电泳结果	结果分析
电泳条带长度合适	载体中插入了合适的 PCR 产物
电泳条带长度大于或小于目标条带	连接或克隆 PCR 过程中出现了问题
电泳条带长度为 156 bp	载体自连
未出现条带	电泳点样时操作不当

选取合适电泳条带长度所对应的培养菌液 0.5 mL 到已灭菌的 1.5 mL 离心管中,用封口膜封好,送生物公司测定插入到载体上的 DNA 序列。

(1) 在克隆 PCR 检测之前,菌液为什么要用高温处理?

(2) 送合适的菌液去测序,一定能得到正确的 DNA 序列吗?为什么?

实验四十六 质粒 DNA 的酶切与琼脂糖电泳鉴定

一、实验目的

(1) 了解限制性核酸内切酶的概念及其在基因工程中的应用。
(2) 熟悉利用限制性核酸内切酶切割质粒的方法。
(3) 掌握琼脂糖凝胶电泳的基本原理和实验方法。

二、实验原理

限制性核酸内切酶是一类能识别和切割双链 DNA 分子内特定碱基顺序的核酸内切酶，为原核生物特有，与相伴存在的甲基化酶共同构成细菌的限制修饰体系，以限制外源 DNA、保护自身 DNA，对原核生物性状的稳定遗传具有重要意义。限制性内切酶可分为 3 种类型：Ⅰ、Ⅱ和Ⅲ型。Ⅰ型在 DNA 链上的识别位点和切割部位不一致，没有固定的切割位点，不产生特异片段。Ⅲ型能在 DNA 链上的特异位点切割，其切割位点在识别位点之外。Ⅱ型是目前常用的限制性核酸内切酶，它有高度特异的碱基识别序列和切割位点，可产生特异的 DNA 片段，它是基因工程中剪切 DNA 分子的常用工具酶，在 DNA 序列测定、探针的制备及杂交、基因诊断等皆离不开其的应用。

限制性核酸内切酶以双链 DNA 为底物，以 Mg^{2+} 为辅助因子，在酶切反应体系中还需要加入二硫苏糖醇(DTT)防止限制酶氧化，保持酶活性。反应结束后，经琼脂糖凝胶电泳鉴定酶切结果，用 EDTA 螯合 Mg^{2+} 或加入 0.1% SDS 使酶变性而终止反应。本实验选用 *Eco*R Ⅰ(识别位点 G↓AATTC)和 *Hind* Ⅲ(识别位点 A↓AGCTT)对重组质粒(pMD18 - T 与 PCR 扩增的目标 DNA 经连接酶催化所形成的，见实验二十九) DNA 进行酶切，然后用琼脂糖凝胶电泳检测酶切的效果。

琼脂糖凝胶电泳是鉴定质粒，特别是重组 DNA 分子的重要技术手段，也被广泛用来分离、纯化特定的 DNA 片段。DNA 的琼脂糖凝胶电泳原理与蛋白质聚丙烯酰胺凝胶电泳原理基本相同。电泳时，DNA 分子在高于其等电点的 pH 溶液中带负电荷，在电场中向正极移动。在一定电场强度下，DNA 分子迁移率取决于其本身的大小和构型，相对分子质量较小的 DNA 分子比相对分子质量较大的 DNA 分子更易通过凝胶介质，故其迁移率较大，跑在前面。对于线性双链 DNA 分子，其相对分子质量的对数与迁移率成反比。质粒 DNA 经限制性核酸内切酶切割后，其构型均为线性。

DNA 分子是无色的，在进行凝胶电泳时，常以溴化乙锭(EB)作为染料，对 DNA 进行染色。溴化乙锭分子可插入 DNA 双螺旋结构的两个碱基之间，与 DNA 形成一种荧光络合物，在波长 254 nm 的紫外线照射下，显示橙红色荧光，从而使凝胶中的 DNA 分子成为可见的谱带。通过与已知相对分子质量的标准 DNA Marker 比较，可估计出待测 DNA 的相对分子质量。由于 EB 是一种强烈的诱变剂，可诱发癌细胞的产生，所以在实验中要做好防护，控制 EB 的污染区域，同时也可以选用低毒核酸染料，如 GoldView 来进行核酸的定性与定量。

三、实验材料、器材和试剂

1. 实验材料

提取并纯化的重组质粒 DNA(pMD18 - T 与 PCR 扩增的目标 DNA 经连接酶催化所形成,见实验四十四)。

2. 实验器材

恒温培养箱;台式离心机;微波炉;水平电泳槽;电泳仪;紫外观察仪;移液器;离心管;移液枪头;烧杯;分析天平。

3. 实验试剂

(1)限制性核酸内切酶 $EcoR\,I$ 和 $Hind\,III$(生物公司定购)。

(2)10×限制性核酸内切酶缓冲液(购酶时附送)。

(3)双蒸水。

(4)DNA Marker。

(5)琼脂糖。

(6)6×上样缓冲液:0.25% 溴酚蓝,0.25% 二甲苯青,30% 甘油。

(7)1 mol/L 二硫苏糖醇(DTT):用 20 mL 0.01 mol/L 乙酸钠溶液(pH=5.2)溶解 3.09 g DTT,过滤除菌后分装成 1 mL/每管,储存于 $-20\ ℃$。

(8)10 mg/mL 溴化乙锭(EB):称取 100 mg 溴化乙锭,加入到 10 mL 蒸馏水中,溶解混匀后用铝箔包裹或转移至棕色瓶中,室温保存。

(9)0.5 mol/L EDTA(pH=8.0):称取 186.1 g 二水乙二胺四乙酸二钠盐(Na_2EDTA·$2H_2O$),加入到 800 mL 蒸馏水中,用 NaOH 调节 pH 值至 8.0(约 20 g NaOH 颗粒)后定容至 1000 mL,分装后高压灭菌备用。

(10)5×TBE(电泳时稀释 10 倍使用):称取 54 g Tris 碱、27.5 g 硼酸,加蒸馏水 900 mL 使其完全溶解后,再加入 0.5 mol/L EDTA(pH=8.0)溶液 20 mL,最后定容至 1000 mL。

四、实验步骤

1. 质粒 DNA 的限制性酶切

(1)质粒 DNA 用 $EcoR\,I$ 和 $Hind\,III$ 进行单酶切与双酶切反应:在灭菌的 3 个新的 0.5 mL 离心管中按表 3-40 依次加入试剂(总体积 20 μL)。

表 3-40　质粒 DNA 的酶切反应体系　　　　　　　　　　单位:μL

试剂	$EcoR\,I$ 单酶切管	$Hind\,III$ 单酶切管	$EcoR\,I$ 和 $Hind\,III$ 双酶切管
灭菌双蒸水	12	12	11
10×限制酶切缓冲液	2	2	2

续表 3-40

试剂	EcoR I 单酶切管	Hind III 单酶切管	EcoR I 和 Hind III 双酶切管
质粒 DNA	5	5	5
EcoR I	1	—	1
Hind III	—	1	1

注:每种酶活力控制在 1~2 U。

将每个离心管快速离心 5 s,以使样品集中。
(2)酶切:37 ℃水浴 2~3 h。
(3)终止:65 ℃加热 20 min 以终止反应。各种酶切过的质粒 DNA 于-20 ℃保存。

2. 琼脂糖凝胶电泳

(1)制胶。

①将水平电泳槽内的有机玻璃内槽洗干净,晾干,放入水平放置的制胶槽中,并在固定位置放好样品梳。

②称取 1 g 琼脂糖倒入烧杯中,再加入 0.5×TBE 的电泳缓冲液 100 mL,然后把烧杯放入微波炉加热至琼脂糖完全融化,取出烧杯待融化的凝胶液冷却至 65 ℃左右时加入 10 mg/mL 溴化乙锭,使其终浓度达到 0.5 μg/mL,混匀。

③将冷却到 65 ℃左右的琼脂糖凝胶液混匀后,缓慢地倒入内槽板上,使胶液均匀分布在内槽表面,胶层厚度约 5 mm 为宜。

④室温放置 20~30 min,使其凝固。

(2)加样与电泳。

①将装载 1%琼脂糖凝胶(含 EB)的内槽置于水平电泳槽中,向电泳槽中加入 0.5×TBE 电泳缓冲液,液面高出凝胶表面 1~2 mm,注意加样孔中不能有气泡,以免影响加样。

②取 DNA 样品 10 μL 和 0.2 倍体积的 6×上样缓冲液混合。

③用移液器按以下顺序加样到加样孔中。

1 道　DNA Marker　　　　　　　5 μL+1 μL 6×上样缓冲液
2 道　未酶切质粒 DNA　　　　　10 μL+2 μL 6×上样缓冲液
3 道　EcoR I 单酶切　　　　　　10 μL+2 μL 6×上样缓冲液
4 道　Hind III 单酶切　　　　　　10 μL+2 μL 6×上样缓冲液
5 道　EcoR I 和 Hind III 双酶切　10 μL+2 μL 6×上样缓冲液

④将加样端接负极,另一端接正极,接通电源,调节电场强度为 5 V/cm,进行电泳。待溴酚蓝指示剂移到距凝胶前沿约 1 cm 处时,关闭电源停止电泳,一般需要 40~50 min。

⑤将含有 EB 的凝胶放到紫外观察仪上查看电泳结果并拍照记录。

最后根据电泳结果分析酶切实验的效果,总结成功经验或分析失败的原因。

注意事项

(1) 用于酶切的质粒 DNA 纯度要高,溶液中不能含有痕量的酚、氯仿、乙醇、EDTA 等限制性核酸内切酶的抑制因子,否则会影响酶的活性,导致 DNA 切割不完全。

(2) 将限制性内切酶加入反应体系中,要使其与其他成分混匀,一般用移液器反复吹打几次或用手指轻弹管壁,避免剧烈振荡,否则会导致 DNA 大分子断裂,或使内切酶变性。

(3) 当用两种限制性内切酶消化 DNA 时,如果两种酶的反应条件完全相同(温度、离子浓度等),则两种酶可同时加到一个反应管中进行酶切;如果两种酶所要求的温度不同,那么要求低温的酶先消化,反应结束后,再加入第二种酶,升高温度后继续进行酶切;如果两种酶对盐离子浓度要求不同,先在低盐缓冲液中加入第一种酶,反应结束后,加入适量高盐缓冲液,然后再加入第二种酶进行消化反应。

(4) 若酶切产物要开展进一步的实验研究,放置时间不宜过长,否则其黏性末端容易脱落。

(5) 大多数内切酶的最适温度为 37 ℃,要保证酶切效果,一定要严格控制酶的反应时间。

(6) 溴化乙锭(EB)为强诱变剂,有毒性,操作时必须戴手套,注意防护;沾有 EB 的物品需处理后才可丢弃。

思考题

(1) DNA 的酶切实验要注意哪些问题?
(2) 双酶切缓冲液应满足什么条件?如何解决?
(3) 琼脂糖凝胶电泳常用哪几种缓冲液?为什么不用 Tris - HCl 缓冲体系?
(4) 如果 DNA 样品中残留有蛋白质或 RNA,电泳后会出现什么结果?

实验四十七　cDNA 文库的构建

一、实验目的

学习和掌握一种构建质粒 cDNA 文库的技术和方法。

二、实验原理

从生物体的组织或细胞中提取的 mRNA，在逆转录酶的作用下，可在体外被反向转录合成单链拷贝 DNA，这种单链拷贝 DNA 的核苷酸序列完全互补于模板 mRNA，称为互补 DNA(cDNA)。再以单链 cDNA 为模板，由 DNA 聚合酶 I 可合成第二链，得到双链 cDNA。将双链 cDNA 和载体连接，转化宿主菌扩增，即可获得 cDNA 文库。构建 cDNA 文库可用于研究基因的结构、功能及目的基因的克隆，并已成为当今分子生物学研究的重要手段。

目前 cDNA 文库构建方法有多种，其中以 Clontech 公司的 SMART cDNA Library Construction 方法优势相对明显，因此本实验以该法为例说明。

衡量 cDNA 文库的质量主要有两个指标：①全长 cDNA 的比率和 cDNA 插入片段的长度；②文库克隆的数目。为了增加 cDNA 文库全长 cDNA 的比率和 cDNA 插入片段的长度，该方法使用了 SMART(switching mechanism at 5′end of the RNA transcript)专利技术来合成 cDNA，其原理是利用真核生物 mRNA 5′端的甲基化 G(m^7G)、5′-5′三磷酸键连接的特殊的帽子结构和 3′端的 Poly(A)尾的特点设计锚定引物，分别进行第一链合成。即利用逆转录酶内源的末端转移酶活性，在合成 cDNA 的反应中事先加入 3′端带 Oligo(dG)的 SMART 引物，在到达 mRNA 的 5′端时碰到真核 mRNA 特有的帽子结构-甲基化的 G 时，会连续在合成的 cDNA 末端加上几个 dC，SMART 引物的 Oligo(dG)与合成 cDNA 末端突出的几个 C 配对后形成 cDNA 的延伸模板，逆转录酶会自动转换模板，以 SMART 引物作为延伸模板继续延伸 cDNA 单链直到引物的末端，这样得到的所有 cDNA 单链的一端有含 Oligo(dT)的起始引物序列，另一端有已知的 SMART 引物序列，合成第二链后可以利用通用引物进行 PCR 扩增。由于有 5′帽子结构的 mRNA 才能利用这个反应得到能扩增的 cDNA，因此扩增得到的 cDNA 就是全长 cDNA。随后利用 LD Taq PCR 系统进行 cDNA 高保真扩增，酶切消化和柱回收 cDNA，从而实现富集全长 cDNA 的目的。

另外，文库克隆的数目取决于双链 cDNA 和载体连接克隆的效率。常规的建库需要再合成的 cDNA 双链两端通过连接加上相同或者不同的 adaptor，用相应的酶切后可以插入载体中。这样会产生 3 个问题：第一，由于连接效率低往往导致低丰度或者是较长的 cDNA 信息的丢失，使文库偏重高丰度和较短的基因，导致部分序列信息丢失。第二，在构建表达文库时，如果 cDNA 的两端是同一个酶切位点，就会使反向接入载体的 cDNA 不能正确表达，因而大致会有 50% 的序列信息丢失；如果用两个不同的 adaptor 又会涉及双酶切及双酶切是否完全的问题，影响产率。第三，由于表达时 3 个碱基代表一个氨基酸，不同的表达框架会得到不同的产物，因此正向插入一个表达载体的 cDNA 只有 1/3 的可能得到正确的产物。虽然一度有 ABC 表达载体的解决办法，但是一段 DNA 同时插入 3 个载体的机会是有限的。

SMART cDNA 文库构建试剂盒则较好地解决了上述问题。这个试剂盒的 SMART 引物和 CDS(cDNA synthesize)引物分别带有一个不完全相同的 Sfi I 酶切位点。Sfi I 是一个在真核生物基因组中极为稀少的酶，识别序列为 GGCCNNN˄NGGCC，中间的 5 个碱基为任意序列。因而两个引物可分别带有一个不完全相同的 Sfi I 识别位点。这样经过 SMART 技术合成两端分别带有 SMART 引物和 CDS 引物的 cDNA 经过扩增后用 Sfi I 单酶切，得到的是两端的黏端不同的 cDNA，这样就可以定向插入特定的载体中。

三、实验仪器和试剂

1. 实验仪器

PCR 仪；离心机；恒温水浴箱。

2. 实验试剂

(1) 质粒载体 pcDNA 3.0。

(2) 大肠杆菌(*Escherichia coli*) DH5α[基因型: supE44 lac U169(φ80lacZM15)hsdR17 recA1 endA1 gyrA96 thi-1 relA1]。

(3) 0.1% diethyl pyrocarbonate(DEPC, 焦磷酸乙二酯): 取 1 L 灭菌 ddH_2O，加入 1 mL DEPC，振荡混匀过夜后备用，然后高压灭活 DEPC，制备无 RNase 的 ddH_2O。

(4) RNA 提取。①Trizol；②氯仿；③异丙醇；④无水乙醇；⑤75% 乙醇(用 0.1% DEPC 水配制)。

(5) 逆转录(cDNA 第一链合成)。①M-MLV 逆转录酶；②5× 第一链合成缓冲液；③dNTP mix: dATP、dCTP、dGTP 和 dTTP 各 10 mmol/L；④100 mmol/L DTT；⑤饱和苯酚-氯仿-异戊醇溶液(体积比为 25∶24∶1)；⑥氯仿-异戊醇溶液(体积比为 24∶1)；⑦RNase inhibitor(40 U/μL)。

(6) cDNA 扩增(cDNA 第二链合成)：①5' PCR 引物(10 mmol/L)；②50× advantage 2 聚合酶混合物；③10× advantage 2 PCR 缓冲液[400 mmol/L Tricine-KOH(pH=9.2, 25 ℃), 150 mmol/L KOAc, 35 mmol/L $Mg(OAc)_2$, 37.5 g/mL BSA]；④50× dNTP mix (10 mmol/L each nucleotide)；⑤PCR-Grade Water；⑥25 mmol/L NaOH。

(7) PCR 扩增试剂。见 PCR 实验。

(8) 液态 LB 培养基。在 950 mL 去离子水中加入胰化蛋白胨 10 g、酵母提取物 5 g、NaCl 10 g，摇动容器直至溶质溶解。用 5 mol/L NaOH 调节 pH 值至 7.4，用去离子水定容至 1 L，高压灭菌 15 min。

(9) 载体连接。①pcDNA3.0；②T_4 DNA 连接酶(400 U/μL)；③10× T_4 DNA ligation 缓冲液[500 mmol/L Tris-HCl(pH=7.8), 100 mmol/L $MgCl_2$, 100 mmol/L DTT, 0.5 mg/mL BSA, 10 mmol/L ATP]。

四、操作步骤

1. 从组织或细胞中提取 RNA

(参见实验三十或实验三十四)。

2. 电泳检测分析

RT-PCR 反应（参见实验五十二）完成后，取 5 μL PCR 产物、0.1 μg 1 kb DNA marker、1.2% 琼脂糖凝胶进行电泳检测分析。

3. 蛋白酶 K 消化

(1) 取 50 μL PCR 产物（2～3 μg dscDNA）到 0.5 mL 离心管中，加入 2 μL 蛋白酶 K（20 μg/μL），灭活 DNA 聚合酶。

(2) 混匀，短暂离心。

(3) 45 ℃温育 20 min，短暂离心。

(4) 加入 50 μL 去离子水。

(5) 加入 100 μL 酚-氯仿-异戊醇溶液，混匀并持续颠倒 1～2 min，静置 2 min。

(6) 4 ℃，14 000 r/min，离心 5 min。

(7) 小心吸取上层水相到另一支 0.5 mL 离心管中。加入氯仿-异戊醇溶液 100 μL，混匀并持续颠倒 1～2 min，静置 2 min。

(8) 4 ℃，14 000 r/min，离心 20 min。

(9) 吸取上清液到干净的 0.5 mL 离心管中。加入 10 μL 3 mol/L NaAc、1.3 μL 糖原 Glycogen（20 μg/μL）及 260 μL 室温放置的 95% 乙醇。

(10) 立刻于室温下，14 000 r/min，离心 20 min。

(11) 小心吸去上清液，加入 100 μL 80% 乙醇，洗涤沉淀。

(12) 室温下干燥沉淀约 10 min，去除残留乙醇。

(13) 加入 79 μL 去离子水溶解。

4. Sfi I 酶切消化

(1) 取一支干净的 0.5 mL 离心管，加入下列组分，最后总体积为 100 μL。

cDNA	79 μL
10×酶切缓冲液	10 μL
Sfi I 酶	10 μL
100×BSA	1 μL

(2) 充分混匀，短暂离心。50 ℃，温浴 2 h。

(3) 加入 2 μL 1% 的二甲苯晴蓝（Xylene Cyanol）混匀，短暂离心。

5. 用 CHROMASPIN-400 收集不同大小的 dscDNA 片段

(1) 取 16 支 1.5 mL 离心管，标上号码，按顺序放置。

(2) 准备 CHROMASPIN-400 柱子。①从冰箱里取出柱子，室温放置 1 h。颠倒柱子数次，使填料充分悬浮混匀。②去除柱中的气泡，用移液器轻轻混匀填料，避免产生气泡。移去下面盖子，让柱子内的液体自然流出。③竖直悬挂柱子固定。④柱液流干后可看到填料颗粒应到达柱子 1.0 mL 刻度处。如果显著不足，则用备用填料补足。⑤用柱 buffer 调整流速为 40～60 s/滴，40 μL/滴。如果流速太慢或液滴太小，则应重新悬浮填料。

(3) 当剩余的柱 buffer 流完后，沿柱内壁小心加入 700 μL column 缓冲液到柱子，让其自然流干（15～20 min）。

(4) 小心均匀地往柱料表面中心位置加入步骤 4 的 100 μL 经染色的 Sfi I 酶切消化的 cDNA 样品。

(5) 让样品充分吸收,至填料上面不能有液滴为止。

(6) 取 100 μL column 缓冲液小心上柱,让其自然流出,至无液体残留于柱料上为止,此时染料已进入柱料几毫米。

(7) 在柱子底部接好已编号的 1.5 mL 离心管准备收集。

(8) 取 600 μL column buffer 小心上柱,立即用 1—16 号管收集流出液(每管 1 滴,每滴约 35 μL)。当收集完 16 滴后,盖好盖子。

(9) 每支管中取出 3~5 μL 进行电泳检测。①用 1% 琼脂糖凝胶,0.1 g 1 kb DNA Marker,150 V 电泳 10 min。②收集最早出现可见 cDNA 条带的前三管(滴),到 1.5 mL 离心管。

(10) 加入 0.1 倍体积的 3 mol/L NaAC(pH=4.8),1.3 μL 糖原和 2.5 倍体积的经 −20 ℃ 预冷的 95% 乙醇。

(11) 轻柔颠倒混匀后于 −20 ℃ 冰箱放置 1 h。放置过夜可提高回收率。

(12) 25 ℃,14 000 r/min,离心 20 min,沉淀 cDNA。

(13) 用移液器小心吸去上清液,短暂离心,除去痕量的残余上清液。

(14) 80% 乙醇漂,洗沉淀,离心,吸去上清液。

(15) 室温干燥约 10 min,去除残留乙醇。

(16) 用 7 μL 去离子水轻柔混匀,直接进行下一步与载体连接的反应,或 −20 ℃ 保存备用。

6. 连接反应

(1) 依次加入表 3-41 中的试剂,建立 3 个连接反应体系,总体积为 5 μL。

表 3-41 连接反应体系中各试剂体积　　　　　　单位:μL

试剂	反应 1	反应 2	反应 3
质粒载体 pcDNA3.0-Sfi I (100 ng/μL)	1	1	1
cDNA	0.5	1	1.5
T4 DNA 连接酶	0.5	0.5	0.5
10×T4 DNA Ligation 缓冲液	0.5	0.5	0.5
ATP	0.5	0.5	0.5
去离子水	2	1.5	1

(2) 充分混匀,16 ℃,12~16 h。

7. 文库的转化

(1) 分别取 1 μL 连接反应产物进行转化,感受态细胞的制备和转化详见实验四十二、实验四十四。

(2)比较3个连接反应产物的转化结果,得出cDNA量和转化克隆数比例最好的连接反应体系,按此体系将余下的cDNA进行连接转化。

8. 文库克隆的PCR检测

(1)随机挑选20个克隆,提取质粒DNA。

(2)利用pcDNA3.0上的T7和SP6引物(T7:5′- TAATACGACTCACTATAGGGA -3′; SP6:5′- ATTTAGGTGACACTATAGGAA -3′)进行PCR扩增插入的cDNA片段。

(3)在每个20 μL的PCR体系中加入下列组分。

T7 primer(100 μmol/L)	0.1 μL
SP6 primer(100 μmol/L)	0.1 μL
dNTP mix(10 mmol/L)	0.5 μL
10×PCR buffer(Mg^{2+} Plus)	2.0 μL
Taq DNA Polymerase(5 U/μL)	0.5 μL

(4)以无菌水补至19 μL,加入1 μL质粒,充分混匀。

(5)置于PCR仪中,PCR反应条件为:94 ℃预热5 min;94 ℃,30 s,58 ℃,1 min,72 ℃,90 s,30个循环;72 ℃延伸10 min。

(6)各取5 μL PCR产物,用1%琼脂糖凝胶进行电泳检测。

注意事项

(1)RNA的质量是cDNA文库成功构建的决定因素。可通过以下方法来分析RNA的质量:①琼脂糖变性凝胶电泳,高质量的哺乳动物总RNA应在约4.5 kb和1.9 kb处有两条亮带(28S和18S核糖体RNA)。mRNA应分布在0.5~12 kb。②将RNA样品置于37 ℃温浴2 h后电泳应没有明显的降解现象。只有符合上述要求的RNA才可以进行cDNA文库构建,否则就需要重新提取RNA。

(2)对第一链合成和PCR,所有试剂和反应管应在冰上预冷并在冰上操作。

(3)PCR后如果dscDNA产量很低或者分布范围小于mRNA的分布(对于哺乳动物,<4.0 kb),表明扩增循环数不够,可适当增加2~3个循环,但如果已经超过36个循环仍然没有明显的改变,则要考虑第一链合成是否出现问题。

(4)一般对于大多数哺乳动物来说,第二链cDNA电泳时应该出现多条明显的亮带,如果荧光信号很强但没有明显亮带,表明扩增循环数过多,应重新扩增并适当减少2~3个循环。

(5)PCR检测文库克隆插入cDNA片段相对分子质量应该分布在0.5~4 kb范围内,并与mRNA的分布基本一致。

思考题

(1)如何提高cDNA文库的构建质量?

(2)构建cDNA文库除了本实验的方法之外还有哪些?各自的优缺点是什么?

实验四十八 Southern 印迹杂交

一、实验目的

(1)了解 Southern 杂交的基本原理。
(2)掌握 Southern 杂交的实验方法。

二、实验原理

Southern 印迹杂交(Southern blotting)是指将待检测 DNA 片段从琼脂糖凝胶转移到合适的固相支持介质(一般为尼龙膜或硝酸纤维素膜)上,再与标记的核酸探针(DNA 或 RNA 探针)进行杂交的过程。如果待检测物中含有与探针互补的 DNA 序列,则二者通过碱基互补的原理进行结合,游离探针洗涤后再用合适的技术进行检测,从而显示出待检测物中相应的 DNA 片段及其相对大小。

Southern 杂交是由 Edward M. Southern 于 1975 年首次提出,可用来检测待检测物中是否存在和探针同源的 DNA 片段。其基本过程是:先用一种或多种限制性核酸内切酶消化基因组 DNA,再通过琼脂糖凝胶电泳按大小分离所得的 DNA 片段,随后在原位发生变性,并从凝胶中转移至固相支持物上,然后与特异性的 DNA 或 RNA 分子片段杂交,最后采用放射自显影或化学发光法进行检测。

Southern 杂交技术是分子生物学领域中最常用的基本技术之一,目前被广泛用于基因克隆的筛选、品种鉴别、酶切图谱制作、基因组中特定序列的定量和定性检测、基因家族及其成员数、基因突变分析、限制性片段长度多态性分析、疾病诊断等方面。

三、实验材料、器材和试剂

1. 实验材料

待检测的 DNA 样品。

2. 实验器材

恒温水浴锅;电泳仪;水平电泳槽;离心管;台式离心机;-20 ℃冰箱;微量移液器;微波炉;紫外透射仪;凝胶成像分析系统;恒温干燥箱;托盘;杂交箱;杂交袋;Whatman 3MM 滤纸;硝酸纤维素膜;-70 ℃冰箱;X 射线胶片;保鲜膜等。

3. 实验试剂

(1)TE 缓冲液:10 mmol/L Tris-HCl,1 mmol/L EDTA(pH=8.0)。
(2)限制性内切酶及其相应缓冲体系。
(3)灭菌双蒸水。
(4)0.5 mol/L EDTA。
(5)无水乙醇。
(6)70%乙醇。

(7)琼脂糖。

(8)5×TBE(电泳时稀释10倍使用):称取54 g Tris碱、27.5 g硼酸,加蒸馏水900 mL使完全溶解后,再加入0.5 mol/L EDTA(pH=8.0)溶液20 mL,最后定容至1000 mL。

(9)6×上样缓冲液:0.25%溴酚蓝,0.25%二甲苯青,30%甘油。

(10)10 mg/mL溴化乙锭(EB):称取100 mg溴化乙锭,加入到10 mL蒸馏水中,溶解混匀后用铝箔包裹或转移至棕色瓶中,室温保存。

(11)DNA Marker(DNA标准相对分子质量)。

(12)水解液:0.25 mol/L HCl。

(13)变性液:1.5 mol/L NaCl,0.5 mol/L NaOH。

(14)中和液:1 mol/L Tris-HCl(pH=7.4),1.5 mol/L NaCl。

(15)碱性转移缓冲液(20×SSC,pH=7.0):0.3 mol/L柠檬酸钠,3.0 mol/L NaCl。

(16)杂交液:6×SSC,5×Denhardt试剂[0.2%聚蔗糖(Ficoll 400),0.2%聚乙烯吡咯烷酮,0.2%牛血清蛋白组分],0.5% SDS,100 μg/mL经变性并打断的鲑鱼精DNA。

(17)洗膜液:① 2×SSC,0.1% SDS;② 1×SSC,0.1% SDS;③ 0.5×SSC,0.1% SDS;④ 0.2×SSC,0.1% SDS;⑤ 0.1×SSC,0.1% SDS。

(18)显影液(1000 mL):米吐尔(硫酸甲基对氨基苯酚)3.5 g,无水亚硫酸钠60 g,对苯二酚9 g,无水碳酸钠40 g,溴化钾3.5 g。

(19)定影液(1000 mL):硫代硫酸钠240 g,无水亚硫酸钠15 g,冰醋酸(98%)15 mL,硼酸7.5 g,硫酸铝钾15 g。

(20)3 mol/L NaAc。

四、实验步骤

(一)DNA样品的酶切

1. 酶切

建立酶切体系(50 μL),酶切10 pg～10 μg的DNA,37 ℃下酶切消化2～3 h,可根据DNA来源调整酶切时间。

2. 电泳检测

酶切结束前可取5 μL样品处理液用琼脂糖凝胶电泳检测酶切效果。完全酶切产物在泳道中呈现均匀的弥散状,其中还经常可见一些明亮条带,代表某些基因组DNA中的重复序列。如果靠近电泳孔附近有一条明显亮带,说明酶切不完全,应增加酶切时间;如果酶切效果不好,可以延长酶切时间。

3. 终止酶切反应

酶切消化后的DNA加入1/10体积的0.5 mol/L EDTA,以终止反应。

4. 纯化DNA

酶切消化液中加入50 μL 3 mol/L NaAc,再加1 mL无水乙醇,混匀后在-20 ℃放置30 min,10 000 r/min离心20 min,弃去上清液。向得到的沉淀中加入1 mL 70%乙醇,

10 000 r/min 离心 5 min,弃去上清液,空气中干燥 15 min。最后用 TE 缓冲液溶解沉淀。

(二)琼脂糖凝胶电泳分离酶切后 DNA 片段

1. 制胶

(1)将水平电泳槽内的有机玻璃内槽洗干净,晾干,放入水平放置的制胶槽中,并在固定位置放好样品梳。

(2)称取 1 g 琼脂糖倒入烧杯中,再加入 0.5×TBE 的电泳缓冲液 100 mL,然后把烧杯放入微波炉加热至琼脂糖完全融化,取出烧杯待融化的凝胶液冷却至 65 ℃左右时,将胶液缓慢地倒入内槽板上,使其均匀分布在内槽表面,胶层厚度约 5 mm 为宜。

(3)室温放置 20~30 min,使其凝固。

2. 加样与电泳

(1)将装载 1%琼脂糖凝胶的内槽置于水平电泳槽中,向电泳槽中加入 0.5×TBE 电泳缓冲液,液面高出凝胶表面 1~2 mm,注意加样孔中不能有气泡,以免影响加样。

(2)取 DNA 样品 10 μL,加入 2 μL 6×上样缓冲液混合均匀。

(3)用移液器将样品与上样缓冲液的混合液加入到加样孔中。

(4)将加样端接负极,另一端接正极,接通电源,调节电场强度为 2.5 V/cm,进行电泳。待溴酚蓝指示剂移到距凝胶前沿约 1 cm 处时,关闭电源停止电泳,需要 12~16 h。

(5)电泳结束后,将凝胶放入溴化乙锭(EB)溶液中,染色 25 min,于紫外观察仪上查看电泳结果并拍照记录。切去凝胶的一角,做好正反面标记。

(三)DNA 的变性与转膜

1. DNA 的变性

(1)将凝胶用 0.25 mol/L HCl 水解液处理 10 min,目的是对凝胶中大于 10 kb 的 DNA 进行脱嘌呤处理。

(2)用去离子水漂洗凝胶后,将其放入变性液中,室温下轻轻振荡 1 h,使 DNA 变性。

(3)取出凝胶用去离子水漂洗后,将其放入中和缓冲液中,室温下轻轻振荡 30 min,换一次中和液,再浸泡 15 min。

(4)弃去中和液,用去离子水漂洗凝胶。

2. 转膜与固定

转膜就是将琼脂糖凝胶中的 DNA 转移到尼龙膜或硝酸纤维素膜(NC 膜),形成固相 DNA。转膜的目的是使固相 DNA 与液相的探针进行杂交。常用的转移方法有盐桥法、真空法和电转移法,本实验使用的是盐桥法(毛细转移法),该方法主要利用一种上行毛细转移系统来完成(图 3-10)。

(1)在一塑料或玻璃平台(此平台要比凝胶稍大)上铺 3 层经转移缓冲液 20×SSC 饱和过的 Whatman 3MM 滤纸,滤纸的两端要完全浸没在缓冲液中,用玻璃棒将滤纸推平,并排除滤纸与玻璃板之间的气泡。将此平台置于盛满 20×SSC 的一搪瓷盒或玻璃缸中。

(2)加数毫升 20×SSC 缓冲液于滤纸表面,将电泳后的凝胶向下倒扣在滤纸上,小心赶

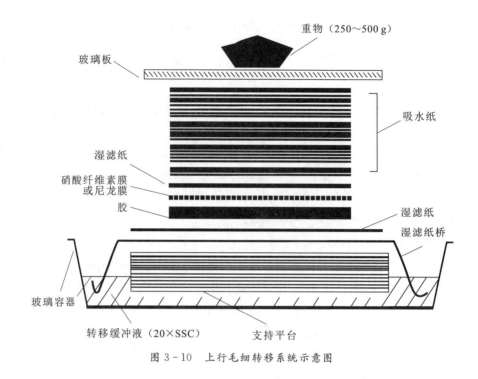

图 3-10 上行毛细转移系统示意图

出凝胶与滤纸间的气泡,凝胶的四周用塑料保鲜膜包裹以防缓冲液从凝胶周围直接流至凝胶上方的滤纸中,以防止在转移过程中产生电流短路,从而使转移效率下降。

(3)裁剪一块比凝胶大 1 mm 的硝酸纤维素膜,并切下膜的一角,与凝胶切下的一角相一致。将膜漂浮在蒸馏水中,使其从底部开始向上完全湿润。然后置于 20×SSC 中 15 min。注意操作时要戴手套,不可用手直接触摸,否则油腻的膜将不能浸润,也不能结合 DNA。

(4)加适量 20×SSC 缓冲液浸没凝胶,将湿润的硝酸纤维素膜小心覆盖在凝胶上,确保凝胶与膜之间无气泡,膜的一端与凝胶的加样孔对齐。

(5)将 3 张预先用 20×SSC 浸润过的 Whatman 3MM 滤纸(硝酸纤维素膜大小相同)平铺在膜的表面,排除气泡。

(6)裁剪与硝酸纤维素膜大小相同或稍小的吸水纸,平铺在 3MM 滤纸上,要达到 5~8 cm 厚。然后在吸水纸上置一玻璃板,其上压一重 200~500 g 的物体。

(7)室温下静置 12~16 h 使 DNA 充分转移,在此期间可更换吸水纸 1~2 次。

(8)毛细虹吸转移完成后,小心拆卸印迹装置。弃去吸水纸和滤纸,将凝胶和硝酸纤维素膜置于一张干燥的滤纸上,凝胶在上,用软铅笔标记凝胶和膜的加样孔位置,然后去除凝胶。

(9)取下硝酸纤维素膜,用 6×SSC 浸泡漂洗 1 min,以去除琼脂糖残迹。

(10)取出硝酸纤维素膜,用滤纸吸干,然后将膜置于 2 层干燥的滤纸中,80 ℃烘烤 2 h,此过程使 DNA 固定于硝酸纤维素膜上。此膜可用于下一步的杂交反应,如果不立即使用,可用铝箔包好,室温下置于干燥处保存。

(四)杂交

1. 探针标记

进行 Southern 印迹杂交的探针一般用放射性物质标记或用地高辛标记。放射性标记灵敏度高,效果好,但存在一定风险;地高辛标记没有半衰期,安全性好。本实验主要以放射性标记来进行介绍。探针的标记方法有随机引物法、切口平移法和末端标记法。

2. 预杂交与杂交

Southern 杂交一般采取的是液-固杂交方式,即探针为液相,待分析的 DNA 为固相。杂交发生于一定条件的杂交液中并需要合适的温度,可以用杂交瓶或杂交袋并使液体不断地在硝酸纤维素膜上流动。

(1)将预杂交液放入一个杂交袋中,先预热至 42 ℃。

(2)将固定了 DNA 的硝酸纤维素滤膜放入另一个稍宽于膜的杂交袋中,用 5~10 mL 的 2×SSC 溶液浸湿硝酸纤维素膜。然后去除 2×SSC,按每平方厘米膜加入 0.2 mL 已加热至 42 ℃的预杂交液。

(3)鲑鱼精 DNA 置于沸水浴中 10 min,迅速放置到冰上冷却 1~2 min,使 DNA 变性。然后加入装有预杂交液(有硝酸纤维素膜)的杂交袋中,使其浓度达到 100 μg/mL。尽可能去除杂交袋中的空气,然后封住袋口,上下颠倒数次使其混匀,置于 42 ℃水浴中温育 4 h。

(4)取适量的探针溶液置于沸水浴中加热 10 min 使其变性,然后迅速放在冰上 2 min。将冰浴后的变性探针加入到已加热至 42 ℃的预杂交液中,混匀后即为杂交液。

(5)倒出杂交袋中的预杂交液,再加入等量新的已升温至 42 ℃的杂交液(含有变性的探针),加入与预杂交时等量的变性的鲑鱼精 DNA。42 ℃杂交 16~18 h。

3. 洗膜

杂交完成后,必须将膜上未与 DNA 杂交的以及非特异性杂交的探针分子洗去。由于非特异性杂交的杂交分子稳定性较低,在一定的温度和离子强度下,非特异性杂交分子易发生解链被洗掉,而特异性杂交分子则保留在膜上。

(1)取出杂交后的硝酸纤维素膜,在 2×SSC 溶液中漂洗 5 min,然后依次按照下列条件洗膜。

2×SSC,0.1% SDS	42 ℃	10 min
1×SSC,0.1% SDS	42 ℃	10 min
0.5×SSC,0.1% SDS	42 ℃	10 min
0.2×SSC,0.1% SDS	56 ℃	10 min
0.1×SSC,0.1% SDS	56 ℃	10 min

(2)在洗膜过程中,要不断振摇,并用放射性检测仪探测膜上的放射强度。当放射强度指示数值比环境背景高 1~2 倍时,就达到了洗膜的终止点。

注:用地高辛标记的探针进行 Southern 印迹杂交的预杂交、杂交和洗膜实验操作与用放射性标记探针的印迹实验是相同的,只是在检测上有一定的差异,具体见杂交结果检测的相关内容。

(五)杂交结果的检测

1. 放射性标记探针的检测

(1)洗膜结束后,将膜浸入 $2\times$ SSC 中 2 min,然后取出膜用滤纸吸干其表面的水分,并用保鲜膜包裹。

(2)将膜正面向上,放入暗盒中,将磷钨酸钙增感屏前屏置于膜下,光面向上。

(3)在暗室的红光下,将两张 X 射线胶片压在杂交膜上,再压上增感屏后屏,光面向 X 射线胶片。

(4)合上暗盒,置 $-70\ ℃$ 低温冰箱中曝光。根据放射性的强度曝光一定时间后,在暗室中去除 X 射线胶片,显影、定影。如曝光不足,可再压片重新曝光。

2. 非放射性标记物探针的检测

地高辛标记探针的检测,具体步骤如下。

(1)杂交洗膜后,将膜置于漂洗缓冲液(washing buffer)中 1 min。

(2)将漂洗后的膜置于盛有 100 mL 封闭液(blocking solution)的培养皿中,室温缓慢摇动 30 min。

(3)倒掉封闭液,加入 20 mL 结合有碱性磷酸酶的抗地高辛单克隆抗体(Anti-DIG-AP)溶液,室温缓慢摇动 30 min。

(4)在 100 mL 的漂洗缓冲液(washing buffer)中洗膜 2 次,每次 15 min。

(5)再将膜在 20 mL 检测缓冲液(detection buffer)中平衡 2 次,每次 2~5 min。

(6)将膜的有 DNA 的面朝上,放在保鲜膜上,滴数滴 AMPPD(1,2-二氧环已烷衍生物,它是一种生物化学与分子生物学领域中最新的超灵敏的碱性磷酸酶底物)覆盖膜,然后用保鲜膜包裹,挤掉多余的 AMPPD,使其均匀平铺在膜上,室温放置 5 min。在 37 ℃ 温育 10 min,增强发光。

(7)用 X 射线胶片将膜进行室温曝光 15~30 min,然后在暗室显影、定影。

地高辛标记探针检测所需试剂:

(1)漂洗缓冲液(washing buffer):0.1 mol/L 马来酸(maleic acid)、0.15 mol/L NaCl、0.3%(体积分数)吐温 20(Tween 20)(pH=7.5)。

(2)封闭液(blocking solution):5%(体积质量)SDS、17 mmol/L Na_2HPO_4、8 mmol/L NaH_2PO_4,用 0.45 μm 的滤膜过滤除菌。

(3)检测缓冲液(detection buffer):0.1 mol/L Tris-HCl(pH=9.5)、0.1 mol/L NaCl。

(4)结合有碱性磷酸酶的抗地高辛单克隆抗体(Anti-DIG-AP)溶液。

(5)AMPPD:25 mmol/L AMPPD(用前稀释)。

注意事项

(1)一定要在凝胶和硝酸纤维素膜上做好方向标记。

(2)在转移 DNA 到硝酸纤维素膜上时,玻璃板与滤纸、凝胶与滤膜之间不要有气泡存在。

(3)不同批号的硝酸纤维素膜,其浸润速率有差异。如膜在蒸馏水中几分钟后仍未浸透,应更换一张新膜,因为未均匀浸湿的硝酸纤维素膜进行 DNA 转移是不可靠的。

(4)杂交时,杂交液体积越小越好。但要保证膜始终由一层杂交液所覆盖,所用的液体必须足够。

(5)在预杂交和杂交时,可不必更换杂交袋,杂交袋一定要稍大于硝酸纤维素膜。

(6)注意转膜过程中滤纸、凝胶、膜的叠放次序,以及电源的方向,避免出现 DNA 未转移到膜上的情况。

思考题

(1)影响 Southern 印迹结果的因素有哪些?

(2)DNA 分子杂交技术的基本原理是什么?

(3)杂交后洗膜的目的是什么?

(4)若 Southern 杂交实验结果没有出现杂交信号或信号弱,试分析可能出现的问题及其原因。

实验四十九 Northern 印迹杂交

一、实验目的

(1) 熟悉 Northern 印迹杂交的原理。
(2) 掌握 Northern 印迹杂交的操作方法。

二、实验原理

1977 年 Alwine 等提出一种用于分析细胞总 RNA 或含 poly(A)尾的 RNA 样品中特定 mRNA 分子的大小和丰度的分子杂交技术,即 Northern 印迹杂交,也称为 RNA 分子杂交,它指的是将待检测 RNA 片段从变性的琼脂糖凝胶转移到固相支持介质(一般为尼龙膜和硝酸纤维素膜)上,再与标记的核酸探针(DNA 或 RNA 探针)进行杂交,最后进行放射或非放射自显影检测的一种实验方法。杂交原理与 Southern 杂交大致相同,但由于 Northern 杂交采用 RNA 作为实验材料,因而具有一些与 DNA 分子杂交不同的特点。首先,RNA 酶对 RNA 的降解作用是通过 C2 羟基直接进行的,这一过程不需要辅助因子,因此二价金属离子螯合剂对 RNA 酶活性无任何影响。其次,RNA 分子可以自发水解,特别是在强碱条件下很容易通过 C2 羟基参与形成 $2',3'$-磷酸二酯键环而降解,因此 RNA 的变性方法与 DNA 是不同的,不能用碱变性。总 RNA 不需要进行酶切,可直接应用于电泳。

Northern 杂交可用来检测待检测物中是否存在和探针同源的 RNA 片段。其基本过程是通过电泳的方法将不同的 RNA 分子依据其相对分子质量大小加以区分,然后通过与特定基因互补配对的探针杂交来检测目的片段。Northern 杂交技术主要包括以下几个步骤:①RNA 的分离;②变性胶电泳;③转膜与固定;④探针制备;⑤杂交与检测。

Northern 杂交是研究基因表达及调控的分子生物学手段之一,主要是通过检测 RNA 的转录水平来分析基因的表达状况,如基因是否转录,转录物的丰度及其大小等。通过 Northern 杂交的方法可以检测到细胞在生长发育特定阶段或者胁迫或病理环境下特定基因的表达情况。Northern 杂交还可用来检测目的基因是否具有可变剪切产物或者重复序列。

三、实验材料、器材和试剂

1. 实验材料

总 RNA 或者 mRNA。

2. 实验器材

恒温干燥箱;恒温水浴锅;离心管;镊子;剪刀;橡胶手套;解剖刀;吸水纸;玻璃板;台式离心机;−80 ℃冰箱;电泳仪;水平电泳槽;微量移液器;紫外观察仪;凝胶成像系统;恒温摇床;脱色摇床;漩涡振荡器;微波炉;烧杯;量筒;锥形瓶;托盘;杂交箱;杂交袋;滤纸;尼龙膜;X 射线胶片盒(带增感屏);曝光暗盒;保鲜膜等。

3. 实验试剂

(1) RNA 提取试剂盒。

(2) 10×MOPS(吗啉代丙磺酸)电泳缓冲液:0.2 mol/L MOPS(pH=7.0),0.05 mol/L NaAc,0.01 mol/L EDTA(pH=8.0),电泳时稀释 10 倍使用。

准确称取 41.86 g MOPS、6.8 g NaAc、3.72 g EDTA,先用适量的 DEPC 处理过的蒸馏水溶解 NaAc,再将 MOPS 溶解其中,然后再加入 EDTA,混匀后用 2 mol/L NaOH 调节 pH 值至 7.0,最后定容至 1000 mL,过滤灭菌后避光保存。

(3) TE 缓冲液:10 mmol/L Tris‑HCl,1 mmol/L EDTA(pH=8.0)。

(4) 焦碳酸二乙酯(DEPC)。

(5) DEPC 处理的灭菌蒸馏水。

(6) RNA 相对分子质量标准品。

(7) 溴化乙锭(10 mg/mL)。

(8) 13.3 mol/L(37%)甲醛。

(9) 去离子甲酰胺:将 10 mL 甲酰胺和 1 g 离子交换树脂混合,室温搅拌 1 h 后用 Whatman 滤纸过滤,每管分装 1 mL 置于−70 ℃保存。

(10) 70%乙醇。

(11) 琼脂糖。

(12) 上样缓冲液:50% 甘油,1 mmol/L EDTA (pH=8.0),0.5%溴酚蓝,0.5%二甲苯青。

(13) 5×甲醛凝胶变性上样缓冲液:50 μL 10×MOPS,90 μL 甲醛,250 μL 甲酰胺,50 μL 上样缓冲液。

(14) 杂交探针:采用随机引物标记法标记的 α‑^{32}P 探针。

(15) 转移缓冲液 1:0.01 mol/L NaOH,3 mol/L NaCl(用于碱性转移至带正电荷的尼龙膜)。

(16) 转移缓冲液 2:20×SSC(0.3 mol/L 柠檬酸钠,3.0 mol/L NaCl,pH=7.0)(用于中性转移至不带电荷的尼龙膜)。

(17) 6×SSC。

(18) 0.05 mol/L NaOH。

(19) 去离子水。

(20) 50×Denhardt 试剂:2% 聚蔗糖(Ficoll 400),2% 聚乙烯吡咯烷酮,2% 牛血清蛋白组分 V。

(21) 预杂交/杂交缓冲液:6×SSC,5×Denhardt 试剂,0.5% SDS,100 μg/mL 鲑鱼精 DNA(临用前加)。

(22) 洗膜液:2×SSC,0.1% SDS;1×SSC,0.1% SDS;0.5×SSC,0.1% SDS。

(23) 3 mol/L NaOH。

(24) 1 mol/L Tris‑HCl(pH=7.2)。

(25) 3 mol/L HCl。

(26) 3%双氧水。

四、实验步骤

(一)总 RNA 或 mRNA 的提取与分离

用于 Northern 杂交的 RNA 或者 mRNA 必须长度完整,纯度高,没有降解,不含 DNA。RNA 分离及其具体操作参见实验十七,也可以用 Trizol 法、改良的异硫氰酸胍法或改良的 Krapp 法提取总 RNA。

(二)变性琼脂糖凝胶电泳分离 RNA

RNA 为单链分子,链内碱基容易配对形成二级结构。不同的 RNA 的分子空间结构不同。在未变性条件下,其相对分子质量与电泳移动距离没有严格的相关性。因此必须破坏 RNA 的空间结构后,在变性条件下电泳,才能使 RNA 移动距离与其相对分子质量成正比。本实验介绍甲醛变性的琼脂糖凝胶电泳分离 RNA 的方法。需注意的是,从 RNA 分离到转移固定结束之前,所有的操作必须在无 RNase 的环境中进行,并需要用 RNase 抑制剂和 0.1‰焦碳酸二乙酯(DEPC)的水溶液处理实验用品,操作中都应戴手套,防止人为造成的外源 RNase 的污染而引起的 RNA 降解。

1. 用具的准备

180 ℃烘烤锥形瓶、量筒、镊子、解剖刀等 4 h。

清洗梳子和电泳槽,用 70%乙醇冲洗,并用 3%双氧水室温处理 10 min,最后用 0.1% DEPC 水彻底冲洗,干燥备用。

2. 制备 1.2%甲醛变性琼脂糖凝胶

称取 1.2 g 琼脂糖加入锥形瓶中,加入 72 mL DEPC 处理的灭菌水后,微波炉加热至琼脂糖完全融化,冷却至 60 ℃,加入 10 mL 10×MOPS 和 18 mL 37%(13.3 mol/L)甲醛,再加入 1 μL 10 mg/mL 溴化乙锭,混合均匀后把胶液倒入制胶板中。

3. 变性 RNA 样品制备

取 1 个用 DEPC 处理过的 0.5 mL 离心管,依次加入 10×MOPS 电泳缓冲液 2 μL、甲醛 3.5 μL、去离子的甲酰胺 10 μL、RNA 样品 4.5 μL,混合均匀。将离心管置于 65 ℃水浴中保温 10 min,再置于冰上 2 min,然后向每管中加入 4 μL 上样缓冲液,混匀。

4. 上样

将制备好的凝胶放入电泳槽中(上样孔一侧靠近负极),加入 1×MOPS 电泳缓冲液,液面高出胶面 1~2 mm,小心拔出梳子使加样孔保持完好且无气泡存在。用微量移液器每孔上样 20~30 μL,同时加入 RNA 相对分子质量标准品作为参照。

5. 电泳

盖好电泳槽,接通电源,在 5 V/cm 的电场强度下电泳 2~3 h。当溴酚蓝到达凝胶的边缘 1 cm 时停止电泳,关闭电源。取出凝胶,在紫外观察仪上查看电泳结果,注意不要让凝胶在紫外灯下照射太长时间。

(三)将变性 RNA 转移至尼龙膜

常用的尼龙膜有两种:中性的尼龙膜和带正电荷的尼龙膜。二者都可以结合单链和双链核酸,但在不同缓冲液中结合核酸的量有所不同,相应 RNA 转移所用的缓冲液也不同。

(1)如果 RNA 需转移至中性的尼龙膜,需要先用 DEPC 处理过的蒸馏水漂洗凝胶,再用 5 倍于胶体积的 0.05 mol/L NaOH 浸泡凝胶 20 min,最后用 10 倍于胶体积的 20×SSC(转移缓冲液 2)浸泡 40 min;如果 RNA 需转移到带正电荷的尼龙膜上,则需先用 DEPC 处理过的蒸馏水漂洗凝胶,再用 5 倍于胶体积的 0.01 mol/L NaOH、3 mol/L NaCl(转移缓冲液 1)浸泡凝胶 20 min。当凝胶经过漂洗之后,立即将凝胶移至一个玻璃器皿中,用解剖刀去除凝胶的无用部分,在凝胶左上角(加样孔端)切去一角,作为后续操作过程中凝胶方向的标记。

(2)裁剪一块比凝胶大 1 mm 的尼龙膜,并切下膜的一角,与凝胶切下的一角相一致。将膜漂浮在去离子水表面,直至膜从下向上完全湿透为止。然后把膜置于 20×SSC 中浸泡 5 min。注意操作时要戴手套,不可用手直接触摸,否则油腻的膜将不能浸润。

(3)用长和宽均大于凝胶的一块有机玻璃或多层玻璃板作为支持物(作为转移平台),将其放入大玻璃缸中,上铺一张 Whatman 3MM 滤纸,倒入 20×SSC 缓冲液,其液面要低于平台,滤纸的两端要完全浸没在缓冲液中,用玻璃棒将滤纸推平,并排除滤纸与玻璃板之间的气泡。设置上行毛细转移系统,参见 Southern 杂交(图 3-10)。

(4)将凝胶翻转后置于平台上的 3MM 滤纸中央,小心赶出凝胶与滤纸间的气泡,凝胶的四周用塑料保鲜膜包裹(不要覆盖凝胶),以阻止缓冲液从液池直接流至凝胶上方的吸水纸层。

(5)加适量 20×SSC 缓冲液浸湿凝胶,在凝胶上方放置湿润的尼龙膜,并使两者的切角相重叠。膜的一条边缘应刚好超过凝胶上部加样孔一端的边缘。

(6)将 2 张预先用 20×SSC 浸润过的 Whatman 3MM 滤纸(与凝胶同样大小)平铺在尼龙膜的上方,用玻璃棒去除滞留在凝胶与滤纸间的气泡。

(7)裁剪一叠比尼龙膜稍小的吸水纸,平铺在 3MM 滤纸上,要达到 5~8 cm 厚。然后在吸水纸上方放置一玻璃板,其上再用 500 g 的重物压实。

(8)RNA 的转移在中性转移缓冲液中时间不超过 4 h,在碱性转移缓冲液中不超过 1 h。玻璃缸内必须要有足够的转移液,保证转移连续进行。

(9)转移结束后,去除尼龙膜上方的吸水纸和滤纸,翻转尼龙膜和凝胶,凝胶在上,置于一张干的 3MM 滤纸上,用铅笔在尼龙膜上标记加样孔位置。

(10)将取下尼龙膜放入含有 300 mL 6×SSC 溶液的玻璃平皿中,然后将平皿置于恒温摇床上,室温慢摇 5 min。为了估计 RNA 转移效率,凝胶可用 0.5 μg/mL 溴化乙锭溶液染色 20 min,在紫外灯下观察凝胶上残留的 RNA 情况并拍照。

(11)从 6×SSC 溶液中取出尼龙膜,将膜上的溶液滴尽后,平放在一张滤纸上,含有 RNA 的面向上,室温下晾干备用。

(四)预杂交与杂交

Northern 杂交中,探针可以是双链 DNA 或单链 DNA,也可以是 RNA。探针可以用放射性同位素或者非同位素标记。双链 DNA 探针的放射性同位素标记参见 Southern 杂交。由于使用的探针类型和标记方法不同,Northern 杂交的具体操作步骤各异,主要包括预杂交、探针的变性、杂交、洗膜及结果显示这几个步骤。预杂交和杂交过程使用的是同一缓冲液,预杂交一定时间后,更换新鲜缓冲液,加入探针进行杂交。标准杂交液是一类常用的缓冲液,用 SSC 与 Denhardt 试剂、SDS 一起配制,临用前加入变性鲑鱼精 DNA。本实验使用的探针为 ^{32}P 标记的双链 DNA。

1. 预杂交

(1) 将预杂交液(0.2 mL/cm^2)放入一个杂交袋中,预热至适宜的杂交温度(一般在水溶液中杂交时,DNA 探针的杂交温度为 68 ℃。而在 50% 甲酰胺的溶液中杂交时,RNA 探针的杂交温度为 60 ℃,DNA 探针的杂交温度为 42 ℃)。将固定了 RNA 的尼龙膜用 5~10 mL 的 6×SSC 溶液浸湿后,去除 6×SSC 溶液,再加入已预热的预杂交液。

(2) 鲑鱼精 DNA 置于沸水浴中 10 min,迅速放置到冰上冷却 1~2 min,使 DNA 变性。然后加到装有预杂交液(有尼龙膜)的杂交袋中,使其浓度达到 100 μg/mL。尽可能去除杂交袋中的空气,然后封住袋口,上下颠倒数次使其混匀,置于 68 ℃ 水浴中缓慢摇动温育 2 h。

2. 探针变性

(1) 100 ℃ 下加热 ^{32}P 标记的双链 DNA 5 min,使之变性,然后迅速放在冰上 2 min。也可加入 0.1 倍体积的 3 mol/L NaOH 使探针变性,室温下放置 5 min 后,将探针移至冰水中,然后再加入 0.05 倍体积的 1 mol/L Tris-HCl(pH=7.2)和 0.1 倍体积的 3 mol/L HCl。

(2) 将处理好的变性探针用 6×SSC 溶液漂洗后,加入到已加热至 68 ℃ 预杂交液中,混匀后即为杂交液。探针用量为 2~10 ng/mL,对于低丰度的 mRNA,所用探针的量至少为 0.1 μg,特异性活性要超过 2×10^8 cpm/μg。

3. 杂交

倒出杂交袋中的预杂交液,再加入等量新的已升温至 68 ℃ 的杂交液(含有变性的探针),加入与预杂交时等量的变性的鲑鱼精 DNA,,68 ℃ 杂交 16~18 h。

(五) 结果检测

1. 洗膜

(1) 杂交结束后,弃去杂交液,在室温下将膜转移到含有 100~200 mL 的 2×SSC、0.1% SDS 的塑料盒中,将盒盖好,置于水平振荡器上,缓慢振荡 10 min;再换用 1×SSC、0.1% SDS 洗膜 1 次,10 min。

(2) 将膜转移至另一个含有 100~200 mL 的 0.5×SSC、0.1% SDS 的塑料盒中,68 ℃ 下温和振荡 10 min。更换新的 0.5×SSC、0.1% SDS 于 68 ℃ 再漂洗 1 次,10 min。

2. 曝光与自显影

取出杂交膜,沥干洗膜液,将膜晾至半干,然后用保鲜膜包裹,在暗室取出 X 射线胶片,压在杂交膜上,盖上暗盒,在 −70 ℃ 曝光 24~48 h。在暗室中去除 X 射线胶片,显影、定影。

非放射性标记物探针(地高辛标记)的检测方法见实验四十八 Southern 印迹杂交。

 注意事项

(1) 用于 RNA 电泳、转膜的所有器械、用具均须处理以除去 RNase 酶，以免样品的降解。

(2) 转膜过程中，需注意尼龙膜—凝胶—滤纸之间不要产生气泡，否则会影响转膜效果。

(3) 注意转膜过程中滤纸、凝胶、尼龙膜的叠放次序，以及电源的方向，避免出现 DNA 未转移到膜上的情况。

(4) 从压片曝光到显影、定影的整个过程需在暗室中进行，避免 X 射线胶片被外界光线曝光。

(5) 与非变性琼脂糖凝胶相比，含甲醛的凝胶较为脆弱，实验时需要小心操作。

(6) 焦炭酸二乙酯(DEPC)是高度易燃品，也是一种致癌物，操作时要做好防护。

(7) 甲醛、甲酰胺易氧化，37% 甲醛的 pH 值要求在 4.0 以上，如果低于此值应换试剂后重新配制。

(8) 由于尼龙膜杂交本底较高，所以适当延长预杂交时间，提高杂交液中封闭物质的量，对于克服这个缺点是有用的。

思考题

(1) Northern 印迹杂交和 Southern 印迹杂交实验的不同点是什么？

(2) 简述 Northern 印迹杂交的实验原理和主要实验步骤。

实验五十 蛋白质的免疫印迹——Western 印迹

一、实验目的

(1)掌握蛋白质的免疫印迹(Western blot)的基本原理及应用。
(2)掌握蛋白质的免疫印迹的基本操作过程。

二、实验原理

免疫印迹(immuno blotting)又称蛋白质印迹(Western blot),它是根据抗原抗体的特异性结合检测复杂样品中的某种蛋白质的方法。Western 免疫印迹是将蛋白质转移到膜上,然后利用抗体进行检测。对已知表达蛋白,可用相应抗体作为一抗进行检测。

Western blot 采用的是聚丙烯酰胺凝胶电泳,被检测物为蛋白质,"探针"是抗体,"显色"用标记的二抗。经过聚丙烯酰胺凝胶电泳(PAGE)分离的蛋白质样品,转移到固相载体(如硝酸纤维素薄膜)上,固相载体以非共价键形式吸附蛋白质,且能保持电泳分离的多肽类型及其免疫学特性不变。以固相载体上的蛋白质或多肽作为抗原,与对应的抗体起免疫反应,再与酶标记的第二抗体起反应,经过底物显色以检测电泳分离的特异性蛋白质成分。由于 Western blot 具有 SDS - PAGE 的高分辨力和固相免疫测定的高特异性和敏感性,现已成为蛋白质分析的一种常规技术,常用于鉴定某种蛋白质,并能对蛋白质进行定性和半定量分析,因此,广泛应用于检测蛋白质水平的表达。

Actin 即肌动蛋白,是细胞的一种重要骨架蛋白。β - actin 广泛分布于各种组织和细胞的细胞浆内,表达量非常丰富,其含量占所有细胞总蛋白的 50%,因此,是常用的 Western blot 分析内参。β - actin 由 375 个氨基酸组成,相对分子质量为 42~43 ku。本实验采用 Western 免疫印迹检测大鼠肝组织 β -肌动蛋白的表达。

三、实验器材和试剂

1. 实验器材

转移电泳仪;硝酸纤维素膜(NC 膜)或聚偏二氟乙烯膜(PVDF 膜);滤纸;剪刀;手套;小尺等。

2. 实验试剂

(1)SDS - PAGE 试剂:见电泳实验。
(2)匀浆缓冲液:1.0 mol/L Tris - HCl(pH=6.8)1.0 mL,10% SDS 6.0 mL,β -巯基乙醇 0.2 mL,ddH_2O 2.8 mL。
(3)转膜缓冲液:甘氨酸 2.9 g,Tris 5.8 g,SDS 0.37 g,甲醇 200 mL,加 ddH_2O 定容至 1000 mL。
(4)漂洗液(TBST)。先配制 TBS 液:Tris 2.42 g、NaCl 29.2 g,溶于 600 mL 双蒸水,再用 1 mol/L HCl 调至 pH=7.5,然后补加双蒸水至 1000 mL。再配制 TBST:TBS 溶液

500 mL,加 Tween-20 250 μL。

(5)封闭液。5%脱脂奶粉(现配):脱脂奶粉 1.0 g 溶于 20 mL 的 TBST 中。

(6)膜染色液:考马斯亮蓝 0.2 g,甲醇 80 mL,乙酸 2 mL,ddH_2O 118 mL。

(7)显色液:二氨基联苯胺(DAB)6.0 mg,0.01 mol/L PBS 10.0 mL,硫酸镍胺 0.1 mL,H_2O_2 1.0 μL。

(8)BCA 蛋白质定量试剂盒。

四、操作步骤

1. 蛋白质抽提

取适量(250～500 mg)新鲜大鼠肝组织样品或液氮冻存的大鼠肝组织样品,加 1 mL 含蛋白酶抑制剂的匀浆缓冲液(或蛋白质抽提试剂),匀浆后抽提总蛋白质(或核蛋白)。4 ℃,13 000×g 离心 15 min。取上清液作为样品。

2. 蛋白质定量

按 BCA 蛋白质定量试剂盒操作说明,测定样品浓度。

3. 变性聚丙烯酰胺不连续凝胶电泳(SDS-PAGE)

将准备好的样品液和预染蛋白 Marker 分别上样,蛋白质相对分子质量标准物样品加进第一个孔中,电泳分离蛋白质。

4. 转膜(半干式转移)

(1)电泳结束后将胶条切至合适大小,用转膜缓冲液平衡 3 次,每次 5 min。

(2)膜处理。预先裁好与胶条同样大小的滤纸和 NC 膜,浸入转膜缓冲液中 10 min。

(3)蛋白质转移到 PVDF 膜。按 Bio-Rad 蛋白转移装置说明制作胶膜夹心,接通电源,恒流 1 mA/cm^2,转移 30 min。转移结束后,断开电源将膜取出,切取待测膜条做免疫印迹。

5. Western blot 膜的封闭和抗体孵育

(1)用 TBST 洗膜 3 次,每次 5 min。

(2)加入封闭液,平稳摇动,室温 1 h。

(3)弃封闭液,用 TBST 洗膜 3 次,每次 5 min。

(4)加入一抗(按合适稀释比例用 TBST 稀释,液体必须覆盖膜的全部),4 ℃放置 1 h 或过夜。阴性对照,以 1% BSA 取代一抗,其余步骤与实验组相同。

(5)弃一抗,用 TBST 分别洗膜 3 次,每次 5 min。

(6)计入辣根过氧化物酶偶联的二抗(按合适稀释比例用 TBST 稀释),平稳摇动,室温 1 h。

(7)弃二抗,用 TBST 洗膜 3 次,每次 5 min。

6. Western blot 结果检测

加入适量显色液,膜与化学发光底物孵育 3～5 min,经 X 射线胶片曝光显影。图片扫描保存为电脑文件,并用 GIS1000 分析软件将图片上每个特异条带灰度值数字化。

注意事项

(1)一抗、二抗的稀释度、作用时间和温度对不同的蛋白质要经过预实验确定最佳条件。
(2)显色液必须新鲜配制使用,最后加入 H_2O_2。
(3)DAB 有致癌的潜在可能,操作时要小心仔细。

思考题

(1)请说明一抗、二抗在蛋白质印迹法中的生物学功能。
(2)蛋白质印迹法的特点是什么?
(3)如何保存抗体?

实验五十一　蛋白质免疫共沉淀实验

一、实验目的

(1)掌握免疫共沉淀实验(co-immunoprecipitation)的基本原理与应用。
(2)掌握免疫共沉淀实验的基本操作过程。

二、实验原理

免疫共沉淀是以抗体和抗原之间的特异性结合为基础的用于研究蛋白质相互作用的经典方法,是确定两种蛋白质在完整细胞内生理性相互作用的有效方法。其原理是:当细胞在非变性条件下被裂解时,完整细胞内存在的许多蛋白质-蛋白质间的相互作用被保留了下来。如果用蛋白质 A 的抗体免疫沉淀 B,那么与 A 在体内结合的蛋白质 B 也能沉淀下来。目前多用精制的 protein A/G 预先结合固化在 agarose beads(琼脂糖珠)上,使之与含有抗原的溶液及抗体反应后,珠子上的 protein A/G 就能吸附抗原蛋白。这种方法常用于测定两种目标蛋白质是否在体内结合,也可用于确定一种特定蛋白质的新的作用靶蛋白。

用免疫共沉淀实验鉴定蛋白质间相互作用的优点有:①相互作用的蛋白质都是经翻译后修饰的,处于天然状态;②蛋白质的相互作用是在自然状态下进行的,可以避免人为的影响;③可以分离得到天然状态下相互作用的蛋白质复合物。缺点有:①可能检测不到低亲和力和瞬间的蛋白质-蛋白质相互作用;②两种蛋白质的结合可能不是直接结合,而可能有第三者在中间起桥梁作用;③必须在实验前预测目的蛋白质是什么,以选择最后检测的抗体,所以,若预测不正确,实验就得不到结果,方法本身具有冒险性。

三、实验仪器和材料

1. 实验仪器
细胞培养箱;离心机;振荡培养箱;电泳仪;电泳槽等。

2. 实验材料
(1)细胞。
(2)细胞裂解液:25 mmo/L Tris-HCl (pH=7.6),150 mmol/L NaCl,1% NP-40,1% sodium deoxycholate,0.1% SDS。
(3)PBS:NaCl 8 g、KCl 0.2 g、Na_2HPO_4 1.44 g、KH_2PO_4 0.24 g,800 mL 蒸馏水溶解,用 HCl 调节 pH 值至 7.4,加水定容至 1 L,高压蒸汽灭菌 20 min,保存于室温。
(4)重组 protein A/G。
(5)琼脂糖珠。

四、实验步骤

(1)收获细胞,加入适量细胞裂解缓冲液(含蛋白酶抑制剂),冰上裂解 30 min,细胞裂解液于 4 ℃,最大转速离心 30 min 后取上清液。

(2)取少量裂解液以备 Western blotting 分析,加 1 μg 抗体到剩余细胞裂解液,4 ℃缓慢摇晃孵育过夜。

(3)取 10 μL 偶联 protein A/G 的琼脂糖珠,用适量裂解缓冲液洗 3 次,每次 3000 r/min 离心 3 min。

(4)将预处理过的 10 μL protein A/G 琼脂糖珠加入到和抗体孵育过夜的细胞裂解液中,4 ℃缓慢摇晃孵育 2~4 h,使抗体与 protein A/G 琼脂糖珠偶联。

(5)免疫沉淀反应后,在 4 ℃以 3000 r/min 速度离心 3 min,将琼脂糖珠离心至管底。

(6)将上清液小心吸去,琼脂糖珠用 1 mL 裂解缓冲液洗 3~4 次。

(7)加入 15 μL 的 2×SDS 上样缓冲液,沸水煮 5 min。

(8)通过 SDS-PAGE 或 Western blotting 进行分析。

注意事项

(1)使用明确的抗体,可以将几种抗体共同使用。

(2)确保共沉淀的蛋白质是由所加入的抗体沉淀得到的,而非外源非特异蛋白质。

(3)要确保抗体的特异性,即在不表达抗原的细胞溶解物中添加抗体后不会引起共沉淀。

(4)确定蛋白质间的相互作用是发生在细胞中,而不是由于细胞的溶解才发生的,这需要进行蛋白质的定位来确定。

思考题

(1)影响蛋白质免疫共沉淀的因素有哪些?

(2)简述蛋白质免疫共沉淀的基本原理。

实验五十二　逆转录 PCR(RT-PCR)

一、实验目的

(1)学习逆转录 PCR 的原理。
(2)掌握逆转录 PCR 的操作技术。

二、实验原理

逆转录 PCR(reverse transcription polymerase chain reaction,RT-PCR)是将 RNA 的逆转录(RT)和 cDNA 的聚合酶链式反应(PCR)相结合的技术。首先要提取组织或细胞中的总 RNA,以其中的 mRNA 作为模板,采用 Oligo(dT)或随机引物利用逆转录酶反转录合成互补的 DNA(complementary DNA,cDNA),再通过 PCR 技术,用两条引物将痕量的 cDNA 扩增成大量的双链 DNA 的过程(图 3-11)。

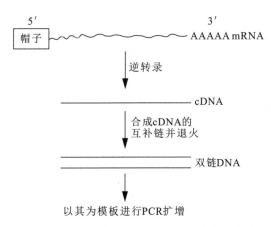

图 3-11　逆转录 PCR(RT-PCR)反应示意图

完整的逆转录反应体系需要适当的反应缓冲液、RNA 模板、逆转录酶、引物及 4 种脱氧核苷三磷酸(dNTP)。天然的逆转录酶具有逆转录、RNase H 以及 DNA 聚合酶活性。目前市售的逆转录酶大多经过基因工程技术的改造,最适反应温度大幅度提高。作为模板的 RNA 可以是总 RNA、mRNA 或体外转录的 RNA 产物。无论使用何种 RNA,关键是确保 RNA 中无 RNA 酶和基因组 DNA 的污染,为防止 RNA 在反应过程中被痕量的 RNase 降解,一般还应加入 RNase 抑制剂。用于逆转录的引物主要有随机引物、Oligo (dT)及基因特异性引物,可根据实验的具体情况选择。最常用的逆转录引物是多聚脱氧胸苷酸引物,及 Oligo(dT)。此外还可以选用六聚体或八聚体随机引物。Oligo(dT)可以与 mRNA 的 poly(A)序列互补,因此特异性较高。特别是在其 3′端添加两个随机核苷酸的锚定引物,在引导合成 cDNA 时具有很高的效率。随机引物不但可与 mRNA 互补,也可与 rRNA 及 tRNA

互补,因此特异性较低。

RT-PCR 技术灵敏而且用途广泛,可用于检测细胞中基因的转录产物、获取目的基因、检测细胞中 RNA 病毒的含量、直接克隆特定基因的 cDNA 序列、合成 cDNA 探针及构建 RNA 高效转录系统。

三、实验材料、器材和试剂

1. 实验材料

RNA 样品或 mRNA 样品。

2. 实验器材

移液器;冰箱;台式高速离心机;离心管;PCR 仪;水平电泳槽;电泳仪;紫外观察仪;分析天平;恒温水浴锅;烧杯;微波炉。

3. 实验试剂

(1) 10 μmol/L Oligo(dT)18 引物。

(2) RT-PCR 试剂盒。

(3) 10 μmol/L 引物 1,10 μmol/L 引物 2。

(4) RNase 抑制剂。

(5) 10 mmol/L dNTPs。

(6) 10×PCR 缓冲液。

(7) 25 mmol/L $MgCl_2$。

(8) *Taq* DNA 聚合酶。

(9) 琼脂糖。

(10) 10 mg/mL 溴化乙锭。

(11) DNA Marker。

(12) 电泳缓冲液 5×TBE:称取 Tris 54 g,硼酸 27.5 g,0.5 mol/L EDTA 20 mL 溶解,加蒸馏水定容至 1000 mL。临用前稀释 5 倍。

(13) RNase H。

(14) DEPC-H_2O。

(15) 6×上样缓冲液(含荧光染料)。

四、实验步骤

1. 逆转录反应

(1) 取一个 0.5 mL 的微量离心管,加入试剂如下。

总 RNA(要保证 RNA 的量达到 1~5 μg)　　2 μL
10 μmol/L Oligo(dT)18　　　　　　　　　　1 μL
DEPC-H_2O　　　　　　　　　　　　　　10 μL

(2) 混匀后将混合物在 65 ℃加热 10 min,然后将离心管放到冰水浴中 2 min。此步骤的目的是使 RNA 变性,去除局部的双链结构。

(3)在离心管中再加入下列试剂。

5×RT 缓冲液　　　　　　4 μL
10 mmol/L dNTP　　　　 1 μL
RNase 抑制剂　　　　　　1 μL
逆转录酶　　　　　　　　1 μL

混合物的总体积为 20 μL,混合均匀后,置于 37 ℃水浴中反应 1 h。

(4)取出离心管,再将其放入 70 ℃水浴中加热 15 min,以使逆转录酶失活。

(5)将离心管在冰水浴中放置 5 min,加入 1 μL(2 U)的 RNase H,然后 37 ℃保温 20 min,去除与 cDNA 互补的 RNA。－20 ℃保存备用。

2. PCR 扩增

(1)配制 PCR 反应体系。

取干净的 PCR 反应管,依次加入如下试剂。

10×PCR 缓冲液　　　　　　2 μL
25 mmol/L MgCl$_2$　　　　 1.5 μL
10 mmol/L dNTPs　　　　　1 μL
10 μmol/L 引物 1　　　　　1 μL
10 μmol/L 引物 2　　　　　1 μL
cDNA 模板　　　　　　　　1 μL
Taq DNA 聚合酶(5 U)　　　1 μL
灭菌双蒸水　　　　　　　　16.5 μL

PCR 反应体系的体积为 25 μL,混匀后,短暂离心,将反应管放入 PCR 仪中。

(2)设置 PCR 反应程序。

94 ℃　　　　5 min
94 ℃　　　　45 s ⎫
60 ℃　　　　45 s ⎬ ×30 次循环
72 ℃　　　　60 s ⎭
72 ℃　　　　10 min

按照设置的 PCR 反应程序,进行 PCR 扩增。

3. 电泳检测

PCR 扩增产物 5 μL 加 6×上样缓冲液(含荧光染料)1.5 μL,以 1%琼脂糖凝胶为介质,点样后接通电源,以电场强度 10 V/cm 电泳 30～40 min。电泳结束后取出琼脂糖凝胶,置于紫外观察仪中观察并拍照,定性检测 PCR 效果。

注意事项

(1)实验所用的耗材如离心管、移液枪头等事先都需经过 0.1% DEPC 溶液浸泡处理,以除去 RNA 酶,防止操作过程中 RNA 降解。

(2)在 PCR 之前使用 RNase H 处理 cDNA 合成反应可以提高灵敏度。

思考题

(1)PCR 扩增时如出现了非特异性扩增条带应如何处理?

(2)为什么在做 RT-PCR 时,一定要确保无 DNA 污染?

实验五十三　实时定量PCR

一、实验目的

(1) 了解实时定量 PCR 的基本原理及 C_t 值的含义。
(2) 熟悉 SYBR Green 染料法实时定量 PCR 技术的基本操作方法。
(3) 掌握实时定量 PCR 定量计算方法。

二、实验原理

实时定量 PCR(real-time PCR)是通过对 PCR 扩增反应中每一个循环产物荧光信号的实时检测从而实现对起始模板定量及定性的分析。在实时荧光定量 PCR 反应中,引入了一种荧光化学物质,随着 PCR 反应的进行,PCR 产物不断累计,荧光信号强度也等比例增加。每经过一个循环,收集一个荧光强度信号,这样就可以通过荧光强度变化监测产物量的变化,从而得到一条荧光扩增曲线。通过计算得到 PCR 产物的变化情况。

Real-time PCR 具有以下优点:①采用对数期分析,摒弃终点数据,定量准确;②特异性强,灵敏度高;③封闭反应,无须 PCR 后处理;④定量范围宽,可达到 10 个数量级;⑤仪器在线式实时检测,结果直观,避免人为判断;⑥可实现一管双检或多检;⑦操作安全,缩短时间,提高效率。real-time PCR 是目前进行 mRNA 水平定量分析最常用和公认的方法。

理论上,PCR 过程是按照 2^n(n 为 PCR 的循环次数)指数的方式进行模板的扩增。但在实际的 PCR 反应过程中,随着反应的进行由于体系中各成分的消耗使得靶序列并非按指数方式扩增,因此 PCR 反应过程是按线性的方式增长进入平台期。因此在起始模板量与终点的荧光信号强度间没有可靠的相关性。如采用常规的终点检测法,即使起始模板量相同,经 PCR 扩增、EB(溴化乙锭)染色后也完全可能得到不同的终点荧光信号强度。real-time PCR 技术借助荧光强度的改变,通过动态检测反应过程中的产物量,消除了产物堆积对定量分析的干扰,亦被称为定量 PCR(quantitative PCR,q-PCR/QPCR)。

C_t 值:也称循环阈值,C 代表 cycle,t 代表 threshold。C_t 值的含义是:每个反应管内的荧光信号到达设定的阈值时所经历的循环数。经数学证明,C_t 值与模板 DNA 的起始拷贝数成反比。利用已知起始拷贝数的标准样品可作出标准曲线,其中横坐标代表起始拷贝数的对数,纵坐标代表 C_t 值。这样,只要获得未知样品的 C_t 值,即可从标准曲线上计算出该样品的起始拷贝数。最常用的 real-time PCR 包括 SYBR Green 法和 *Taq* man 探针法。

三、实验器材和试剂

1. 实验器材

实时荧光定量 PCR 仪;real-time PCR 管;离心管;冰浴盒;移液器。

2. 实验试剂

(1) real-time PCR 试剂盒。

(2)引物的合成。除了设计合成目标基因的引物,还要同时合成内参的引物。常用的内参基因如 β-actin、三磷酸甘油醛脱氢酶(glyceraldehyde-3-phosphate dehydrogenase, GAPDH)、cyclophilin、18S rRNA 等。

四、操作步骤

1. PCR 反应

根据 real-time PCR 试剂盒中相应的要求,在冰上配制反应体系,见表 3-42。

表 3-42 real-time PCR 反应体系

试剂	体积/μL
SYBR Premix Ex Taq Ⅱ(2×)	10
正向引物(10 μmol/L)	0.8
反向引物(10 μmol/L)	0.8
DNA 模板	2
dH$_2$O(无菌蒸馏水)	6.4
	总计 20

2. 结果分析

(1)熔点曲线分析:利用荧光染料可以指示双链 DNA 熔点的性质,通过熔点曲线分析可以识别扩增产物和引物二聚体,因而可以区分非特异扩增,进一步地还可以实现单色多重测定。在采用 SYBR Green Ⅰ法时需要进行熔点曲线分析。

(2)C_t 值计算:在实时荧光定量 PCR 的过程中,靶序列的扩增与荧光信号的检测同时进行,定量 PCR 仪全程采集荧光信号,实验结束后分析软件自动按数学算法扣除荧光本底信号并设定阈值从而得到每个样品的 C_t 值。C_t 值是 PCR 扩增过程中荧光信号强度达到阈值所需要的循环数,也可以理解为扩增曲线与阈值线交点所对应的横坐标。C_t 值与样品中起始模板拷贝数的对数呈线性关系($y=ax+b$,x 代表起始模板拷贝数的对数,y 代表 C_t 值)。

(3)定量计算:对于 real-time PCR 结果的定量分析可以是绝对定量或相对定量。绝对定量指的是用已知的标准曲线来推算未知的样本量。采用标准曲线法的绝对定量需要使用标准品(已知起始拷贝数的样品)建立标准曲线,建立 C_t 值与样品起始模板拷贝数对数之间的线性关系,从而通过实验后样品的 C_t 值得出起始模板量。相对定量指的是在一定样本中,靶序列相对于内参序列的量的变化。采用比较 C_t 法的相对定量是通过对照组与处理组样本中靶序列的量与内参照量的变化间的相对差异进行比较。如在基因表达研究中,内源参照物常为一些看家基因如 β-actin、GAPDH 等。目前在相对定量中应用最多的计算方法是比较 C_t 法的相对定量。

一般每个反应需做 2~3 个复管,对各管所得出的 C_t 值首先求出 C_t 的平均值,之后采用内参基因(如 β-actin 或 GAPDH 等)对实验的对照组和实验组样品进行校正。

ΔC_t(对照组样品)＝待测基因 C_t 均值－内参基因 C_t 均值＝26.52－20.34＝6.18
ΔC_t(实验组样品)＝待测基因 C_t 均值－内参基因 C_t 均值＝24.18－20.12＝4.06
然后对未处理对照组和药物处理实验组样品的 ΔC_t 进行归一化。
$\Delta\Delta C_t = \Delta C_t$(实验组样品)－$\Delta C_t$(对照组样品)＝4.06－6.18＝－2.12
最后根据 $\Delta\Delta C_t$ 计算出实验组样品与对照组样品之间待测基因的表达差异。

$$2^{-\Delta\Delta C_t} = 2^{-(-2.12)} = 4.35$$

因此,实验组样品的待测基因的表达水平是对照组样品的 4.35 倍。

注意事项

(1)由于 SYBR GreenⅠ染料分子能与所有的双链 DNA 结合(包括非特异性扩增产物及引物二聚体等),因此特别注意利用熔点曲线观察是否有引物二聚体生成,优化反应条件消除非特异性扩增产物及引物二聚体,必要时重新合成引物。实验中每一个反应至少设立复管是必要的。

(2)设立内参对照。在 real-time PCR 结果的定量分析中,常采用比较 C_t 法。由于在此方法中待测基因的量是相对于某个内参基因的表达量而言的,体现在某种实验条件或病理情况下,待测基因表达水平的相对变化情况。

思考题

(1)如何运用 $2^{-\Delta\Delta C_t}$ 法对实时定量 PCR 中待测基因的量进行计算?
(2)SYBR GreenⅠ进行实时定量 PCR 的原理是什么? C_t 值的含义是什么?

第三节　综合实验

实验五十四　探究 sRNA 对大肠杆菌中外源 GFP 基因表达的抑制

一、实验目的

(1) 理解 sRNA 技术抑制基因表达的分子机制。
(2) 掌握 sRNA 技术抑制基因表达的试验方法。
(3) 本实验以外源绿色荧光蛋白基因 GFP 为报告基因,构建含有特异性抑制 GFP 表达的 sRNA 的重组质粒,并探究 sRNA 在大肠杆菌中对目的基因表达水平的抑制。

二、实验原理

小调控 RNA(small regulatory RNAs,sRNA)是原核生物细胞内短的非编码 RNA,是一种精确调控基因转录后水平沉默的工具,包括目的基因结合序列和支架序列两部分组成。由于结合序列的存在,sRNA 可以准确地和目的基因转录的 mRNA 配对,与核糖体结合竞争;同时,支架序列可以特异性结合细胞内的 *Hfq* 蛋白,组成 sRNA - *Hfq* 复合体,使其结合 mRNA 的能力远强于核糖体,有效地抑制目的基因 mRNA 的翻译过程。

§ **构建含有特定 sRNA 的重组质粒**

一、实验材料和仪器

1. 实验材料

含有 pYYDT - scaffold 质粒的大肠杆菌(*Escherichia coli*)。

2. 实验仪器

恒温摇床;超净工作台;可调式微量移液器;高速离心机;NanoDrop 微量分光光度计;PCR 仪;电泳仪;电泳槽;凝胶成像系统;恒温水浴箱。

二、实验试剂

LB 培养基;卡那霉素储液(35 mg/mL);质粒提取试剂盒;凝胶回收试剂盒;PCR 引物(构建引物 sGFP - F/sGFP - R);双蒸灭菌水;2×ES *Taq* master mix DNA 聚合酶(Dye);琼脂粉;TAE 电泳缓冲液(1×);绿色荧光核酸染料;*Dpn* I 内切酶(20 U/μL);内切酶 buffer (10×);T4 核苷酸激酶(10 U/μL);T4 DNA 连接酶(10 U/μL);T4 连接酶 buffer(10×)。

三、实验步骤

(1) 在超净工作台中将含有 pYYDT-scaffold 质粒的菌株,接种至含卡那霉素的 LB 培养基中,置于恒温摇床,37 ℃振荡过夜培养。

(2) 使用质粒提取试剂盒,按照说明书步骤提取 pYYDT-scaffold 质粒作为 PCR 反应模板(注意,最后一步洗脱时使用双蒸水替代 TE 缓冲液,以免影响 PCR 反应)。

(3) 设计引物。登录 NCBI 网站,查找需要抑制表达的目的基因序列(此处为 GFP)。找到目的基因的翻译起始位点(translation initiation region,TIR)前 24 个碱基,即起始密码子 ATG 开始的前 24 bp,取其反向互补链。在 SnapGene 软件中将 TIR 序列的互补链插入模板质粒的 scaffold 序列和启动子之间,获得理论上的重组质粒序列,再基于此序列设计 PCR 引物(图 3-12)。

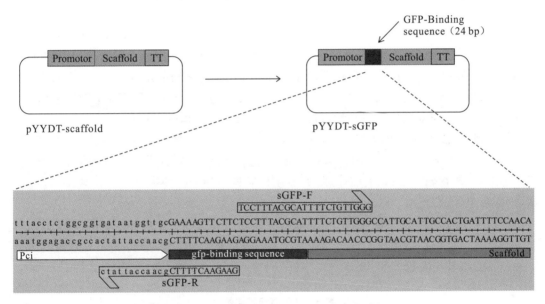

图 3-12 构建调控 GFP 的 sRNA 表达质粒

(4) 按照表 3-43 配制聚合酶链式反应(PCR)体系,构建重组质粒。

表 3-43 聚合酶链式反应(PCR)体系构建重组质粒

试剂	50 μL 反应体系	终浓度
2× Es *Taq* master mix	25 μL	1×
sGFP-F,10 μmol/L	2 μL	0.4 μmol/L
sGFP-R,10 μmol/L	2 μL	0.4 μmol/L
模板 pYYDT-scaffold DNA	<0.5 μg	<0.5 μg/50 μL
双蒸水	补充至 50 μL	

试剂加完后简短离心使其混匀,而后将PCR管移入PCR仪,按表3-44设置反应参数,进行PCR反应。

表3-44 PCR反应参数设置

步骤	温度	时间	循环数
1.预变性	98 ℃	2 min	1
2.变性	98 ℃	30 s	
3.退火	T_m	10 s	30~35
4.延伸	72 ℃	3 min	
5.终延伸	72 ℃	2 min	1
6.保存	12 ℃	∞	

(5)PCR产物鉴定与凝胶回收。制备1%琼脂糖的TAE凝胶(含0.1 μL/mL绿色荧光染料),在电泳槽中加入TAE缓冲液,加入凝胶,在孔位中分别加入5 μL PCR产物和DNA marker,120 V电泳30 min,在凝胶成像系统中检查,选择正确的阳性条带,切下含有目的DNA的琼脂糖,转移至离心管中,使用凝胶回收试剂盒进行DNA提取,获得重组质粒pYYDT-sGFP(可对获得的重组质粒进行DNA测序,确认构建成功)。

(6)去除模板质粒。PCR扩增获得的重组质粒为线性,需要先消除其中混杂的模板质粒以减少下一步转化过程中的假阳性菌落,再将其连接为环状DNA分子。首先将上一步凝胶回收的PCR产物使用 *Dpn* I 酶处理,去除模板质粒的污染。按表3-45设置酶切反应体系,水浴锅中37 ℃反应30 min。

酶切反应后,产物无须回收,在上述体系中直接加入表3-46中相应连接反应试剂,室温下孵育2 h,将线性重组质粒连接为环状。制备好的重组质粒储存于-20 ℃冰箱,可用于下一步感受态转化实验。

表3-45 酶切反应体系

试剂	20 μL反应体系	终浓度
Dpn I 内切酶(20 U/μL)	1 μL	20 U
10×内切酶buffer	2 μL	1×
凝胶回收产物	16 μL	

表3-46 酶切产物连接体系

试剂	25 μL反应体系	终浓度
T4核苷酸激酶(10 U/μL)	1 μL	10 U
T4 DNA连接酶(10 U/μL)	1 μL	10 U
10× T4连接酶buffer	2.5 μL	1×

§ 重组质粒转入受体细胞

一、实验仪器和材料

1. 实验仪器

恒温摇床;恒温培养箱;超净工作台;可调式微量移液器;高速离心机;PCR 仪;电泳仪;电泳槽;凝胶成像系统;恒温水浴箱;冰盒。

2. 实验材料

含有目的基因质粒 pSB3C5 – GFP 的大肠杆菌;牙签;上一步实验制备的重组质粒(pYYDT – sGFP);对照组质粒(pYYDT – scaffold)。

二、实验试剂

LB 培养基;卡那霉素储液(35 mg/mL);氯霉素储液(20 mg/mL);感受态细胞制备试剂盒($CaCl_2$ 法);PCR 引物(验证引物 YYD – F/YYD – R);双蒸灭菌水;ES *Taq* DNA 聚合酶(预混液);琼脂粉;TAE 电泳缓冲液(1×);绿色荧光核酸染料;甘油。

三、实验步骤

(1) 在超净工作台中将含有 pSB3C5 – GFP 质粒的菌株,接种至含氯霉素的 LB 培养基中活化后挑取单菌落,置于恒温摇床,37 ℃振荡过夜培养。

(2) 取适量菌液,冰上放置 10 min。提前预冷高速离心机至 4 ℃,菌液 4000 r/min 离心 5 min,弃去上清液。

(3) 在超净工作台中,使用感受态细胞制备试剂盒,制备 *E. coli* pSB3C5 – GFP 感受态细胞,制备后分装每管 100 μL,于 −80 ℃冰箱保存备用。

(4) 感受态细胞置于冰盒中解冻 15 min。

(5) 在超净工作台中,分别取 5 μL 已制备的重组质粒 pYYDT – sGFP(实验组)和原质粒 pYYDT – scaffold(对照组)(图 3 – 13)加入感受态细胞中,轻轻搅动混匀,冰上放置 30 min。

(6) 恒温水浴箱预热至 42 ℃,感受态细胞水浴热激处理 90 s,热激后迅速置于冰上冷却 2~3 min。

(7) 加入 900 μL 无抗生素的 LB 培养基,37 ℃ 120 r/min 恒温摇床孵育 2 h,使细菌回复正常生长状态,并表达质粒编码的相应抗生素基因。

(8) 使用稀释平板涂布法,将孵育的菌液涂布至含有氯霉素和卡那霉素的 LB 平板中,37 ℃恒温培养箱中培养 20 h。

(9) 使用灭菌后的牙签,挑取上一步平板中的单菌落,进行 PCR 验证,确认重组质粒转入了受体细胞。PCR 反应及凝胶电泳步骤同上步。

(10) 对 PCR 筛选出的阳性单克隆菌落,甘油保种备用。

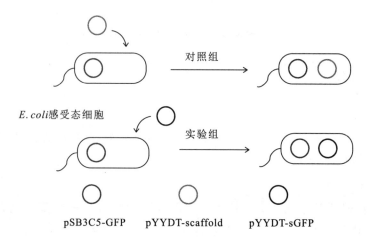

图3-13 在大肠杆菌中测试 sRNA 系统对报告基因 GFP 表达水平的调控

§ 实验组荧光强度表征测定

一、实验仪器和材料

1. 实验仪器

恒温摇床;恒温培养箱;可调式微量移液枪;台式离心机;超净工作台;96微孔板;荧光分光光度计。

2. 实验材料

实验组菌株 E.coli(pSB3C5-GFP+pYYDT-sGFP)、对照组菌株 E.coli(pSB3C5-GFP+pYYDT-scaffold)。

二、实验试剂

卡那霉素储液(35 mg/mL);氯霉素储液(20 mg/mL);PBS 缓冲液;LB 培养基。

三、实验步骤

(1)从 -80 ℃冰箱中取出冻存的实验组和对照组菌株,在含氯霉素和卡那霉素的 LB 培养基平板上画线,于37 ℃恒温培养箱活化16 h。

(2)分别挑取单菌落,转移至液体 LB 培养基(含抗性)中,37 ℃ 200 r/min 培养7~10 h 至对数后期。

(3)取1 mL 菌液于离心管,置于高速离心机中,5000 r/min 离心5 min,弃去上清液。重复3组平行。

(4)取1 mL PBS 缓冲液重悬菌体,洗去 LB 培养基残余以减少误差。

(5)重复步骤(4)。

(6)取上一步 PBS 重悬后的菌液,使用 PBS 缓冲液稀释至原浓度的 1/10。

(7)每组取 200 μL 稀释液,置于 96 微孔板中,准备测定荧光强度。

(8)使用紫外分光光度计,在 600 nm 下测定各稀释液中的菌体细胞密度。

(9)预热荧光分光光度计灯泡,在 460 nm 激发光下激发,测定 96 微孔板各孔中菌液在 509 nm 处的发射光强度。

(10)数据处理,得到实验组和对照组的标准化荧光强度,分析结果。

实验五十五　基于 16S rRNA 序列分析等相关技术鉴定微生物

微生物分类学是微生物学的一个重要分支学科,概括了有关微生物学的成果,是实践性最强的分支学科之一。原核生物是地球上数量庞大的一群微生物,有 $4\times10^{30}\sim6\times10^{30}$ 个。近代科学的迅速发展和新技术的不断渗透,尤其是在分子生物学和生物工程深入研究的今天,人们对原核微生物的认识不断深化,以形态为主的传统分类法已经不能满足现代分类鉴定的需要。分类学方法不断深化,鉴定指标不断革新,研究范围也产生了变化,如从简单形态、生理生化指标到遗传学、分子生物学、细胞化学组分等指标,这些变化大大促进了生物分类学的发展,采用最先进的方法和技术对微生物鉴定研究的发展亦产生了重大的影响。目前,实验室主要从基因及系统发育分析、表型分析和化学分类分析3个方面对微生物新种进行分类学研究。

一、实验目的

认识发现的新种细菌、放线菌,了解它们与已知微生物的亲缘关系,并为其资源的开发、利用、控制和改造提供理论依据;在全面了解新种细菌、放线菌的生物学特征的基础上,研究其种类,探索其起源、演化以及与其他类群的亲缘关系,将其分门别类,为其后续的功能性研究以及代谢生物新产品提供必要的支持。

二、实验原理

通过 16S rRNA 序列比对初步判定未知新种所归菌属,然后根据情况选择同属或不同属相似度较高的已知菌株作为参考株,与未知新种对照进行表型及化学分类实验,通过相同和不同的分类学特征进而准确地判定未知新种的分类学地位。

三、实验材料、器材和试剂

1. 实验材料

待检测菌种:pMD19-T。

细菌基因组 DNA 提取试剂盒;PCR 纯化试剂盒;API20NE/ZYM/50CHB 试剂盒。4 种引物(浓度 4 μmol/L)如下。

27F:5′-AGAGTTTGATCCTGGCTCAG-3′。
1492R:5′-GGTTACCTTGTTACGACTT-3′。
RV-M:5′-AGCGGATAACAATTTCACACAGGA-3′。
M13-47:5′-CGCCAGGGTTTTCCCAGTCACGAC-3′。

软件:MEGA5,Adobe Illustrator CS5,Chromas,Origin75,ContigExpress,EzTaxon-e。
网站:server 及 NCBI。

2. 实验器材

超净工作台;通风橱;高效液相色谱仪;旋转蒸发仪;PCR 仪;qPCR 仪;电泳仪;电泳槽;

凝胶成像仪;微量核酸分光光度仪;紫外-可见分光光度计;全波长扫描仪;扫描电镜 JEOL JE-2100;振荡摇床;荧光定量 PCR 仪;微波炉;恒温培养箱;厌氧培养箱(YQX-Ⅱ CIMO);恒温水浴锅;水浴锅;硅胶板;展缸;鼓风干燥箱;毛细管;不同量程的移液枪。

3. 实验试剂

无菌超纯水;$2\times Taq$ PCR master mix;GoldView 核酸染料;琼脂糖;$1\times$TAE 缓冲液;Amp;IPTG;X-gal;$E.\ coli$ DH5α 感受态细胞;SYBR Green 荧光剂(含量为 1/100 000);S1 核酸酶及其缓冲液;碱性磷酸酶及其缓冲液;$0.1\times$SSC 缓冲液($20\times$SSC:3mol/L NaCl,0.3mol/L $Na_3C_6H_5O_7 \cdot 2H_2O$);$5\times$R2A;R2A;TSBA;$0.1\times$TSBA;LB;NA;MacConkey 等培养基;NaCl;32 种抗生素纸片;淀粉;酪蛋白;Tween 80;尿素;明胶;七叶灵;H_2O_2;1% 四甲基对苯二胺(质量浓度);甲醇;石油醚;氯仿;乙酸;5%磷钼酸乙醇;茚三酮试剂;钼蓝试剂;α-萘酚硫酸试剂;乙醚;乙烷;庚烷;0.2 mol/L 高氯酸;100 mg/mL 碳酸钠溶液;丹磺酰氯溶液;甲苯;50 mg/mL 脯氨酸溶液;乙酸乙酯;环己烷。

四、操作方法与步骤

1. 16S rRNA 基因和系统发育分析

(1)PCR 扩增 16S rRNA 基因。细菌基因组 DNA 提取试剂盒(OMEGA),PCR 扩增引物为 27F/1492R。PCR 体系见表 3-47。

表 3-47 PCR 扩增 16S rRNA 基因反应体系

反应物	用量	反应物	用量
$2\times Taq$ PCR master mix	25 μL	1492R	1 μL
27 F	1 μL	模板	细菌单菌落
ddH_2O	23 μL		

混匀后进行 PCR,PCR 反应程序如下:预变性 94 ℃ 5 min;变性 94 ℃ 30 s;退火 55 ℃ 30 s;延伸 72 ℃ 1 min;重复变性、退火和延伸步骤 30 个循环;最后延伸 72 ℃ 10 min;4 ℃ 保温;扩增结束后,1% 琼脂糖凝胶电泳检测。

(2)克隆测序。若检测结果显示条带正常(1000~2000 bp 之间有亮带),为进一步确定菌株的 16S rRNA 基因序列,进行序列克隆。使用 OMEGA PCR 纯化试剂盒纯化 PCR 产物(一般将 2~3 管 PCR 产物混合进行纯化),纯化产物在 260 nm 下测吸光度,平均值 25 ng/μL 为宜。连接使用 pMD19-T(Takara)试剂盒按说明书进行,反应体系 16 ℃反应过夜,热击法将载体转化到 $E.\ coli$ DH5α 感受态细胞中。

具体步骤如下:50 μL 感受态细胞与 5 μL 连接液混合均匀,冰浴 30 min,42 ℃水浴 65 s,冰浴 3 min。向管中加入 800 μL 液体 LB 培养基,混匀,150 r/min、37 ℃培养 1 h。吸取 200 μL 细胞液涂布到含有 100 μg/mL Amp、7 μg/mL IPTG、40 μg/mL X-gal 的 LB 平板上,涂布要均匀以获得单菌落。将涂布好的平板于 37 ℃下避光培养 10 h。取出平板于 4 ℃

下放置约 3 h 显色,无菌条件下选取白色单菌落接种到 LB 液体培养基中,37 ℃培养 10 h。

PCR 检测:PCR 反应总体系为 50 μL,试剂按表 3-48 中的顺序先后依次添加。

加入菌液后进行破壁处理,再进行后续反应。反应条件与前述 PCR 反应条件相同。最后进行琼脂糖凝胶电泳,300 nm 下检测条带。

表 3-48 PCR 扩增检测体系

反应物	用量	反应物	用量
2×*Taq* PCR master mix	25 μL	RV-M	1 μL
M13-47	1 μL	模板	菌液
ddH$_2$O	23 μL		

测序及比对:若检测结果显示条带正常(1000~2000 bp 之间有亮带),则将培养的菌液送去测序公司进行测序。测序公司发来的双向测序结果经 Chromas 软件去掉不准确的碱基序列后,再用 ContigExpress 软件进行正向反向序列拼接,将拼接结果(大约 1450 bp)在 http://eztaxon-e.ezbiocloud.net 数据库比对后,若相似度低于 85%,初步鉴定为疑似新种,若相似度稍高于 85%,则需对疑似新种与参考株进行杂交实验用以确定待测菌株是否是新种。

(3)DNA 杂交提取细菌基因组。使用 OMEGA 细菌基因组 DNA 提取试剂盒分别提取菌株和对照参考标准菌株基因组(每个菌株提取 3 管,最后一步用 0.1×SSC 缓冲液代替洗脱缓冲液溶解 DNA)。提取得到的 DNA 在 260 nm 下测定吸光度,记录浓度。

菌株杂交:选择 DNA 浓度相近的 2 个菌株样品各 10 μL,构成 20 μL 反应体系,每个浓度水平的杂交处理做 3 个重复,盖上管盖。设置对照参考组基因组内部杂交。根据已知菌株的 G+C 含量计算最佳复性温度 $T_{or}=0.51\times(G+C)\%+47.5$。在 PCR 仪中进行杂交。杂交条件为:变性 99 ℃、10 min,复性 8 h,梯度降温,降温速度 10 ℃/h,直至室温,4 ℃保存。向体系中加入 2.5 μL 的荧光剂,盖上管盖,将管放入 qPCR 仪中,选择程序,开始杂交,根据所得 T 计算出杂交 DNA 与参考 DNA 之间的最佳 Tm(一般认为同一菌种杂交同源性≥70%,对应的最佳 T<5 ℃)。

(4)用 CLUSTAL W 程序进行序列比对,使用 MEGA5 软件分别用邻接法和最大似然法构建系统发育树并进行 1000 次重复 bootstrap 检验,进化距离矩阵由 Kimura 2-parameter 模型生成。

2. 表型分析

根据情况选取相似度较近的已知菌株作为标准株与待分类菌株在相同条件下检测表型特征。

(1)形态学特征。细胞形态在扫描电镜下观察,菌落形态在 R2A 培养基平板培养 3 天后观察单菌落。革兰氏染色鉴定采用 Murray 等的方法。滑动性和色素类型检测采用 Bernardet 等的方法。

(2)生理特征划线。在 TSBA、0.1×TSBA、R2A、5×R2A、LB、NA 和 MacConkey 培

养基上,28 ℃培养一周后检测是否生长,以确定最适培养基。在 0 ℃、4 ℃、10 ℃、15 ℃、20 ℃、25 ℃、28 ℃、30 ℃、33 ℃、37 ℃、42 ℃下培养 3~15 天后得到生长温度范围和最适生长温度。

pH(4.0~11.0,0.5 梯度)摇床振荡培养 24~48 h 后用紫外-可见分光光度计检测吸光度值,得到 pH 生长范围和最适生长 pH。

NaCl(0~5.0%,0.5% 梯度)摇床振荡培养 24~48 h 后用紫外-可见分光光度计检测吸光度值,得到盐度生长范围和最适生长盐度。

厌氧生长采用半固体法进行检测:将菌涂布于 R2A 平板上,再将抗生素纸片(括号内为抗生素浓素,单位为μg,除非特殊说明)丁胺卡那(amikacin,30)、氨苄西林(ampicllin,10)、羧苄西林(carbenicillin,100)、头孢氨苄(cephalexin,30)、头孢唑林(cefazolin,30)、头孢哌酮(cefoperazone,75)、头孢拉定(cefradine,30)、头孢他啶(ceftazidime,30)、头孢曲松钠(ceftriaxone,30)、头孢呋辛(cefuroxime,30)、氯霉素(chloramphenicol,30)、环丙沙星(ciprofloxacin,5)、克林霉素(clindamycin,2)、强力霉素(doxycycline,30)、红霉素(erythromycin,15)、呋喃唑酮(furazolidone,300)、庆大霉素(gentamicin,10)、亚胺培南(imipenem,10)、卡那霉素(kanamycin,30)、麦迪霉素(midecamycin,30)、二甲胺四环素(minocycline,30)、新霉素(neomycin,30)、诺氟沙星(norfloxacin,10)、氧氟沙星(ofloxacin,5)、苯甲唑青霉素(oxacillin,1)、青霉素 G(penicillinG,10U)、氧哌嗪青霉素(piperacillin,100)、多黏菌素 B(polymyxinB,300U)、链霉素(streptomycin,10)、复方新诺明(sulfamethoxazole/trimethoprim,23.75/1.25)、四环素(tetracycline,30)和万古霉素(vancomycin,30),共 32 种,贴在平板上,最适温度下培养 3 天后观察抑菌圈,判断菌株是否对抗生素敏感。

(3)生化特征。以 R2A 为基础培养基检测菌株能否水解淀粉、酪蛋白、Tween 80、尿素、明胶和七叶灵。VP 试验和产硫化氢试验采用 Barrow 和 Feltham 的方法 11。氧化酶和过氧化氢酶分别用 1%(质量浓度)四甲基对苯二胺(bioMerieux)和 3%(体积分数)H_2O_2 进行检测。

其他生理生化指标(包括产酶、产酸和碳源利用等)使用 API20NE、ZYM、50CHE 试剂盒在最适温度下分别培养 3 天、7h、3 天,其他按说明书进行检测。

3. 化学分类分析

根据情况选取相似度较近的已知菌株作为标准株与待分类菌株在相同条件下检测化学分类特征。

(1)G+C 含量。

细菌基因组提取及预处理:使用 OMEGA 提取基因组 DNA。A_{260}/A_{280} 在 1.8~2.0 之间,浓度在 20~200 ng/uL 之间。煮沸 5 min 变性,骤冷。

酶解:S1 核酸酶酶解体系(160 μL)为 40 μL DNA 样品、1 μL S1 核酸酶(100 U)、16 μL 10×S1 核酸酶缓冲液、103 μL ddH_2O,混匀,23 ℃反应 6 h;碱性磷酸酶酶解体系(200 μL)为 160 μL。上述 S1 核酸酶酶解产物、20 μL 10×碱性磷酸酶缓冲液、2.5 μL 碱性磷酸酶(50U)、17.5 μL ddH_2O,37 ℃反应 3 h 后,50 ℃反应 3 h。

将 dNTPs 用于 G+C 含量标准品,稀释不同梯度制作标准曲线。其混合体系(200 μL)

为 40 μL 不同浓度的 dNTPs、20 μL 10×碱性磷酸酶缓冲液、2.5 μL 碱性磷酸酶、137.5 μL ddH$_2$O,混匀。

HPLC 分析色谱条件:Cg 反相柱色谱柱,流动相为 0.2 mol/L NH$_4$H$_2$PO$_4$-乙腈溶液(体积比为 20∶1),流速 1.0 mL/min,柱温 37 ℃,紫外检测器(SPD),270 nm,进样量 20 μL。

定量标准:4 种脱氧核苷等摩尔混合物。校正标准:选择基因组序列(C、G、T、A 组成)已知的 E. coli BL21(NCBI 登录号为 NC_012971)作为校正标准。

计算:以 dNTP 酶解产物的相对摩尔量为横坐标,相应的 HPLC 峰面积为纵坐标,绘制标准曲线(4 条)。将待测酶解产物对应的峰面积代入标准曲线,得到表观相对物质的量 xC、wG、zT、yA,其中 C、G、T、A 为真实物质的量(此时未知)。由于 4 种碱基中 G 和 T 分离度较好且分离效率较高,故使用 Y 修正,由 E. coli BL21 得到修正因子 Y=(wG/zT)|(G/T),代入待测菌株的 wG 和 zT,则待测菌株的 G+C 含量为 M=1/[1+Y(wG/zT)]。

(2)脂肪酸测定是将菌株在 TSBA 培养基上 28 ℃培养 3 天后送交中国普通微生物菌种保藏管理中心(CGMCC)进行脂肪酸的测定,即使用 MIDI(sherlock microbial ldentification system,version 6.0)的标准流程进行脂肪酸的皂化、甲基化和提取,然后用气相色谱(GC 6890N, Hewlett Packard)测定各种脂肪酸,最后用 microbial identification system 的 TSBA6 数据库进行鉴定。

(3)极性脂分离提取与鉴定。

极性脂提取分离:收集 100 mg 冻干菌体,加入 2 mL 含水甲醇(10 mL 0.3% NaCl+100 mL 甲醇)和 2 mL 石油醚,置于离心管中混合 15 min,1000 r/min 离心 5 min,移出上层。下层加 1 mL 石油醚,混合 20 min,1000 r/min 离心 5 min,移出上层。将上述两步所移出的上层合并,避光低温保存,用于呼吸醌的分析。将下层转移到玻璃管中,帽旋紧,沸水浴 5 min,水解,冷却至室温,加入 2.3 mL 氯仿-甲醇-氯化钠混合液[V(氯仿)∶V(甲醇)∶V(0.3% NaCl)=90∶100∶30],混旋提取 1 h,离心,移出上层,下层加入 0.75 mL 氯仿-甲醇-0.3% NaCl(体积比为 50∶100∶40)混旋提取 30 min,离心,移出上层,下层仍加入 0.75 mL 氯仿-甲醇-氯化钠混合液[V(氯仿)∶V(甲醇)∶V(0.3% NaCl)=50∶100∶40]混旋提取 30 min,离心,移出上层。将上述三步所移出的上层合并,加入 1.3 mL 氯仿和 1.3 mL 0.3% NaCl,低速离心,小心吸出下层,使用旋转蒸发仪(<37 ℃)旋蒸至干,加入 0.4 mL 氯仿-甲醇混合液[V(氯仿)∶V(甲醇)=2∶1]溶解提取物。

TLC 分离:用微量点样管吸取适量极性脂提取物点样到层析薄板(silica gel 60 F254)上,一株菌点 3 个板。溶剂系统为氯仿-甲醇-水混合液[V(氯仿)∶V(甲醇)∶V(水)=65∶25∶4]和氯仿-乙酸-甲醇-水混合液[V(氯仿)∶V(乙酸)∶V(甲醇)∶V(水)=80∶15∶12∶4],分别加入到 1 号、2 号 2 个密封层析缸中,饱和 0.5~1 h。将点样板吹干后放入 1 号展缸中展至顶部后取出吹干,再放入 2 号展缸中以第一次层析的垂直方向展至顶部,取出吹干。

鉴定:板 1 用 5%磷钼酸乙醇喷湿,放入烘箱中 180 ℃加热 15 min 碳化,显示所有极性脂;板 2 先用茚三酮试剂喷湿,110 ℃加热 15 min,带游离氨基的极性脂显粉红色;再用钼蓝试剂喷湿,磷脂显蓝色;板 3 用 α-萘酚-硫酸试剂喷湿,110 ℃加热 15 min,糖脂显棕(褐)色。综合上述结果,可明确得出菌株所含有的极性脂类型及组成。

(4)呼吸醌提取分离与鉴定。

呼吸醌提取分离：将极性脂提取中的呼吸醌上层避光旋蒸至干，溶于 0.4 mL 乙醚。TLC 纯化：将展开剂[V(己烷)：V(乙醚)＝85∶15]饱和 1 h，每次点样约 0.1 mL 到层析薄板(silica gel 60 F254)上，展开后冷风吹干。紫外线(254 nm)下观察数秒，用铅笔标出条带，甲基萘醌的比移值(R_f)约 0.7，泛醌的 R_f 为 0.3～0.4。将条带刮下，压成细末。加 0.5 mL 己烷-甲醇混合液[V(己烷)：V(甲醇)＝1∶2]，振荡 15 min，将上清液移至 1.5 mL 棕色玻璃管中，置于冰上，重复洗脱一次。加 0.3 mL 冷己烷和 4 滴 0.3％ NaCl 水溶液，混合完全，静置分层，小心转移上层至新管，过 0.22 μm 滤膜用于 HPLC 分析。

HPLC 鉴定：色谱柱为 C 反相柱，流动相为甲醇-庚烷混合液[V(甲醇)：V(庚烷)＝10∶2]，流速 1.0 mL/min，柱温 37 ℃，紫外检测器(SPD) 269 nm，进样量 20 μL。以类型已知的菌株的呼吸醌提取物为标准品，进行定性分析。

(5)多胺提取分离与鉴定。

多胺提取分离：40 mg 冻干菌加入 1 mL 0.2 mol/L 高氯酸，煮沸 20 min，10 min 时振荡一次，离心，取 0.2 mL 上清液，加 300 μL 100 mg/mL 碳酸钠溶液和 800 μL 丹磺酰氯溶液(7.5 mg/mL，丙酮溶液)，60 ℃水浴 20 min，然后加入 100 μL 50 mg/mL 脯氨酸溶液，60 ℃水浴 10 min，去除多余的丹磺酰氯。最后冷却至 5 ℃，加入 100 μL 甲苯，混合摇匀，吸取上清液为多胺提取物。

TLC 鉴定：加入展开剂[V(乙酸乙酯)：V(环己烷)＝2∶3]，展开后在 310 nm 紫外线下检测荧光。以多胺类型已知的菌株的多胺提取物为标准品，进行定性分析。

注意事项

(1)需结合系统发育树中待测菌株的位置与 16S rRNA 序列相似度比对这两项结果选择实验参考株。

(2)培养待测菌株及参考株时，要严格进行无菌操作。

思考题

(1)微生物新种鉴定中为什么一定要选择参考标准株作为参照？

(2)仅仅依靠 16S RNA 基因序列比对可否判定一株菌株是新种？

实验五十六 古 DNA 的提取与文库构建

一、古 DNA 研究基本概况

古 DNA(ancient DNA)是指从已经死亡的古代生物的遗体和遗物中得到的 DNA，通常分为两大类：一类是从博物馆标本、古代生物尸体及琥珀等软组织中提取的 DNA；另一类是存在于古代动植物化石中，经过打磨、液氮裂解、脱钙等预处理后提取出的 DNA。自 1984 年英国《自然》杂志上首次报道了从 19 世纪末已经灭绝的斑驴(*Quagga*)标本中抽提出 DNA 以来，古 DNA 的研究历史至今虽然未及 30 年，但它的重要性在许多研究领域，特别是人类和动植物起源进化方面日渐明显。古 DNA 的研究可以打破时空上的限制，直接分析古代生物遗存的遗传信息。因此，应用古 DNA 技术可以解决学术界许多用常规方法无法解决的重大课题，包括重建过去的进化历史，建立灭绝种和现存种的进化关系，探讨物种的迁徙、替代以及物种灭绝的原因，重构古环境等。

古 DNA 的研究材料包括博物馆标本、木乃伊、骨骼和牙齿、冻土样品、琥珀内样品、岩盐包裹体中的样品等。古 DNA 经过漫长的历史时期，由于氧化作用、水解作用以及环境微生物降解等作用的存在，DNA 分子受到严重破坏，基本降解或者仅有少数残余，这些残余的分子也仅以几百个碱基的片段存在，而且还广泛存在着各种各样的损伤，如形成缺口、碱基脱落或交联等。聚合酶链式反应(polymerase chain reaction, PCR)扩增技术的发现和发展使 DNA 体外扩增得以实现。现在在古 DNA 的扩增中主要采用多重 PCR 的方法，该方法很好地解决了传统方法耗费样品的问题，也相应降低了样品中抑制物对聚合酶的抑制作用。随着 2006 年第二代测序仪的应用，DNA 测序进入了高通量测序阶段，新技术开始应用于古 DNA 领域。目前世界范围内用到的 DNA 测序技术平台主要有 3 类：一是瑞士 Roche 公司的基于焦磷酸测序技术(pyrosequencing)的 454 测序仪；二是美国 Illumina 公司的基于边合成边测序(SBS sequencing)的 Solexa 测序仪；三是由美国 ABI 公司推出的寡核苷酸聚合酶群落测序技术(SOLiD polony sequencing)。在古 DNA 测序方面，由于焦磷酸测序单个反应的读长与古 DNA 片段比较接近，因此，将其用于古 DNA 测序比其他方法更具优势。

古 DNA 能够提供有关现代生物和古生物之间谱系关系的独特的、定量的信息。尽管对于一些古 DNA 尤其是年代很老的古 DNA 的可靠性尚有争议，但对于年代较近的第四纪以来的材料中获得的实验数据来说，这种争议相对少得多。很明显最初应用古 DNA 来进行谱系发育分析时具有双重任务：除了要证实所获得的古 DNA 序列的可靠性之外，利用古 DNA 序列进行谱系重建也在解决已灭绝生物类群的系统生物学问题上起了很重要的作用。古 DNA 序列可用来单独地检测过去根据生物形态学和免疫学资料所建立的谱系假说。古 DNA 从分子水平上对于确定古代属种的系统分类位置相当有用。由于 DNA 序列的同源性在多数情况下可以比较确定地建立起来，因而利用古 DNA 序列所建立亲缘关系的原理及方法较为客观。古 DNA 序列能够提供现代 DNA 所不能提供的信息，并可作为合适的外类群用以鉴别和确定祖征，因而增加谱系的精度。

通过古 DNA 序列建立起现代生物和灭绝生物的遗传关系对于研究濒危物种的分子遗

传学也有很重要的作用。现代濒危物种的祖先很可能在地质历史上具有高度的遗传分异，但它们可能经历了居群的"瓶颈式"发展。尽管用现代分子指标可以分析现代濒危物种的遗传分异度，然而古生物遗骸里的DNA可能是唯一穿越进化之时间长河，对古代遗传分异度加以评估的途径。在古DNA序列中所具有的遗传信息同时也有助于了解现代濒危动物的祖先的古地理分布情况，而这样的数据对我们了解现代濒危物种的分布模式有很大的帮助。

二、古DNA实验中污染的控制

古DNA污染源有3种：①伴生外源DNA污染。出现在生物死后或埋葬早期，细菌、真菌侵入或其他生物个体的血液、体液污染尸体，这种情况甚至在坟墓中也发生，尤其在多葬的情况下。②处理样品时的"陈年(aged)"DNA污染。主要发生在样品发掘到实验分析的时间段。皮肤碎屑（手挠脱落）、汗液、唾沫都是核酸污染源，故极有可能采集者、保管员偶然使自己的DNA玷污在样品上。③实验过程中的现代DNA污染。实验者在实验过程时的疏忽引入的外源DNA污染有两个来源，即不干净的玻璃器皿和试剂中的现代DNA和扩增子"遗留"。

为了避免伴生外源DNA污染的影响，在实验中要对同一个个体至少分析不同部位的两个样品（两个样品的序列要一致），对同一个种群要分析不止一个个体（反映生物不同个体间的变异）。对于"陈年"DNA的污染控制，要求在样品发掘过程和用一次性灭菌刀片取样的过程中戴一次性灭菌手套和面罩，使用上面带盖的灭菌管或瓶存放样品。如果样品是在不知情的情况下先前采集的，那么最好分析很少暴露的部分，或刮除样品的表面。此外用次氯酸钠浸泡或用紫外光照射也能部分除掉表面的核酸污染。

实验室的现代核酸污染前者可通过严格控制实验条件而抑制，如使用一次性灭菌手套和面罩，使用单独的离心管、移液器和工具。对实验服和房间要时常用紫外光照射。为检测这种污染是否发生，在实验过程中使用空白样对照，即在一个离心管中不加样品做假提取实验。扩增子"遗留"是因为单个PCR反应就能生成目标DNA上亿个拷贝（扩增子），而在开盖时产生的气溶胶颗粒就含有足量的DNA可用来扩增，这种PCR产物偶然会落在PCR反应的离心管中，而优先扩增。当实验室频繁进行PCR反应时这种污染更容易发生。为检测这种污染的存在，要使用阴性控制，即在一离心管中加入除模板外的所有PCR反应试剂。阴性控制反应管中应没有特异产物生成，但有时也会出现假阴性的现象，这是用作PCR反应试剂甚至塑料管的"载体效应"的结果。本实验用双重阴性控制，即将第一次阴性控制的产物作为第二次阴性控制的反应物，能更好地检测出假阴性。为防止这种污染要求：①PCR前处理和PCR后处理在不同的房间中进行；尽可能少地接触样品；所有试剂都要去污染，移液器的尖端套上滤纸以防尖端接触气溶胶颗粒而将PCR产物转移到其他离心管。②用作PCR试剂应灭菌后分装保存。当对多个样品进行扩增时，应预先混合用于所有样品的全部试剂，之后按适当量分装到单个离心。不过该操作却不能防止PCR试剂中原先存在的核酸污染。③将混合好的PCR混合液用紫外光照射，紫外光只能使双链的DNA模板交联闭合，从而在PCR反应中不能被扩增，它对单链的引物没有影响。不过在处理古DNA样品时并没有明显效果。此外还有一个非常有效的策略来防止扩增子污染，就是用尿嘧啶代替胸腺嘧啶加入到核苷混合物中，这样PCR产物将携带尿嘧啶，而原始模板带有胸腺嘧啶，用尿嘧啶 N-糖基化酶(UNG)处理 PCR 混合液,扩增子将被选择性修饰,而原始 DNA 模板则用于酶扩增。

在进行古 DNA 研究过程中要采取严格的预防措施来防止污染的发生:古 DNA 样品的前处理室必须单独设立,提取过程也必须在严格控制现代生物污染的洁净实验室进行,实验室的器材要经过漂白处理,全部工具要经过紫外线照射后使用,穿戴防护服和面罩等措施。一般而言,古 DNA 的提取物中很难消除有少量细菌和现代 DNA 分子的存在,同时又因为 PCR 具有较高的灵敏度,混入少量的外源 DNA 也可能被扩增出来,所以要尽量远离具有亲缘关系的物种以及设计出特异性较好的引物也是确保 DNA 片段的原生性的重要手段。此外,在古 DNA 提取和扩增过程中设立提取对照和 PCR 对照也可以帮助研究者及时发现实验过程中可能发生的外源污染。

三、古 DNA 研究的基本流程

古 DNA 的实验流程一般包括古 DNA 的提取、文库构建、序列的测定和系统发育分析等。

古 DNA 的提取主要有 3 种方案:①蛋白酶 K - EDTA - DNA 纯化试剂盒法;②异硫氰酸胍(GuSCN)-硅粒-蛋白酶 K 法;③CTAB 抽提法。现阶段古 DNA 的提取实验多采用蛋白酶 K - EDTA - DNA 纯化试剂盒法。此方法主要针对牙齿和骨骼样品,提取古 DNA 所花时间少,仅需两天。实验操作可以在室温下进行,并且能有效去除 PCR 抑制剂。

由于受环境等条件的影响,古代标本中的 DNA 降解比较严重,呈现高度片段化,并且含量较少。现在基于双链文库构建,修复高度片段化 DNA 的末端,然后添加接头(adapter)和索引引物(index primer)送生物公司进行高通量测序。最后对所测得的序列进行分析,正确的序列用于物种的系统发育分析。

§ 古 DNA 的提取

一、实验目的

(1)了解古 DNA 提取的原理。
(2)熟悉和掌握古 DNA 提取的方法。

二、实验原理

一般来说,古 DNA 的样品来源主要有两种:考古所、博物馆等单位的馆藏标本;与考古发掘同步进行的现场采集所得样品。考古所、博物馆等单位的已有标本外源污染的机会相对较多,取样时需用洁净刀片或钻头去除标本 3~5 mm 厚度的表层,再用洁净钻头取标本的里层成分,同时应注意气溶胶中外源 DNA 分子的污染。为防止样品间的交叉污染,处理同批不同样品时需要及时更换刀片、钻头、锡箔纸和手套等实验耗材。在现场发掘和采集样品的过程中,一般只需对样品进行去除外层浮土或其他沉积物等操作后单独装入可密封的样品袋即可。带回实验室后用紫外线、次氯酸钠溶液、纯净水等处理后编号室温存放。提取前的切割研磨过程需进行严格的灭菌防污染处理。

蛋白酶K-EDTA-DNA纯化试剂盒法是利用EDTA和蛋白酶K破坏细胞膜、变性蛋白质，DNA纯化试剂盒中有吸附柱，柱子中有能吸附DNA硅化膜，该方法适合各种类型骨骼古DNA的提取。该实验操作可以在室温下进行，能有效地去除PCR抑制剂。古DNA的提取实验必须设定空白提取对照(extraction blank)，也称阴性对照(negative control)，即不加入样品、所有提取步骤与样品提取同步进行的空白提取管。对该管的提取操作应放在样品之后，这样对来源于试剂、操作者本人及样品之间的交叉污染都具有监测作用。

三、实验材料和器材

1. 实验材料

考古所、博物馆等单位的馆藏动物骨骼标本与考古发掘同步进行的现场采集所得样品，样品的年代必须是距今10万年以内，且保存情况较好。

2. 实验器材

锡箔纸；研钵；橡胶手套；口罩；生物安全柜；离心机；旋转混合仪；分析天平；称量纸；移液器；移液枪头；15 mL离心管；50 mL离心管；密封膜；1.5 mL离心管；发罩；实验防护服；PE手套；超滤管；2 mL离心管；恒温培养箱；超微量分光光度计；高速离心机。

四、实验试剂

0.5 mol/L EDTA(pH=8.0)；20 mg/mL 蛋白酶K；MinElute PCR产物纯化试剂盒(PE buffer、PB buffer、EB buffer)；DNA-OFF。

五、实验步骤

1. 实验样品前处理

穿好实验防护服，戴好发罩、口罩、橡胶手套，用DNA-OFF擦拭实验台台面和分析天平，然后在台面上铺好锡箔纸，在灭菌过的研钵中用研钵棒砸取少量骨骼，在研钵中将其研磨成细的粉末，然后转移到称量纸上，在分析天平上称取适量的粉末用于实验，余下粉末转移至2 mL离心管中保存。

2. 古DNA的释放

称取研磨好的样品粉末200～300 mg，转移至15 mL的无菌塑料离心管中，并加入4.5 mL的EDTA溶液(0.5 mol/L，pH=8.0，分装在50 mL离心管中)和60 μL的蛋白酶K溶液(20 mg/mL)。将加样后的离心管管盖拧紧并用封口膜密封处理，随后放置在旋转混合仪上，于恒温培养箱中37 ℃孵育16～24 h。注意同一批次处理样品不能超过12个，每一批次都应设置空白对照以监控实验过程中产生的交叉污染。采用相同数量的DNA/RNA-free water替代骨粉以作为空白对照，其余操作与样品处理一致。

3. 古DNA的吸附与洗脱

(1)将孵育过夜的装有样品的15 mL离心管取出，放在高速离心机中，7000 r/min离心10 min。取出离心管用移液器将4 mL的上清液吸入15 mL的超滤管中，7000 r/min离心

35 min。

(2)取出超滤管,在生物安全柜中向超滤管加入 500 μL PB 溶液并用移液枪头打匀,使提取液与 PB 溶液在超滤管中充分混匀后再全部转移至 2 mL 的 QIA quick 分离柱中。

(3)将 QIA quick 离心管放入离心机 6000 r/min 离心 1 min。弃去液体(取出柱子弃去套管中的液体,将套管倒扣在无菌纸上两次至管口无残余液体,放回柱子)。向柱子中加入 650 μL PE 溶液,混匀后放入离心机 6000 r/min 离心 1 min,弃去液体。

(4)再次加入 650 μL PE 溶液,混匀后放入离心机 12 000 r/min 离心 1 min,弃去液体。

(5)将 QIA quick 离心管 12 000 r/min 空离心 90 s。

(6)弃去套管,将柱子放入到提前写好编号的 1.5 mL 无菌离心管中并打开柱子的管盖在室温下晾干 2 min。

(7)向柱子中加入 30 μL EB 溶液。将柱子连同离心管放入恒温培养箱中 50 ℃ 温育 5 min 后以 12 000 r/min 离心 90 s。

(8)再次加入 30 μL EB 溶液。将柱子连同离心管放入恒温培养箱中 50 ℃ 温育 5 min 后以 12 000 r/min 离心 90 s。

4. 提取液 DNA 浓度的测定

按照超微量分光光度计操作步骤测量每个样品提取液的 DNA 浓度。最后将余下的 DNA 提取液放置于 −20 ℃ 环境下保存。

§ 双链文库的构建

一、实验目的

(1)学习双链文库构建的原理。
(2)熟悉和掌握双链文库构建的方法。

二、实验原理

基因组文库包含某种生物全部基因组 DNA,是随机片段重组 DNA 克隆的总和。构建基因组文库的目的是便于纯化、储存和分析基因组,分析研究基因的完整结构(包括基因编码区和各种调控区),研究基因的调控作用。

目前对于一代测序的分子克隆步骤不再适用于二代测序技术,为了使 DNA 片段能被二代测序仪器识别,构建分子文库这一步骤被引入 DNA 测序流程中。现代样品使用二代测序技术时往往需要提前通过物理或生物酶切方法打断 DNA 序列后再构建文库,而古 DNA 本身受环境的影响片段化比较严重,最常用的文库构建方法为双链文库,主要流程包括 DNA 分子末端修复、接头分子的连接、片段选择、扩增和最后的文库纯化。连接接头分子是建库中十分重要的一环,因为它的作用是后续的测序识别。适用于 Illumina 测序平台的接头分子是一个"Y"字形 DNA 分子,接头分子互补的一端用于连接 DNA 分子而开叉的一段与测序引物 P5 和 P7 互补。

三、实验材料和器材

1. 实验材料

通过蛋白酶 K - EDTA - DNA 纯化试剂盒法提取得到的古 DNA 溶液。

2. 实验器材

PCR 仪;生物安全柜;移液器;移液枪头;0.5 mL 离心管;高速离心机;冰箱;烧杯;离心管架;PE 手套;橡胶手套;旋涡混合仪;金属浴温育仪;口罩;发罩;实验防护服;1.5 mL 离心管;磁力架;Qubit 4 荧光仪。

四、实验试剂

nuclease free water;DNA - OFF;NEB buffer 2;10 mg/mL BSA;ATP;25 mmol/L dNTPs;T4 polynucleotide kinase(T4 PNK);T4 DNA polymerase;0.5 mol/L EDTA;quick ligase buffer;quick ligase;*Bst* 2.0 polymerase;P5 index primer;P7 index primer;adapter mix;Q5 hot start DNA polymerase;Tween - 20;Tris - HCl;isothermal buffer;MinElute PCR 产物纯化试剂盒(PE buffer、PB buffer、EB buffer);80% 乙醇;磁珠混悬液。

五、操作步骤

在文库的构建过程中同样要设置监控污染的空白对照,空白对照使用 DNA free water 代替 DNA 提取液,其余操作与样品相同。

1. 末端修复(blunt - end repair)

按照表 3-49 中的计量方法配制末端修复混合体系并放入离心机中离心以便混匀液体(配制过程中应确保留有 0.5~1 个样品的余量)。将配制好的混合体系分装至 0.5 mL 的无菌离心管中。分别向分装好的离心管中加入 20 μL 的 DNA 提取液,文库对照中的 DNA free water 应保证在所有样品加入后再加入,随后将离心管放入离心机中短暂离心以便混匀液体。按照提前设定好 PCR 程序(15 ℃反应 15 min,然后 25 ℃保持 15 min)进行聚合酶链式反应。

表 3 - 49 末端修复混合体系配制表

试剂名称	1×试剂量/μL	体系内浓度
NEB buffer 2(10×)	5	1×
ATP(10 mmol/L)	5	1mmol/L
BSA(10 mg/mL)	2	0.4 mg/mL
dNTP(2.5 mmol/L)	2	100 μmol/L
T4 PNK	2	0.4 U/μL
T4 DNA polymerase	0.4	0.024 U/μL

续表 3-49

试剂名称	1×试剂量/μL	体系内浓度
DNA/RNA-free water	13.6	—
template	20	—
	总计 50	—

对反应后的产物进行纯化处理，加入 250 μL PB 溶液至反应后的体系中，用枪头打匀后全部移液至 QIA quick 离心管的柱子中，6000 r/min 离心 1 min 后弃液；加入 600 μL PE 溶液至柱子中并用枪头打匀，6000 r/min 离心 1 min 后弃液；12 000 r/min 空载离心 1 min 后弃液，并转移柱子至新的 1.5 mL 无菌离心管（剪去管盖）中，随后打开柱子管盖晾干 1 min；向柱子中加入 22 μL 提前配制好并在 50 ℃ 温育的 TET 溶液（表 3-50），然后 50 ℃ 温育 5 min 后 12 000 r/min 离心 1 min。最后收集纯化产物作为下一步的模板。

表 3-50 TET buffer 配制表

试剂名称	试剂量/mL	体系内浓度
EDTA(0.5 mol/L)	0.1	1 mmol/L
Tween-20(10%)	0.25	0.05%
Tris-HCL(1 mol/L, pH=8.0)	0.5	10 mmol/L
DNA/RNA-free water	49.15	—
	总计 50	—

2. 接头连接（adapter ligation）

按照表 3-51 配制接头连接混合体系并放入离心机中短暂离心以便混匀液体。将配制好的混合体系分装至 0.5 mL 的无菌离心管中。分别向分装好的离心管中加入 18 μL 的末端修复纯化产物，随后离心混匀液体。按照提前设定好 PCR 程序（22 ℃ 反应 15 min）进行聚合酶链式反应。

表 3-51 接头连接混合体系配制表

试剂名称	试剂量/μL	体系内浓度
quick ligase buffer(2×)	20	1×
adapter mix	1	250 nmol/L
quick ligase	1	—
template	18	—
	总计 40	—

对反应后的产物进行纯化处理,加入 250 μL PB 溶液至反应后的体系中,用枪头打匀后全部移液至 QIA quick 离心管的柱子中,6000 r/min 离心 1 min 后弃液;加入 600 μL PE 溶液至柱子中并用枪头打匀,6000 r/min 离心 1 min 后弃液;12 000 r/min 空载离心 1 min 后弃液,并转移柱子至新的 1.5 mL 无菌离心管(剪去管盖)中,随后打开柱子管盖晾干 1 min;向柱子中加入 24 μL 已温育的 TET 溶液,50 ℃ 温育 5 min 后 12 000 r/min 离心 1 min。最后收集纯化产物作为下一步实验的模板。

3. 接头补齐(adapter fill in)

按照表 3-52 配制接头补齐混合体系并离心混匀。将配制好的混合体系分装至 0.5 mL 的无菌离心管中。分别向分装好的离心管中加入 20 μL 的接头连接纯化产物,随后离心混匀液体。按照提前设定好 PCR 程序(37 ℃反应 20 min,80 ℃反应 20 min)进行聚合酶链式反应。

表 3-52 接头补齐混合体系配制表

试剂名称	试剂量/μL	体系内浓度
isothermal buffer(10×)	4	1×
dNTP(2.5 mmol/L)	2	125 nmol/L
Bst polymerase	2	0.4 U/μL
DNA/RNA - free water	12	—
template	20	—
	总计 40	—

4. 文库分子标签 PCR(indexing PCR)

按照表 3-53 分别为每个样品配制 indexing PCR 反应体系(由于每个反应体系中加入的 P5 indexing primer 与 P7 indexing primer 不能在同一批测序文库中重复使用,因此样品反应体系不能统一配制)。分别向分装好的离心管中加入 23.8 μL 的接头补齐纯化产物,随后将离心管放入离心机离心以便混匀液体。按照提前设定好 PCR 程序[(98 ℃、10 s,65 ℃、75 s)×17 个循环;60 ℃,6 min;然后 10 ℃,2 h]进行聚合酶链式反应。indexing PCR 产物置于 -20 ℃环境下保存。

表 3-53 文库分子标志体系配制表

试剂名称	试剂量/μL	体系内浓度
P5 indexing primer(10×)	0.6	—
P7 indexing primer(2.5 mmol/L)	0.6	—
Q5 hot start DNA polymerase	25	—
template	23.8	—
	总计 50	—

5. 文库分子的纯化与浓度检测

分别向每个双链文库中加入 81 μL 的已混匀 agencourt ampure xp 磁珠悬浮液,加液后每隔 2 min 用漩涡混合仪涡旋振荡一次,3 次涡旋后将文库放入磁力架并旋转两周,吸取全部液体并弃去;从磁力架上取出离心管并分别向每个文库中加入 200 μL 80% 的乙醇,将离心管放入磁力架并旋转两周,吸取全部液体并弃去;再次从磁力架上取出离心管并分别向每个文库中加入 200 μL 80% 的乙醇,将离心管放入磁力架并旋转两周,吸取全部液体并弃去。打开管盖,在室温下晾干,等待酒精挥发,向离心管中加入 25 μL DNA free water,在室温下静置 2 min 后放入漩涡混合仪涡旋振荡,将离心管放入磁力架后吸取 23 μL 液体于新的 1.5 mL 离心管中保存。

纯化后的文库使用 Qubit 4 荧光仪检测每个 DNA 文库的浓度大小,然后选择浓度大于 1 ng/μL 的双链文库送生物公司进行高通量测序。

第四节 设计实验

实验五十七 人类微卫星标记多样性的检测

一、实验目的

(1)提高学生查阅文献资料、自主综合并设计实验的能力。

(2)提高学生利用所学遗传学与分子生物学的知识,思考、锻炼如何利用微卫星标记(人类DNA鉴定者习惯将人类微卫星标记称作STR标记)技术解决人类遗传学中遗传多样性分析、个体识别与亲权鉴定的问题。

二、实验要求

(1)引导、指导学生通过查阅文献资料,总结人类微卫星标记检验所需的DNA提取、PCR扩增、扩增产物的检验,以及STR分型的基本策略和常用方法。

(2)查阅资料,根据自己的兴趣选择合适的DNA样本和STR位点,设计相应的方法进行相关实验。

(3)根据确定的实验方案,进行具体实验准备,包括合理地制订经费预算方案,配制所需试剂,合成相关引物,并利用现有仪器设备进行实施。

(4)由教师和同学组成评议小组,对所提交的实验方案进行合理性、可行性和创新性评价。

三、实验方案

1. 关于DNA样本(检材)的选择

理论上说,人体任何组织和细胞,只要含有细胞核,均可作为微卫星标记检验的对象。从方便取样的角度考虑,手指外周血和口腔黏膜脱离细胞是最便捷的检测对象。带毛囊的发根也是不错的选择。微量检材可采用Chelex-100法快速提取基因组DNA。详见附录Chelex-100法快速提取微量基因组DNA。

2. 微卫星位点的选择与引物合成

20世纪90年代,美国联邦调查局(FBI)建立起DNA联合检索系统(Combined DNA Index System,CODIS)。该系统包括人类基因组中13个STR位点,即FGA、vWA、CSF1PO、TH01、TPOX、D3S1358、D5S818、D7S820、D8S1179、D13S317、D16S539、D18S51和D21S11,现已成为世界各国普遍采用的人类DNA鉴定系统。详见附录"人类10个常用的STR位点扩增引物序列"。

3. PCR 扩增程序

人类常见的 STR 位点的 PCR 扩增都非常稳定,扩增程序也非常成熟。可参考普通 PCR 扩增的原理设计 STR 扩增程序。

4. 扩增产物的检测与分型

采用聚丙烯凝胶电泳加银染的方法对 STR 扩增产物进行检测。详见附录"低背景、高分辨率 PAGE 快速银染程序"。

为提高检测的准确性,建议选用等差梯度的 DNA 相对分子质量 markers(step markers),例如 TaKaRa 公司的 20 bp step ladder 等。如果有 STR 位点的等位基因 ladder,可优先选用该 ladder,以便能准确实现 STR 位点的基因分型。

四、实验实施

对可行的实验,由指导教师根据实验室条件,组织学生按小组进行实验操作,并给出实验报告和实验结果。

五、结果分析与总结

(1)由实验小组汇报实验结果与遇到的相关问题。

(2)在指导教师的组织下成立评价小组,对同学们所设计的实验方案、实验结果等进行评述,并讨论各小组遇到的问题的解决方案,提出可能的改进措施。

思考题

(1)PCR 复合扩增技术是常用的提高 STR 检验效率的措施。如果用聚丙烯凝胶电泳加银染技术,如何实现多位点的复合扩增?

(2)为了对 STR 的各等位基因进行准确的分型,除需要设置相对分子质量 marker 外,在有条件的情况下还应该设置 STR 等位基因 ladder。请问,何谓等位基因 ladder?它与 marker(size standards)有何区别和联系?如何才能获取等位基因 ladder?

实验五十八　重要蛋白质的分离纯化

一、实验目的

(1) 提高学生查阅文献资料、自主设计实验的能力。
(2) 提高学生利用所学的生物化学与分子生物学知识来解决问题、分析问题的能力。

二、实验要求

(1) 学生通过查阅文献资料，总结蛋白质或酶分离纯化与鉴定的基本策略及其常用方法。
(2) 查阅文献资料，根据自己的兴趣，选择合适的用于分离纯化的靶蛋白。
(3) 每 4~5 人组成一个小组，进行文献查找、总结分析和实验方案设计。
(4) 根据确定的实验方案，进行具体的实验准备，包括所需试剂的配制、所需经费预算、所需仪器设备及器具。
(5) 由教师和学生组成评议小组，对所提交的实验方案进行合理性、创新性评价。

三、实验实施

对可行的实验，由指导教师根据实验室条件，组织学生选题小组进行实验操作，并给出实验报告和实验的结果。

四、结果分析与总结

(1) 由实验小组汇报实验结果与遇到的相关问题。
(2) 由教师和评价小组根据学生实验设计方案、实验结果等进行评议，并提出相应改进措施。

思考题

(1) 说明蛋白质或酶分离纯化与鉴定的基本策略及其常用方法。
(2) 蛋白质或酶分离纯化的难点在哪些方面？

实验五十九　青豌豆素的分离纯化及其鉴定

一、实验目的

(1) 学习亲和层析分离纯化蛋白质的基本方法。
(2) 了解青豌豆素生物活性鉴定方法。

二、实验要求

(1) 熟悉亲和层析的原理,查阅文献资料,制定实验方法,设计技术路线。
(2) 进行可行性分析,确定实验所需试剂和相关器材。
(3) 撰写纸质实验方案与预期成果,列出参考文献。在教师的指导下开展相关实验。

三、实验实施

(1) 选取实验材料:青豌豆。
(2) 选择合适实验器材与试剂。
(3) 确定实验方法:①青豌豆素蛋白质的提取。②亲和层析分离纯化青豌豆素蛋白质。③青豌豆素生物活性测定。

四、总结与分析

(1) 分小组对实验结果进行总结汇报。
(2) 分析实验成功和失败的主要原因。
(3) 归纳实验过程中的收获和体会。

思考题

(1) 为什么可以利用亲和层析来分离纯化青豌豆素?
(2) 青豌豆素有什么用途?

实验六十　转基因植物的 PCR 鉴定

一、实验目的

检测外源基因在植物基因组中的整合,鉴定转基因植物。

二、实验要求

(1)查阅文献资料,设计实验方案,以转基因植物和非转基因植物为实验材料。
(2)实验方案要进行可行性分析。

三、实验实施

(1)选取实验材料:转基因植物(实验样品)、非转基因植物(阴性对照)。
(2)选取合适器材与试剂。
(3)确定实验步骤:①选定 PCR 分析的外源基因。②设计特异性引物。③提取植物基因组 DNA。④PCR 扩增外源基因。⑤检测扩增产物。

四、总结与分析

(1)实验结果总结。
(2)成功和失败的主要原因分析。
(3)收获和体会的归纳。

思考题

(1)为什么要鉴定转基因植物?
(2)常用来鉴定转基因植物的外源基因有哪些?

实验六十一　土壤酶活性鉴定与分析

一、实验目的

(1)学习土壤酶活性鉴定与分析的原理及方法。
(2)了解土壤酶活性与土壤理化性质之间的相关性。

二、实验要求

(1)确定选题,查阅文献资料,设计实验方案。
(2)提出实验中的主要科学问题、重点和难点,写出实验方法和步骤。
(3)确定实验所需器材、实验材料和试剂。
(4)拟定实验提纲提交给指导老师进行审阅、修改和补充。

三、实验实施

按照拟定的实验提纲中的实验步骤,以实验小组为单位实施实验,做好实验记录。
(1)选取实验材料:合适的土壤样品。
(2)选取合适器材与试剂。
(3)确定实验步骤:①采集土壤样品。②测定土壤理化性质,如全碳、全氮含量等。③测定土壤中相关酶的活性,如过氧化氢酶、脲酶等。

四、总结与分析

(1)总结实验结果,对获得的数据进行处理与统计分析;分析土壤酶与环境因子之间的相关性;分析土壤酶活性之间的相关性。
(2)分析成功和失败的主要原因。
(3)总结收获和体会。

思考题

(1)土壤酶活性与全球变化是否存在相关性?为什么?
(2)土壤酶的种类很多,常用来分析活性的酶有哪些?

实验六十二　外源基因在大肠杆菌中的诱导表达

一、实验目的

(1)学习和掌握基因重组技术原理与方法。
(2)熟悉和掌握外源基因在大肠杆菌中诱导表达的方法、特点及实验操作方法。

二、实验要求

(1)了解基因重组技术的原理与具体操作方法。
(2)组成实验小组,查阅文献资料,制定实验方法,设计技术路线。
(3)进行可行性分析,确定实验所需试剂和器材。
(4)配制相关试剂和培养基,灭菌后,在教师的指导下开展相关实验。

三、实验实施

(1)选取实验材料:外源基因片段、质粒载体。
(2)选取合适器材与试剂。
(3)确定实验步骤:①构建重组表达质粒。②诱导基因表达。③破碎菌体,离心收集上清液备用。④SDS-PAGE检测表达蛋白。⑤筛选高表达菌株。

四、总结与分析

(1)实验结果。用考马斯亮蓝或硝酸银对SDS-PAGE结果进行染色,总结和分析电泳结果,对电泳结果拍照保存。
(2)分析实验的成功和失败的主要原因。
(3)总结实验的收获和体会。

思考题

(1)如何分析外源基因在大肠杆菌中的诱导表达效率?
(2)为什么表达蛋白要用SDS-PAGE而不是常规的PAGE来进行检测?

主要参考文献

丛峰松,2005.生物化学实验[M].上海:上海交通大学出版社.
高东,杜飞,朱有勇,2009.低背景、高分辨率 PAGE 简易银染法[J].遗传,31(6):668-673.
郭蔼光,郭泽坤,2007.生物化学实验技术[M].北京:高等教育出版社.
何凤田,连继勤,2016.生物化学与分子生物学实验教程[M].北京:科学出版社.
何海伦,陈淑华,2021.生物化学与分子生物学实验[M].北京:人民卫生出版社.
侯新东,葛台明,鲁小璐,等,2016.生物化学与分子生物学实验教程[M].武汉:中国地质大学出版社.
侯新东,盛桂莲,葛台明,等,2011.生物化学实验指导书[M].武汉:中国地质大学出版社.
蒋建新,2013.生物质化学分析技术[M].北京:化学工业出版社.
蒋立科,罗曼,2007.生物化学实验设计与实践[M].北京:高等教育出版社.
李林,张悦红,2006.生物化学与分子生物学实验教程[M].北京:化学工业出版社.
梁宋平,2003.生物化学与分子生物学实验教程[M].北京:高等教育出版社.
林德馨,2014.生物化学与分子生物学实验[M].2版.北京:科学出版社.
凌烈锋,2015.生物化学与分子生物学实验教程[M].北京:中国科学技术出版社.
刘松财,张明军,李莉,2010.生物化学实验技术[M].长春:吉林大学出版社.
马文丽,2011.分子生物学实验手册[M].北京:人民军医出版社.
曲萌,孙立伟,王艳双,2012.分子生物学实验技术[M].上海:第二军医大学出版社.
任林柱,张英,2015.分子生物学实验原理与技术[M].北京:科学出版社.
石庆华,张桦,王希东,2006.生物化学实验指导[M].北京:中国农业大学出版社.
宋方洲,何凤田,2008.生物化学与分子生物学实验[M].北京:科学出版社.
宋海星,2012.生物化学与分子生物实验学[M].北京:科学出版社.
王镜岩,朱圣庚,徐长法,2002.生物化学[M].3版.北京:高等教育出版社.
吴士良,钱晖,周亚军,等,2009.生物化学与分子生物学实验教程[M].2版.北京:科学出版社.
徐岚,钱晖,2014.生物化学与分子生物学实验教程[M].3版.北京:科学出版社.
杨安钢,刘新平,药立波,2008.生物化学与分子生物学实验技术[M].北京:高等教育出版社.
杨奕樱,2019.生物化学与分子生物学实验指导[M].北京:科学出版社.
曾卫民,李文凯,傅俊江,2013.生物化学与分子生物学实验教程[M].北京:科学出版社.

张龙翔,张庭芳,李令媛,1997.生化实验方法和技术[M].2版.北京:高等教育出版社.

赵永芳,2015.生物化学技术原理及应用[M].5版.北京:科学出版社.

萨姆布鲁克 J,弗里奇 E F,曼尼阿蒂斯 T,1992.分子克隆实验指南[M].金冬雁,黎孟枫,等译.2版.北京:科学出版社.

BASSAM B J,GRESSHOFF P M,2007. Silver staining DNA in polyacrylamide gels[J]. Nature Protocols,2(11):2649-2654.

BECKER S, BOCH J,2021. TALE and TALEN genome editing technologies[J]. Gene and Genome Editing,2:100007.

SANDER J D, JOUNG J K,2014. CRISPR-Cas systems for editing, regulating and targeting genomes[J]. Nature Biotechnology,32:347-355.

YOO S M, NA D, LEE S Y,2013. Design and use of synthetic regulatory small RNAs to control gene expression in *Escherichia coli*[J]. Nature Protocols,8:1694-1707.

附录 A

一、百分浓度酸、碱溶液的配制

配制 1000 mL 某百分浓度的酸、碱溶液,所需浓酸或浓碱的体积见表 A-1。

表 A-1 配制 1000 mL 某百分浓度的酸、碱溶液,所需浓酸或浓碱的体积　　单位:mL

溶液	浓度					
	25%	20%	10%	5%	2%	1%
HAC	248	197	97	48	19	9.5
HCl	635	497	237	116	46	23
HNO_3	313	244	115	56	22	11
H_2SO_4	168	130	61	29	12	6
$NH_3 \cdot H_2O$	—	814	422	215	87	44

二、常用酸、碱和固态化合物的部分数据

(一)实验室中常用酸、碱的相对密度及其浓度(表 A-2)

表 A-2 实验室中常用酸、碱的相对密度及其浓度

名称	分子式	相对分子质量	相对密度	质量分数/%
盐酸	HCl	36.47	1.19	37.2
			1.18	35.4
			1.10	20.0
硫酸	H_2SO_4	98.09	1.84	95.6
			1.18	24.8
硝酸	HNO_3	63.02	1.42	70.98
			1.40	65.3
			1.20	32.36
冰醋酸	CH_3COOH	60.05	1.05	99.5

续表 A-2

名称	分子式	相对分子质量	相对密度	质量分数/%
醋酸	CH_3COOH	60.05	1.075	80.0
磷酸	H_3PO_4	98.06	1.71	85.0
氨水	NH_4OH	35.05	0.90	
			0.904	27.0
			0.91	25.0
			0.96	10.0
氢氧化钠（溶液）	NaOH	40.0	1.5	50.0

（二）常用固态化合物的浓度配制（表 A-3）

表 A-3　常用固态化合物的浓度配制参考表

名称	分子式	相对分子质量	浓度换算	
			mol/L	g/L
草酸	$H_2C_2O_4 \cdot 2H_2O$	126.08	1	63.04
柠檬酸	$H_3C_6H_5O_7 \cdot H_2O$	210.14	0.1	7.00
氢氧化钾	KOH	56.10	5	280.50
氢氧化钠	NaOH	40.00	1	40.00
碳酸钠	Na_2CO_3	106.00	0.5	53.00
磷酸氢二钠	$Na_2HPO_4 \cdot 12H_2O$	358.20	1	358.20
磷酸二氢钾	KH_2PO_4	136.10	1/15	9.08
重铬酸钾	$K_2Cr_2O_7$	294.20	1/60	4.903 5
碘化钾	KI	166.00	0.5	83.00
高锰酸钾	$KMnO_4$	158.00	0.05	3.16
乙酸钠	NaC_2H_5O	82.04	1	82.04
硫代硫酸钠	$Na_2S_2O_3 \cdot 5H_2O$	248.20	0.1	24.82

三、pH 计校正标准缓冲溶液的配制方法

酸度计（pH 计）用的标准缓冲液要求稳定性较大，温度依赖性较小，试剂易于提纯。常用标准缓冲液的配制方法如下。

(1) pH=4.0（10～20 ℃）：将邻二甲酸氢钾在 105 ℃下干燥 1 h 后，称取 5.07 g，加蒸馏水溶解至 500 mL。

(2)pH=6.88(20 ℃)：称取在 130 ℃下干燥 2 h 的磷酸二氢钾(KH_2PO_4)3.401 g、磷酸二氢钠($Na_2HPO_4 \cdot 12H_2O$)8.95 g 或无水磷酸二氢钠(Na_2HPO_4)3.54 g，加蒸馏水至 500 mL。

(3)pH=9.18(25 ℃)：称取四硼酸钠($Na_2B_4O_7 \cdot 10H_2O$)3.814 4 g 或无水四硼酸钠($Na_2B_4O_7$)2.02 g，加双蒸水溶解至 100 mL。

四、常用电泳缓冲液的配制

(1)50×TAE 缓冲液(50×0.04 mol/L Tris-Ac,50×1 mmol/L EDTA)：称取 Tris 242.2 g，先用 300 mL 双蒸水加热搅拌溶解后，加 57 mL 冰乙酸，加 100 mL 500 mmol/L EDTA(pH=8.0)，用冰乙酸调节 pH 值至 8.0，然后加双蒸水定容至 1000 mL。

(2)10×TBE 缓冲液(10×89 mmol/L Tris-硼酸,10×2 mmol/L EDTA,pH=8.0)：称取 Tris 108 g，硼酸(分析纯)55 g，加入 40 mL 500 mmol/L EDTA，先加 800 mL 双蒸水，加热溶解后，再加双蒸水定容至 1000 mL。

(3)5×Tris-甘氨酸电泳缓冲液(5×25 mmol/L Tris,5×250 mmol/L 甘氨酸,5×1% SDS)：称取 Tris 15.1 g、甘氨酸 94 g、5 g SDS，加双蒸水 800 mL 溶解后，最后加双蒸水定容至 1000 mL。

(4)6×电泳上样缓冲液Ⅰ：称取溴酚蓝 200 mg，放入烧杯中，加双蒸水 10 mL，搅拌使其溶解，再称取蔗糖 50 g，加双蒸水溶解后移入溴酚蓝溶液中，摇匀后再加双蒸水定容至 100 mL，加 NaOH 1~2 滴，调至蓝色，存放在 4 ℃环境下备用。

(5)6×电泳上样缓冲液Ⅱ：称取溴酚蓝 250 mg，加双蒸水 10 mL，在室温下过夜，再称取 250 mg 二甲苯青蓝于 10 mL 双蒸水溶解，加入 40 g 蔗糖，加双蒸水溶解后，合并三溶液，加双蒸水定容至 100 mL，存放在 4 ℃环境下备用。

(6)5×SDS-PAGE 上样缓冲液[0.25 mol/L Tris-HCl(pH=6.8),10% SDS,0.5% 溴酚蓝,50%甘油,5% β-巯基乙醇]：量取 1 mol/L Tris-HCl(pH=6.8)1.25 mL，甘油 2.5 mL，称取 SDS 固体粉末 0.5 g，溴酚蓝 25 mg。加入去离子水溶解后定容至 5 mL。小份(500 μL)分装后，于室温保存，使用前将 25 μL 的 β-巯基乙醇加入到每小份中去。加入 β-巯基乙醇的上样缓冲液可以在室温下保存一个月左右。

五、与 DNA 凝胶电泳有关的数据

(一)琼脂糖凝胶浓度与线性 DNA 分辨范围(表 A-4)

表 A-4 琼脂糖凝胶浓度与线性 DNA 分辨范围

凝胶浓度/%	线性 DNA 长度/bp	凝胶浓度/%	线性 DNA 长度/bp
0.5	1000~30 000	0.7	800~12 000
1.0	500~10 000	1.2	400~7000
1.5	200~3000	2.0	50~2000

(二)聚丙烯酰胺凝胶对 DNA 的分辨范围(表 A-5)

表 A-5 聚丙烯酰胺凝胶对 DNA 的分辨范围

聚丙烯酰胺凝胶浓度/%	分辨范围/bp	聚丙烯酰胺凝胶浓度/%	分辨范围/bp
3.5	100～2000	5.0	80～500
8.0	60～400	12.0	40～200
15.0	25～150	20.0	6～100

(三)电泳指示剂在非变性聚丙烯酰胺凝胶中的迁移速度(表 A-6)

表 A-6 电泳指示剂在非变性聚丙烯酰胺凝胶中的迁移速度所对应的 DNA 长度

凝胶浓度/%	溴酚蓝中的 DNA 长度/bp	二甲苯青 FF 中的 DNA 长度/bp
3.5	100	460
5.0	65	260
8.0	45	160
12.0	20	70
15.0	15	60
20.0	12	45

(四)电泳指示剂在变性聚丙烯酰胺凝胶中的迁移速度(表 A-7)

表 A-7 电泳指示剂在变性聚丙烯酰胺凝胶中的迁移速度所对应的 DNA 长度

凝胶浓度/%	溴酚蓝中的 DNA 长度/bp	二甲苯青 FF 中的 DNA 长度/bp
5.0	35	140
6.0	26	106
8.0	19	75
10.0	12	55
20.0	8	28

六、离心力与离心机转速测算

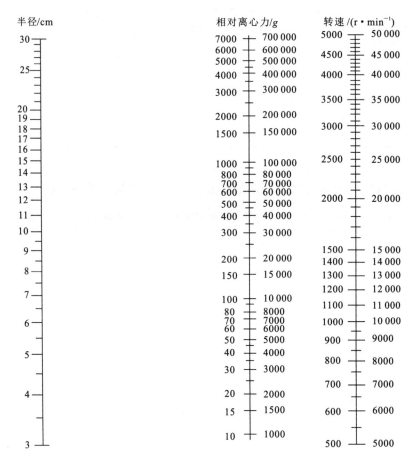

图 A-1　离心力与离心机转速测算

离心机转子的半径也就是离心管中轴底部内部到离心机转轴中心的距离,单位为 cm。r/min 表示离心机每分钟的转速。相对离心力是以地心引力即重力加速度的倍数来表示,一般用 g 表示。

$$相对离心力(g) = 1.119 \times 10^{-5} \times 离心机的转子半径(cm) \times 转速(r/min)^2$$

将离心机转数换算为离心力时,首先,在半径标尺上取已知的半径和在转速标尺上取已知的离心机转速,然后,将这两点间画一条直线,在图中间相对离心力标尺上的交叉点即为相应的离心力数值(图 A-1)。

注意:若已知的转速值处于转速标尺的右侧,则应读数取相对离心力标尺右侧的数值。同样方式,转速值处于转速标尺左侧,则读数取相对离心力标尺左侧的数值。

七、常用核酸与蛋白质的换算数据

(一)分光光度换算

$1A_{260}$ 双链 DNA 的质量浓度相当于 50 μg/mL。

$1A_{260}$ 单链 DNA 的质量浓度相当于 33 μg/mL。

$1A_{260}$ 双链 RNA 的质量浓度相当于 40 μg/L。

(二)DNA 物质的量换算

1 μg 1000 bp DNA 的物质的量为 1.52 pmol 或 3.03 pmol 末端。

1 μg pBR322 DNA 的物质的量为 0.36 pmol。

1 pmol 1000 bp DNA 的质量为 0.66 μg。

1 pmol pBR322 的质量为 2.8 μg。

1 kb 双链 DNA(钠盐)的相对分子质量为 $6.6×10^5$。

1 kb 单链 DNA(钠盐)的相对分子质量为 $3.3×10^5$。

1 kb 双链 RNA(钠盐)的相对分子质量为 $3.4×10^5$。

脱氧核糖核苷的平均相对分子质量为 324.5。

(三)蛋白质物质的量换算

100 pmol M_r=100 000 蛋白质的质量为 10 μg。

100 pmol M_r=50 000 蛋白质的质量为 5 μg。

100 pmol M_r=10 000 蛋白质的质量为 1 μg。

氨基酸的平均相对分子质量为 126.7。

(四)蛋白质/DNA 换算

1 kb DNA 相当于 333 个氨基酸编码容量,相当于 M_r=$3.7×10^4$ 的蛋白质。

M_r=10 000 的蛋白质相当于 270 bp DNA。

M_r=30 000 的蛋白质相当于 810 bp DNA。

M_r=50 000 的蛋白质相当于 1.35 kb DNA。

M_r=100 000 的蛋白质相当于 2.7 kb DNA。

八、十进位数量词头及符号(表 A-8)

表 A-8　十进位数量词头及符号

词头	符号	系数	词头	符号	系数
atto-阿	a	10^{-18}	deci-分	d	10^{-1}
femto-飞	f	10^{-15}	deca-十	da	10
pico-皮	p	10^{-12}	hecto-百	h	10^2
nano-纳	n	10^{-9}	kilo-千	k	10^3
micro-微	μ	10^{-6}	mega-兆	M	10^6
mili-毫	m	10^{-3}	giga-吉	G	10^9
centi-厘	c	10^{-2}	tera-太	T	10^{12}

九、常用培养基的配制

1. LB 液体培养基(luria-bertani, LB)

配制每升培养基,应在 950 mL 去离子水中加入:

胰蛋白胨(tryptone) 10 g

酵母提取物(yeast extract) 5 g

氯化钠 10 g

摇动容器直至溶质完全溶解,用 5 mol/L 氢氧化钠(约 0.2 mL)调节 pH 值至 7.0,加入去离子水至总体积为 1 L,在 $1.034×10^5$ Pa 高压下蒸气灭菌 25 min。

2. LB 固体培养基

配制每升培养基,应在 950 mL 去离子水中加入:

胰蛋白胨(tryptone) 10 g

酵母提取物(yeast extract) 5 g

琼脂粉 15 g

氯化钠 10 g

加入去离子水至总体积为 1 L,在 $1.034×10^5$ Pa 高压下蒸气灭菌 25 min,灭菌完成后,取出培养基,待其温度约为 60 ℃时,摇匀后倒入培养基平板。

3. SOB 培养基

配制每升培养基,应在 950 mL 去离子水中加入:

胰化蛋白胨(tryptone)	20 g
酵母提取物(yeast extract)	5 g
氯化钠	0.5 g

摇动容器使溶质完全溶解,然后加入 10 mL 250 mmol/L 氯化钾溶液(在 100 mL 去离子水中溶解 1.86 g 氯化钾配制成 250 mmol/L 氯化钾溶液),用 5 mol/L 氢氧化钠(约 0.2 mL)调节溶液的 pH 值至 7.0,然后加入去离子水至总体积为 1 L,在 $1.034×10^5$ Pa 高压下蒸气灭菌 25 min。该溶液在使用前加入 5 mL 经灭菌的 2 mol/L 氯化镁溶液。

4. SOC 培养基

配制每升培养基,应在 950 mL 去离子水中加入:

胰化蛋白胨(tryptone)	20 g
酵母提取物(yeast extract)	5 g
氯化钠	0.5 g

摇动容器使溶质完全溶解后,加入 10 mL 250 mmol/L 氯化钾溶液,用 5 mol/L 氢氧化钠(约 0.2 mL)调节溶液的 pH 值至 7.0,然后加入去离子水至总体积为 1 L,在 $1.034×10^5$ Pa 高压下蒸气灭菌 25 min。灭菌后,待培养基降温至 60 ℃或 60 ℃以下,然后加入经除菌的 1 mol/L 葡萄糖溶液(1 mol/L 葡萄糖溶液的配制方法如下:在 90 mL 的去离子水中溶解 18 g 葡萄糖,待糖完全溶解后,加入去离子水至总体积为 100 mL,然后用 0.22 μm 滤膜过滤除菌)。

十、Chelex‑100 法快速提取微量基因组 DNA

Chelex‑100 是一种由苯乙烯、二乙烯苯共聚合而形成的一种化学树脂,具有较强的螯合能力,能螯合多价离子。Chelex‑100 法提取 DNA 是一种快速方便的方法,但 DNA 模板的纯度比较低,不适合长期保存。Chelex‑100 溶液与血液样品等混匀后,通过煮沸、离心等简单步骤,可以使样品中大部分蛋白质变性,金属离子被 Chelex‑100 螯合,从而使样品上清液的 DNA 模板能用于后续反应。

Chelex‑100 法适于快速、大批量提取微量检材的基因组 DNA,用于 PCR 扩增的 DNA 模板。具体操作步骤如下。

(1)依据检材数目准备好 500 μL Eppendorf 管,并用记号笔在 Eppendorf 管盖上依次编号,使离心管与材料一一对应。

(2)用眼科剪剪取 1~2 mm^2 大小的血痕,或相当面积的口腔拭子,或数个带毛囊的发根,依次按照序号放入上述 Eppendorf 管中。

(3)向 Eppendorf 管中加入 400 μL 去离子水(双级 RO 或 UP 水),在振荡器上剧烈震荡。室温下浸泡 30 min,其间不时拿出 Eppendorf 管晃动几次,以促进血红蛋白等可溶性的杂质溶解到水中,避免对之后 PCR 扩增中 Taq 酶产生抑制作用。

(4)13 000 r/min 离心 3 min,用移液器吸去上清液,保留约 20 μL 的液体连同沉淀一起置于 Eppendorf 管的底部。注意要使残留的液体越少越好。

(5)用剪口的 200 μL 枪头反复吹吸 5% Chelex‑100,使其均匀悬浮于水中。再用移液器快速吸取 180 μL Chelex‑100 加入到上述含有检材的 500 μL Eppendorf 管中。如果检材漂浮在上清液中,要用一无菌牙签将其塞到 Chelex‑100 树脂颗粒中,令检材完全埋入树脂颗粒中,否则 Chelex‑100 不能充分发挥作用。

(6)将 Eppendorf 管放入 PCR 仪中 56 ℃温育 30 min,使蛋白质变性后让 DNA 释放出来。

(7)取出 Eppendorf 管,高速涡旋振荡 5~10 s,瞬时离心,使检材重新回到离心管底部。

(8)将 Eppendorf 管重新放入 PCR 仪中,100 ℃变性 8 min。

(9)取出 Eppendorf 管,高速振荡 5~10 s,13 000 r/min 离心 4 min,上清液即可作为 PCR 扩增的 DNA 模板。

十一、人类 10 个常用的 STR 位点扩增引物序列(表 A‑9)

表 A‑9 人类 10 个常用的 STR 位点扩增引物序列

引物	片段长度/bp	序列
D8S1179	162~202	F:5′- ttt ttg tat ttc atg tgt aca ttc -3′ R:5′- cgt agc tat aat tag ttc att ttc -3′
TPOX	232~248	F:5′- act ggc aca gaa cag gca ctt agg -3′ R:5′- gga gga act ggg aac cac aca ggt -3′
D7S820	201~229	F:5′- tgt cat agt tta gaa cga act aac g -3′ R:5′- ctg agg tat caa aaa ctc aga gg -3′

续表

引物	片段长度/bp	序列
D5S818	123～161	F：5′- ggg tga ttt tcc tct ttg gt -3′ R：5′- tga ttc caa tca tag cca ca -3′
D13S317	174～198	F：5′- aca gaa gtc tgg gat gtg ga -3′ R：5′- gcc caa aaa gac aga cag aa -3′
FGA	168～294	F：5′- gcc cca tag gtt ttg aac tca -3′ R：5′- tga att tgt ctg taa ttg cca gc -3′
VWA	139～167	F：5′- ccc tag tgg atg ata aga ata atc -3′ R：5′- gga cag atg ata at aca tag gat gga tgg -3′
CSF1PO	150～182	F：5′- gtt gct aac cac cct gtg tct c -3′ R：5′- ttc ctg tgt cag acc ctg ttc -3′
TH01	179～201	F：5′- gtg ggc tga aaa gct ccc gat tat -3′ R：5′- att caa agg gta tct ggg ctc tgg -3′
D3S1358	97～121	F：5′- act gca gtc cca atc tgg gt -3′ R：5′- atg aaa tca aca gag gct tg -3′

十二、低背景、高分辨率聚丙烯酰胺凝胶(PAGE)快速银染程序

（1）水洗。电泳结束后，用自来水冲洗玻璃板两面，预冷，剥下凝胶（PAGE 胶），在摇床上用双级 RO 水洗涤 PAGE 胶 2 次，每次 2 min。

（2）染色。将 PAGE 胶浸没于大约 250 mL、0.1% 的 $AgNO_3$ 溶液中，摇床上缓缓摇动，避光染色 15 min。

（3）再次水洗。如果染色液还有富余的染色能力，将其倒回瓶中保存备用。用双级 RO 水冲洗 PAGE 胶 2 次，每次用大约 250 mL 的水，漂洗时间每次不超过 1 min。

（4）显影。倒入 250 mL 显影液对胶进行显影，当条带清晰但颜色尚浅时，立即转入另一搪瓷盘中，用水进行漂洗（800 mL 左右，分两次加入，每次大约 400 mL，加入后马上倒掉）。

（5）停影。倒入 250 mL 左右的停影液，泡胶 2 min，以停止显色。停影液的工作能力大致与染色液相当或略强。

（6）拍照记录。用数码相机对显影结果进行拍照，记录结果。

[试剂配方]

（1）染色液：$AgNO_3$ 0.25 g，双级 RO 水 250 mL，避光保存。

（2）显影液：10 mol/L NaOH 储存液 8 mL，甲醛（37%）2.5 mL，加双级 RO 水定容至 250 mL。

（3）停影液：冰乙酸 10 mL，双级 RO 水 240 mL。

（4）10 mol/L NaOH 储存液：NaOH 100 g，加双级 RO 水定容至 250 mL，10 mol/L NaOH 储存液应储存于密封的塑料容器中。